普通高等教育人工智能专业系列教材

人工智能算法与实践

主 编 梁 琨 张翼英

中国水利水电出版社
www.waterpub.com.cn
·北京·

内 容 提 要

本书以人工智能技术为背景，介绍了人工智能领域内的相关算法，包括机器学习算法和深度学习算法，详细介绍了各个算法的概述、原理以及应用案例。本书分为四大部分：基础知识、监督式学习算法、无监督式学习算法、深度学习算法。本书共17章，第1章介绍人工智能的定义、关键技术、实际应用等相关背景；第2章介绍人工智能算法的实验环境，包括环境安装、可视化库、TensorFlow框架搭建；第3～17章分别介绍线性回归算法、逻辑回归算法、支持向量机、K近邻算法、决策树、朴素贝叶斯算法、集成学习算法、主成分分析算法、K-Means算法、EM算法、BP神经网络、循环神经网络、卷积神经网络、LSTM神经网络、生成对抗网络的算法概述、原理以及应用案例。

本书适合作为高等院校人工智能专业及计算机相关专业学生的教材和参考书，也适合作为软件开发相关人员进行人工智能技术应用开发的重要参考资料。

本书提供案例源代码和习题答案，读者可以从中国水利水电出版社网站（www.waterpub.com.cn）或万水书苑网站（www.wsbookshow.com）免费下载。

图书在版编目（CIP）数据

人工智能算法与实践 / 梁琨，张翼英主编. -- 北京：
中国水利水电出版社，2022.1
普通高等教育人工智能专业系列教材
ISBN 978-7-5226-0333-9

Ⅰ. ①人… Ⅱ. ①梁… ②张… Ⅲ. ①人工智能－算
法－高等学校－教材 Ⅳ. ①TP18

中国版本图书馆CIP数据核字(2021)第262404号

策划编辑：石永峰　责任编辑：周春元　加工编辑：刘　瑜　封面设计：梁　燕

	普通高等教育人工智能专业系列教材
书　　名	人工智能算法与实践 RENGONG ZHINENG SUANFA YU SHIJIAN
作　　者	主　编　梁　琨　张翼英
出版发行	中国水利水电出版社 （北京市海淀区玉渊潭南路1号D座 100038） 网址：www.waterpub.com.cn E-mail：mchannel@263.net（万水） 　　　　sales@waterpub.com.cn 电话：（010）68367658（营销中心）、82562819（万水）
经　　售	全国各地新华书店和相关出版物销售网点
排　　版	北京万水电子信息有限公司
印　　刷	三河市航远印刷有限公司
规　　格	210mm×285mm　16开本　14.5印张　353千字
版　　次	2022年1月第1版　2022年1月第1次印刷
印　　数	0001—2000册
定　　价	48.00元

人工智能技术是引领未来的前沿性、战略性技术。党中央、国务院高度重视新一代人工智能的发展，将其列为国家发展战略，积极推动人工智能发展及应用。目前，人工智能已初步具备大规模实施的条件：首先，物联网及通信技术为海量数据的采集提供了感知和传输手段，使得人工智能变成"有米之炊"；其次，各种计算技术与计算设施的快速发展为算力赋能，使得大规模、多维度、高复杂计算成为可能。"万事俱备，只欠东风"，有利于人工智能发展的条件逐渐成熟，算法的功能和实现成为人工智能必须面对的核心问题之一。随着人工智能向社会各个领域加速渗透，新的算法技术层出不穷，图像识别、机器翻译等智能任务水平趋近人类，这其中的机器学习、深度学习等技术已成为人工智能发展的核心驱动力。

本书由人工智能相关领域的专家、学者编写，他们结合各自多年的理论研究和应用实践，从人工智能关键技术、算法原理、典型案例等方面按层次逐步展开，对人工智能典型算法进行原理介绍、技术分析和应用模拟。本书分为四大部分：基础知识、监督式学习算法、无监督式学习算法、深度学习算法，共 17 章。

第 1 章阐述了人工智能的发展背景、定义以及关键技术等，并对人工智能技术的相关应用进行了深入分析。

第 2 章介绍了人工智能算法的实验环境，对 Python 环境安装与配置、可视化库以及深度学习算法实验环境 TensorFlow 框架的搭建进行了详细介绍。

第 3 章介绍了线性回归算法，包括线性回归模型、一元线性回归算法、多元线性回归算法，以及梯度下降求解线性回归模型，最后将该算法应用到"波士顿房价预测"案例中。

第 4 章介绍了逻辑回归算法，主要介绍了算法的定义和原理，包括算法流程、假设函数、代价函数、梯度下降法以及决策边界，最后将该算法应用到"判断是否为恶性肿瘤"案例中。

第 5 章介绍了支持向量机，包括算法的基本概念和原理，并将该算法应用到"手写体数字识别"案例中。

第 6 章介绍了 K 近邻算法，主要介绍了算法的基本概念和原理，包括算法计算步骤、K 值的选取、距离函数的确定，最后将该算法应用到"约会网站配对与预测签到位置"案例中。

第 7 章介绍了决策树，主要介绍了算法的基本概念、决策树的生成以及决策过程，并引出决策树的原理，最后将该算法应用到"借贷人状态评估"案例中。

第 8 章介绍了朴素贝叶斯算法，主要介绍了算法的相关概念、理论基础和原理，包括算法流程、实例分析等，并用朴素贝叶斯算法实现舆情判别。

第 9 章介绍了集成学习算法，主要介绍了算法的基本概念和原理，进而引出 AdaBoost、Bagging 和随机森林算法，最后将该算法应用到"垃圾邮件分类应用"案例中。

第 10 章介绍了主成分分析算法，主要介绍了算法相关概念和基本原理，最后运用该算法实现对鸢尾花数据的降维。

第 11 章介绍了 K-Means 算法，主要介绍了算法基本原理、算法流程、算法描述以及核心代码，最后将该算法应用到"鸢尾花聚类分析"案例中。

第 12 章介绍了 EM 算法，首先介绍了最大似然法，提出含有隐变量的参数估计问题，引入 EM 算法概念；其次对算法的原理推导以及步骤进行说明；再次利用 EM 算法实现求解高斯混合模型参数，最后将该算法应用于"求解男性身高和女性身高的分布参数"案例中。

第 13 章介绍了 BP 神经网络，主要介绍了神经网络的基础知识、BP 神经网络的相关概念以及基本原理，包括正向传播、反向传播等概念，然后通过代码实现一个三层 BP 神经网络预测模型，最后将该算法应用于"天气温度预测"案例中。

第 14 章介绍了循环神经网络，主要介绍了 RNN 算法的基本概念和网络结构、循环神经网络结构变体，然后应用该算法实现飞机乘客的预测，最后介绍了对循环神经网络进行改进的模型。

第 15 章介绍了卷积神经网络，主要介绍了 CNN 算法的起源与应用、结构特点以及核心概念，然后介绍了构造卷积神经网络的方法，最后应用卷积神经网络对 Cifar10 数据集进行图像分类。

第 16 章介绍了 LSTM 神经网络，主要介绍了 LSTM 算法的基本概念与基本原理，并使用 LSTM 算法实现股票价格预测。

第 17 章介绍了生成对抗网络，主要介绍了 GAN 算法的相关概念、算法原理，包括算法过程、具体操作、目标函数的优化以及 GAN 算法的改进，然后列举了生成对抗网络在各领域的应用，最后将该算法应用于"拟合二次函数与图片生成"案例中。

本书由梁琨、张翼英任主编，梁琨负责组织编写，并对全书进行修改和审校；张翼英参与部分章节编写，并对全书进行了审校。

本书第 1 章由梁琨、任依梦编写；第 2 章由梁琨、周保先编写；第 3 章由梁琨、翟俊武编写；第 4 章由张翼英、何业慎、李英卓编写；第 5 章由梁琨、王聪、李晓航编写；第 6 章由梁琨、任依梦编写；第 7 章由梁琨、柳依阳编写；第 8 章由梁琨、王德龙编写；第 9、10 章由梁琨、张亚男、刘晶晶编写；第 11 章由梁琨、张楠编写；第 12 章由张翼英、韩龙哲、王鹏凯编写；第 13 章由梁琨、尚静编写；第 14 章由梁琨、罗剑编写；第 15 章由张翼英、于文平、周保先编写；第 16 章由张翼英、马彩霞编写；第 17 章由梁琨、王聪、李苏编写。天津科技大学人工智能学院田宇宸、王炼、李可欣、台耀强、刘瀚中、乔子鹜、贾仁杰、叶子、张子豪、刘丰华、焦伟康等同学参与各章算法的代码编辑与调试工作。

本书编写过程中获得了众多专家的指导和帮助，朱冰鸿、尤平午、刘娟等专家在成稿过程中提出了诸多建设性意见，在此一并致谢。感谢天津开发区沃思电子商务有限公司提供的技术支持，同时，感谢中国水利水电出版社万水分社副社长石永峰的指导与帮助。

希望本书能够对关心人工智能技术和产业发展的高校师生和爱好者，以及相关各领域的从业人员等读者群都能有所裨益，并为我国人工智能产业发展添砖加瓦。由于编者水平及时间所限，各位编者写作风格各异，书中难免会有局限和诸多不足之处，欢迎广大专家和读者不吝指正。

编 者
2021 年 9 月

目　录

第三部分　无监督式学习算法

第四部分　深度学习算法

第一部分

基础知识

第 1 章　人工智能与算法概述

本章导读

　　人工智能（AI）是计算机科学、控制论、信息论、神经生理学、心理学、语言学等多种学科互相渗透而发展起来的一门综合性学科。它的发展可归结为孕育、起步、形成和发展 4 个阶段。人工智能算法是人工智能技术的核心，算法作为人工智能的底层逻辑，是产生人工智能的直接工具。本章将为读者介绍人工智能及算法的概念、发展及其应用，同时详细介绍 AI 算法的几种分类，为后续章节的学习做好充分的准备。

本章要点

- 人工智能
- 算法概述
- 人工智能与算法

1.1　人工智能

1.1.1　人工智能的概念

　　人工智能是一门起步晚却发展快速的学科。20 世纪以来科学工作者们不断寻求赋予机器人类智慧的方法。20 世纪 30 年代末到 50 年代初的人工智能领域已经出现一些由电缆控制的机器人，可以行走并能说出简单的词组。与此同时，科学界已经提出描述电子信息的二进制信号，图灵（Turing）证明了任何形式的计算都可以用数字方式传递，这两大突破再一次提供了创造智能机器的可能性。

　　1956 年，人工智能这一概念最初由美国数学博士约翰·麦卡锡（John McCarthy）提出，经过早期的探索阶段，人工智能向着更加体系化的方向发展，至此成为一门独立的学科。约翰·麦卡锡（图 1-1）被誉为"人工智能之父"，并因其为人工智能领域所做出的突出贡献而在 1971 年获得图灵奖。

1. 人工智能定义

　　人工智能（Artificial Intelligence，AI）也称作机器智能，是计算机科学、控制论、信息论、神经生理学、心理学、语言学等多种学科互相渗透而发展起来的一门综合性学科。它是研究、开发用于模拟、延伸和扩展人的智能的理论、方法、技术及应用系统的一门新的技术，目的是了解智能的实质，并研究开发出一种能以与人类智能相似的方式做出反应的智能机器。

图 1-1　人工智能之父——约翰·麦卡锡

人工智能研究内容包括模拟识别、自然语言理解与生成、专家系统、自动程序设计、定理证明、联想与思维的机理、数据智能检索等。例如，用计算机模拟人脑的部分功能进行学习、推理、联想和决策；模拟医生给病人诊病的医疗诊断专家系统；机械手与机器人的研究和应用等。

2. 人工智能核心要点

计算机视觉、机器学习、自然语言处理、机器人和语音识别是人工智能的五大核心技术，它们均会成为独立的子产业，如图 1-2 所示。

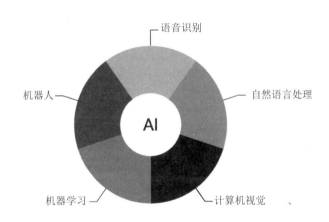

图 1-2　人工智能五大核心技术

下面给出这五大核心技术的概念，帮助读者更好地理解这五大核心技术。

（1）计算机视觉。计算机视觉指计算机模拟人类的视觉过程，具有感受环境的能力和人类视觉功能的技术。计算机视觉技术运用由图像处理操作及其他技术所组成的序列，来将图像分析任务分解为便于管理的小块任务。比如，一些技术能够从图像中监测到物体的边缘及纹理，分类技术可被用作确定识别到的特征是否能够代表系统已知的一类物体。

（2）机器学习。从广义上来说，机器学习是一种能够赋予机器学习的能力以此让它完成直接编程无法完成的功能的方法。但从实践的意义上来说，机器学习是一种通过利用数据，训练出模型，然后使用模型预测的方法。其核心在于，机器学习是从数据中自动发现模式，模式一旦被发现便可用于预测。比如，给予机器学习系统一个关于交易时间、商家、地点、价格及交易是否正当等信用卡交易信息的数据库，系统就会学习到可用来预测信用卡欺诈的模式。处理的交易数据越多，预测就会越准确。

（3）自然语言处理。自然语言处理是指利用人类交流所使用的自然语言与机器进行交互的技术。自然语言处理像计算机视觉技术一样，将各种有助于实现目标的多种技术进行了融合。建立语言模型来预测语言表达的概率分布，举例来说，就是某一串给定字符或单词表达某一特定语义的最大可能性。

（4）机器人。机器人将机器视觉、自动规划等认知技术整合至极小却高性能的传感器、制动器以及设计巧妙的硬件中，这就催生了新一代的机器人，它有能力与人类一起工作，能在各种未知环境中灵活处理不同的任务。例如，协作机器人可以在车间为人类分担工作。

（5）语音识别。语音识别技术就是让机器通过识别和理解过程把语音信号转变为相应的文本或命令的技术。该技术必须面对一些与自然语言处理类似的问题，在不同口音的处理、背景噪声、区分同音异性／异义词方面存在一些困难，同时还需要具有跟上正常语速的工作速度。语音识别系统使用一些与自然语言处理系统相同的技术，再辅以其他技术。语音识别的主要应用包括医疗听写、语音书写、计算机系统声控、电话客服等。例如，达美乐披萨（Domino's Pizza）最近推出了一个允许用户通过语音下单的移动 APP。

上述 5 项技术的产业化，是人工智能产业化的要素。人工智能将是一个万亿级的市场，甚至是 10 万亿级的市场，将会带来一些全新且容量巨大的子产业，如机器人、智能传感器、可穿戴设备等，其中最令人期待的是机器人子产业。

1.1.2　人工智能的发展

人工智能是在 1956 年作为一门新兴学科的名称正式提出的，自此之后，它取得了惊人的成就，获得了迅速的发展，它的发展历史，可归结为孕育、起步、形成和发展 4 个阶段。人工智能发展历程如图 1-3 所示。

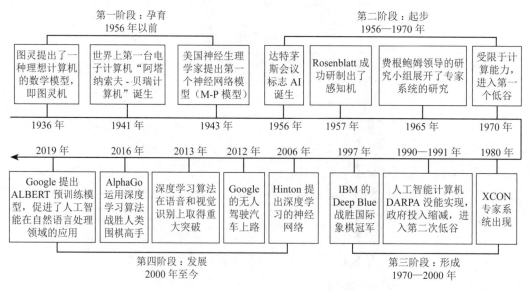

图 1-3　人工智能的发展历程

1. 第一阶段：孕育

本阶段主要是指 1956 年以前的发展。为促进生产力的发展，人们一直试图借助各种机器来代替人来劳动，而这些工作对人工智能的产生、发展有重大影响。

公元前 384—前 322 年，哲学家亚里士多德（Aristotle）就在他的名著《工具论》中提出了形式逻辑的一些主要定律，如三段论至今仍是演绎推理的基本依据；英国哲学家培根（Bacon）曾系统地提出了归纳法，还提出了"知识就是力量"的警句。这些对于研究人类的思维过程，以及自 20 世纪 70 年代人工智能转向以知识为中心的研究都产生了重要影响。英国数学家图灵在 1936 年提出了一种理想计算机的数学模型，即图灵机，为后来电子计算机的问世奠定了理论基础；美国爱荷华州立大学的阿塔纳索夫（Atanasoff）教授和他的研究生贝瑞（Berry）在 1937—1941 年开发的世界上第一台电子计算机"阿塔纳索夫 - 贝瑞计算机（Atanasoff-Berry Computer，ABC）"为人工智能的研究奠定了物质基础；美国神经生理学家麦克洛奇（McCulloch）与匹兹（Pitts）在 1943 年建成了第一个神经网络模型（M-P 模型），开创了微观人工智能的研究领域，为后来人工神经网络的研究奠定了基础。1950 年，被视为"计算机科学之父"的图灵发表了一篇题为《机器能思考吗？》的著名论文，他这样设想："人的大脑好似一台巨型的电子计算机，初生婴儿的大脑皮层像'尚未组织好的'机器，可以经过训练，使之成为'组织好了的'类似于万能机（即万能图灵机）式的机器。"由于机器和思考这两个词的含义模糊，很难给出定义，图灵在论文中提出用一个测试来代替解答"机器能思考吗？"这个问题。他称之为模仿博弈，也就是后世大名鼎鼎的图灵测试，如图 1-4 所示。

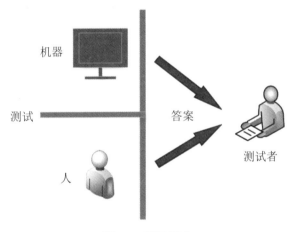

图 1-4　图灵测试

根据其发展过程可以看出，人工智能的产生和发展绝不是偶然的，它是科学技术发展的必然产物。

2. 第二阶段：起步

本阶段主要是指 1956—1970 年。1956 年夏季，由当时达特茅斯大学的教授麦卡锡（MeCarthy）联合哈佛大学年轻数学和神经学家、麻省理工学院教授明斯基（Minsky），IBM 公司信息研究中心负责人罗切斯特（Rochester），贝尔实验室信息部数学研究员香农（Shannon）等共同发起，在美国达特茅斯大学召开了一次为时两个月的学术研讨会，讨论关于机器智能的问题。1956 年达特茅斯会议的 7 名主要参会者如图 1-5 所示。照片从左到右分别是塞尔夫里奇、罗切斯特、纽厄尔、明斯基、司马贺、麦卡锡和香农，他们所获得的成就见表 1-1。

图 1-5   1956 年达特茅斯会议的 7 名主要参会者

表 1-1   7 名达特茅斯会议参会者及其成就

参会者	贡献及成就
塞尔夫里奇	机器感知之父
罗切斯特	IBM 701 计算机总设计师
纽厄尔	1975 年图灵奖获得者
明斯基	1969 年图灵奖获得者
司马贺	1975 年图灵奖、诺贝尔经济学奖获得者
麦卡锡	1971 年图灵奖获得者、LISP 语言发明者
香农	信息论的创始人

  会上经麦卡锡提议正式采用了"人工智能"这一术语。麦卡锡因而被称为"人工智能之父"。这是一次具有历史意义的重要会议，它标志着人工智能作为一门新兴学科正式诞生了。此后，美国形成了多个人工智能研究组织，如纽厄尔和西蒙的 Carnegie-RAND 协作组、明斯基和麦卡锡的 MIT 研究组、塞缪尔的 IBM 工程研究组等。自这次会议之后的 10 多年间，人工智能的研究在机器学习、定理证明、模式识别、问题求解、专家系统及人工智能语言等方面都取得了许多引人注目的成就。

  在机器学习方面，1957 年 Rosenblatt 成功研制出了感知机。这是一种将神经元用于识别的系统，它的学习功能引起了广泛的兴趣，推动了连接机制的研究，但人们很快发现了感知机的局限性；在定理证明方面，美籍华人数理逻辑学家王浩于 1958 年在 IBM 704 机器上用 3 ～ 5 分钟证明了《数学原理》中有关命题演算的全部定理（220 条），并且还证明了谓词演算中 150 条定理的 85%，1965 年鲁宾逊（Robinson）提出了归结原理，为定理的机器证明做做出了突破性的贡献；在模式识别方面，1959 年塞尔夫里奇推出了一个模式识别程序，1965 年罗伯特（Roberts）编制出了可分辨积木构造的程序；在问题求解方面，1960 年纽厄尔等通过心理学试验总结出了人们求解问题的思维规律，编制了通用问题求解程序（General Problem Solver，GPS），可以用来求解 11 种不同类型的问题；在专家系统方面，美国斯坦福大学的费根鲍姆（Feigenbaum）领导的研究小组自 1965 年开始专家系统 DENDRAL 的研究，并于 1968 年完成研究且将 DENDRAL 投入使用，该专家系统在知识表示、存储、获取、推理及利用等技术方面是一次非常有益的探索，为以后专家系统的建造树立了榜样，对人工智能的发展产生了深刻的影响，其意义远远超过了系统本身在实用上所创造的价值；在人工智能语言方面，1960 年麦卡锡研制出的人工智能语言（List Processing，LISP）成为建造专家系统的重要工具。

1969 年成立的国际人工智能联合会议（International Joint Conferences On Artificial Intelligence，IJCAI）是人工智能发展史上一个重要的里程碑，它标志着人工智能这门新兴学科已经得到了世界的肯定和认可。1970 年创刊的国际性《人工智能》（*Artificial Intelligence*）杂志对推动人工智能的发展，促进研究者们的交流起到了重要的作用。人工智能发展初期的突破性进展大大提升了人们对人工智能的期望，人们开始尝试更具挑战性的任务，并提出了一些不切实际的研发目标，但受限于三个方面的技术瓶颈：第一，计算机性能不足，导致早期很多程序无法在人工智能领域得到应用；第二，问题的复杂性，早期人工智能程序主要是解决特定的问题，因为特定的问题对象少，复杂性低，可一旦问题上升维度，程序便不堪重负了；第三，数据量严重缺失，在当时不可能找到足够大的数据库来支撑程序进行深度学习，无法读取足够多的数据进行智能化。上述问题导致接二连三的失败和预期目标落空，使人工智能发展走入低谷。

3. 第三阶段：形成

本阶段主要是指 1970—2000 年。进入 20 世纪 70 年代，许多国家都开展了人工智能的研究，这个时期，专家系统的研究在多个领域取得了重大突破，各种不同功能、不同类型的专家系统如雨后春笋般地建立起来，产生了巨大的经济效益及社会效益，涌现了大量的研究成果，推动人工智能走入应用发展的新高潮。

1972 年法国马赛大学的科麦瑞尔（Comerauer）提出并实现了逻辑程序设计语言 PROLOG；斯坦福大学的肖特利夫（Shortliffe）等从 1972 年开始研制用于诊断和治疗感染性疾病的专家系统 MYCIN；1977 年费根鲍姆在第五届国际人工智能联合会议上提出了"知识工程"的概念，对以知识为基础的智能系统的研究与建造起到了重要的作用。大多数人接受了费根鲍姆关于以知识为中心展开人工智能研究的观点。从此，人工智能的研究又迎来了蓬勃发展的以知识为中心的新时期；地矿勘探专家系统 PROSPECTOR 拥有 15 种矿藏知识，能根据岩石标本及地质勘探数据对矿藏资源进行估计和预测，能对矿床分布、储藏量、品位及开采价值进行推断，制订合理的开采方案；美国 DEC 公司的专家系统 XCON 能根据用户要求确定计算机的配置，由专家做这项工作一般需要 3 小时，而该系统只需要 0.5 分钟，速度提高了 359 倍。但到 1987 年，苹果（Apple）公司和 IBM 公司生产的台式机性能都超过了 Symbolics 等厂商生产的通用计算机，从此，专家系统风光不再。

同时，人工智能在博弈中的成功应用也举世瞩目，早在 1956 年人工智能刚刚作为一门学科问世时，塞缪尔就研制出了跳棋程序。1991 年 8 月在悉尼举行的第 12 届国际人工智能联合会议上，IBM 公司研制的"深思（Deep Thought）"计算机系统就与澳大利亚象棋冠军约翰森（Johansen）举行了一场人机对抗赛。1996 年 2 月美国 IBM 公司出巨资邀请国际象棋棋王卡斯帕罗夫（Kasparov）与 IBM 公司的"深蓝（Deep Blue）"计算机系统（图 1-6）进行了六局的"人机大战"。1997 年 5 月"深蓝"最终以 3.5 : 2.5 的总比分赢得这场举世瞩目的"人机大战"的胜利。"深蓝"的胜利表明了人工智能所达到的成就。

图1-6　"深蓝"计算机系统

在这一阶段，专家系统模拟人类专家的知识和经验解决特定领域的问题，实现了人工智能从理论研究走向实际应用、从一般推理策略探讨转向运用专门知识的重大突破，同时人工智能也开始多元化发展。

4. 第四阶段：发展

本阶段主要是指从 2000 年至今。随着 AI 技术尤其是神经网络技术的逐步发展，以及人们对 AI 开始抱有客观理性的认知，人工智能技术开始进入新的发展时期，机器学习算法、人工神经网络大放异彩。

2004 年，NASA 的火星探索漫游者勇气号（Spirit）和机遇号（Opportunity）（一对双胞胎机器人）在没有人为干预的情况下在火星的表面导航。2006 年，神经网络专家 Hinton 提出深度学习的神经网络，使神经网络的能力大大提高，向支持向量机发出挑战，同时开启了深度学习在学术界和工业界的浪潮。2010 年 ImageNet 推出了 ImageNet 大规模视觉识别挑战赛（ILSVRC）；微软推出了 Kinect for Xbox 360，这是第一款使用 3D 摄像头和红外探测跟踪人体运动的游戏设备。2011 年 Apple 发布了 Siri，即 Apple iOS 操作系统的虚拟助手。Siri 使用自然语言用户界面来为人类用户推断、观察、回答和推荐事物。它适应语音命令，并为每个用户投射"个性化体验"。2012 年谷歌研究人员 Jeff Dean 和 Andrew Ng 通过向 YouTube 视频展示 1000 万张未标记图像，培训了一个拥有 16000 个处理器的大型神经网络来识别猫的图像（尽管没有提供背景信息）。2013 年来自卡内基梅隆大学的研究团队发布了 Never Ending Image Learner（NEIL），这是一种可以比较和分析图像关系的语义机器学习系统。2014 年微软（Microsoft）发布了 Cortana，它们的版本类似于 iOS 上的 Siri 虚拟助手。2014 年亚马逊（Amazon）创建了亚马逊 Alexa，其作为一个家庭助理，发展成智能扬声器，最后成为个人助理。

2016—2017 年，谷歌（Google）旗下的 DeepMind 公司开发的阿尔法围棋（AlphaGo）先后击败了李世石和柯洁两位围棋世界冠军，如图 1-7 所示。AlphaGo 是一个基于深度学习技术的人工智能围棋机器人，具有强大的自我学习能力，它能够搜集大量围棋对弈数据和名人棋谱，学习并模仿人类下棋。2016 年，一个名为 Sophia 的人形女性机器人由 Hanson Robotics 创建。她被称为第一个"机器人公民"，Sophia 与以前的类人生物的区别在于她与真实的人类相似，能够用"眼睛"看（即图像识别），并做出面部表情，通过人工智能进行交流。2016 年谷歌发布了 Google Home，这是一款智能扬声器，使用人工智能充当"个人助理"，帮助用户记住任务，创建约会，并通过语音搜索信息。2017 年 Facebook 人工智能研究实验室培训了两个"对话代理"（聊天机器人），以便相互沟通，以学习如何进行谈判。2018 年阿里巴巴（集团）语言处理 AI 在斯坦福大学的阅读和理解测试中超越了人类的智慧。2018 年谷歌开发了 BERT，这是第一个双向无监督的语言表示模型，可以在各种自然语言任务中使用。2018 年三星推出虚拟助手 Bixby，其功能包括语音，用户可以与它交谈并提出问题，它使用基于应用程序的信息来帮助用户使用和交互（例如天气和健身应用程序）。2019 年三星的研究人员演示了基于生成对抗网络（Generative Adversarial Networks，GAN）的系统，该系统仅使用某人的单张照片就可以制作一个该人的动态视频。2019 年 10 月谷歌在 BERT 的基础上做了 3 点改进并提出了 ALBERT 预训练模型，缩小了整体的参数量，加快了训练速度。

图 1-7 李世石与 AlphaGo 的人机大战

近两年人工智能的热度虽有所下降，但是，AI 已经不再停留在概念之上，同时深度学习模型的规模一直在加速增长，这表明现在可以处理复杂性更高的更大数据集，更多是核心技术的突破以及在产业实践上的应用。

1.1.3 人工智能的应用

人工智能的关键技术包括统计机器学习、神经网络、深度学习、自然语言处理、基于规则的专家系统、物理机器人以及机器人流程自动化等，在这些技术的基础理论上又发展出推荐系统、知识图谱、画像技术、图像识别、生物鉴权、数字孪生等应用层面的概念。随着这些技术的理论基础不断完善和在相关领域内的成功应用，人工智能已经在新一轮的科技和工业革命中掀起一股浪潮。

纵观人类历史,每一次工业革命,人类社会面貌都会发生巨大的改变。人工智能技术作为人类科技史上的第四次工业革命中的核心技术,自党的十八大以来,党和国家高度重视和大力扶持新一代信息技术发展,发布并实施了《新一代人工智能发展规划》,制定和实施人工智能发展国家战略。人工智能技术在教育、金融、科研、政务以及交通运输等涵盖国民生产生活的各个方面都有所应用。

1. 教育

在现阶段的教育领域中,大多数学生都存在无法正确理解所学知识、没有学习兴趣,以及不能掌握有效的学习方法等问题。作为老师,由于精力有限,不能及时全面地掌握每一位学生的具体情况并因材施教。"AI+ 教育"打造了一个未来教育领域的典型示范。在课堂上,学生们可以佩戴虚拟现实设备去身临其境般地体验课本上的不同知识,而不只是面对文字。借助各类位置传感器和物联网技术,学生们甚至可以与课本上的知识进行互动,如实验、对话等;在自己独立完成作业的过程中,借助图像识别技术,可以实现拍照搜题,及时解答疑惑;针对学生们的成绩、作业以及日常表现等,借助大数据挖掘技术,智能导师系统可以对学生们的学习情况进行总结,并提供针对性的改进建议,制定个性化的学习路线,推荐相关的学习资料;作为老师,利用智能评测系统,借助文字识别及自然语言处理技术,可以很方便地对学生的作业进行批改,实现自动评测。智能教室如图 1-8 所示。

图 1-8　智能教室

2. 交通与运输

在最新的无人驾驶技术中,装有摄像头、雷达、激光测距仪等装置的智能汽车,依托计算机视觉、自动控制等技术,可以实时地感应周边环境,避让行人、车辆等障碍物。车内装有以计算机系统为主的自动驾驶控制器,实现 L4 等级的高度自动驾驶。国内中通客车股份有限公司已经研发出 L4 等级的自动驾驶客车,并在聊城完成了下线测试。在不久的未来,无人驾驶汽车可能会更加频繁地出现在街头。2021 年 WIC(世界智能大会)上的 L4 等极无人驾驶公交车如图 1-9 所示。

在网约车司机调度、餐饮配送、出行路线规划等应用中,高德、百度、腾讯等企业利用人工智能实时优化导航服务,让道路交通信息更加通畅,实现了大众出行的大规模协同,促进了社会绿色高效运转。

图 1-9　2021 年 WIC（世界智能大会）上的 L4 等级无人驾驶公交车

3．生产与制造业

在现代化的生产和制造业中，人工智能技术的应用为企业带来更高的生产效率、更优质的产品和更合理的全局调度，提高了企业的生产效益。

利用机器学习以及大数据技术，通过采集设备的实时状态监测数据，采用数据驱动的方式，企业避免了对专家经验的依赖，可以实现生产设备的状态评估与故障诊断，更早地发现设备故障，避免造成产品质量缺陷以及有针对性地制定故障检修策略，缩短停机维修的时间。在产品生产过程中，流程、物料和生产参数等都非常多，通过基于生产线的大量数据，采用大数据分析和智能算法可以优化生产工艺、提升产品品质、降低生产成本。在质量检测过程中，利用计算机视觉技术和深度学习的方法，可以训练出一个很精准的质量检测系统，从而降低人工检测的成本。在仓储物流过程中，可以实现自动装卸搬运、分拣包装以及加工配送等工作，只需少量的人员，即可完成仓储和物流工作。工厂正在朝着无人化、智能化的方向发展。京东"智慧物流"无人仓如图 1-10 所示。

图 1-10　京东"智慧物流"无人仓

4. 营销与信息服务

你是否有这样的体验，在某个网上购物平台搜索浏览了一些自己想要的商品，之后的一段时间内，该平台首页会根据你搜索的内容推荐你想要的商品；在某个浏览器上搜索一些想要知道的信息，下次打开浏览器就会有相关的广告推送给你；在你浏览一些短视频应用时，与视频之间的互动会使得该应用多次推荐相关联的内容，看起来你的应用似乎很了解你，就像私人助理一样，这些实际上是人工智能算法的作用，通过用户画像和推荐系统，应用的后台服务器可以根据你的浏览行为与相关数据，做到精准推荐相关内容。视频推荐软件的用户搜索意图发现界面如图 1-11 所示。

图 1-11 视频推荐软件的用户搜索意图发现界面

5. 客服与政务系统

在现代化的公司业务与政府工作场景中，客户有一些基本的信息需求或者需要办理简单的业务，这些场景具有重复性强、流程清晰的特点，人工客服需要做大量的重复性工作。智能聊天机器人的出现改变了这一局面。借助自然语言处理、深度学习和数据库查询技术，以网站、手机终端、实体机器人等为载体，智能聊天机器人能够快速、准确地定位客户需求，从数据库中或模型中给出标准化的回答或进行智能交互，从而实现高效率地工作，极大地降低企业客服运营成本，提高办公效率并提升用户体验。银行的智能客服机器人如图 1-12 所示。

图 1-12 银行的智能客服机器人

　　聊天机器人还可以作为娱乐的工具和私人助理。这类机器人可以学习特定对象的各类特征，不断完善自身，提供更精准的服务，可以与人闲聊，也可以提供特定主题的服务。例如询问天气、回答常识类问题，以及处理日程、网上购物、预订服务等助理性质的工作，如图 1-13 所示。聊天机器人的出现让人们深刻感受到科技所带来的便利感和智能的生活体验。

图 1-13　聊天机器人

6. 智能家居

　　智能家居是人们现在可以直观感受到的人工智能技术。借助物联网技术和自动化技术，人们在家里只需利用语音或者手持移动设备，即可控制灯、空调、电视等多种电器的运行。在寒冷的冬天或者炎热的夏天，也可以通过提前发出指令，控制温度调节系统的运行，这样人们到家之后就正好是合适的温度。智能门锁可以记录开门记录，家装摄像头可以自动捕捉人脸，感应到陌生人之后就自动上传警报，各类安全防卫传感器和终端可以时刻监测家中的水、电、气的使用，避免用水、用电和用气所造成的消防安全隐患；扫地机器人可以在家中无人的情况下打扫卫生，时刻保持家居的卫生环境。智能家居为人们提供更高效、更方便和更安全的生活体验，提升人们的幸福感，如图 1-14 所示。

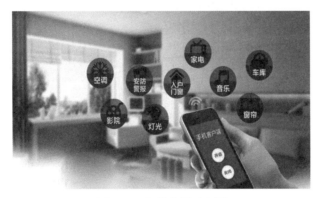

图 1-14　智能家居示意图

7. 医疗、卫生与保健

　　人工智能在医疗、卫生与保健领域的应用，意味着医生可以更高效地救助病人。基于大数据、深度学习以及图像识别技术，医生可以更快地获得速准确的病情诊断，更安全地进行手术和及时进行医疗救助，进而提高每个人的长期存活率。

　　智能诊疗系统将人工智能技术应用于疾病诊疗中，通过采集病人的各项检查指标，病理相关数据和体检报告等多源数据，以大数据和深度学习技术，对病人的病情进行智能诊断。一方面可以极大地减少病人等待诊断的时间，提高医院的效率，另一方面也可以辅助医生对病情进行深入了解，降低误诊率，提高治疗的针对性。此外，将图像识别技术应用于医学影像智能识别，也可以更准确地定位病灶。医疗机器人的投入使用为病人提供了更好的康复条件。保健机器人、康复训练机器人、外骨骼机器人等辅助设备可以修复受损的身体，服务机器人可以代替护士工作，为病人提供更精心的呵护。手术机器人可以与主刀医生协同工作，在保证手术精度和速度的同时，降低手术成本，减少医生的压力，如图1-15所示。

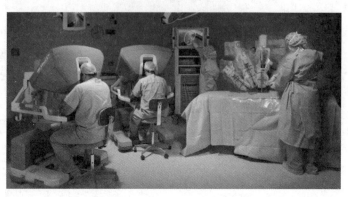

图 1-15   "达·芬奇"手术机器人

此外，人工智能与大数据技术在个人健康管理方面也有应用，一些穿戴和监测设备可以监测人们的一些基本身体特征，例如身高、体重、血糖、血压、呼吸、心跳以及脑电波等实时数据，通过大数据的挖掘与分析，可以对被监测的对象进行身体健康状态评估，并提供个性化的健康管理方案，及时识别疾病发生的风险，从而延长人类的寿命。

8. 生物与基因科学研究

2021 年 7 月 22 日，谷歌旗下 AI 公司 DeepMind 在 *Nature* 顶刊上刊登的文章 *Highly accurate protein structure prediction for the human proteome* 描述了一个 AI 程序 AlphaFold，该程序对人类蛋白质组的结构预测，覆盖了 98.5% 的所有人类蛋白质组，还对 20 种其他生物蛋白质的结构进行了预测，包括大肠杆菌、酵母菌、果蝇等，如图 1-16 所示。预测结果表明该方法具有很高的置信度，甚至与实验方法所确定的结构几乎没有差别，且预测的蛋白质组结构数量是传统生物实验方法覆盖的结构数量的两倍。蛋白质的结构在很大程度上决定了它的功能，通过对其结构进行研究，生物学家不仅可以更加快速地研发出针对各类疾病的药物，甚至能够揭开生命之谜。蛋白质的折叠问题在过去 50 年里一直是生物学的一个巨大挑战，传统的生物实验方法费时费力，且没有规律可循，如今 DeepMind 团队用 AI 解开了这道世纪难题。AlphaFold 数据库的建立，使生物科学家们从研究蛋白质时最费时费力的结构测定工作中解脱，从而可以专心转向研究的核心部分。人工智能技术将会带来全新的生物科学研究方式。

利用深度学习、知识图谱以及大数据挖掘等技术，研究人员可以从各类文献和临床试验信息等多源异构数据中自动生成有用的知识，挖掘药物和疾病之间的关联关系，并进一步筛选对特定疾病有效的分子结构；将人工智能技术应用在化合物筛选中，可以从大量化合物中筛选出有用的结构，并帮助科学家进行靶点药物研发；在测试阶段，AI 可以预测化合物的药物动力学和药物晶型；人工智能在医药研发领域的应用，可以缩短药物研发周期并提高新药的研发成功率，从而降低新药成本，更好地造福人类。

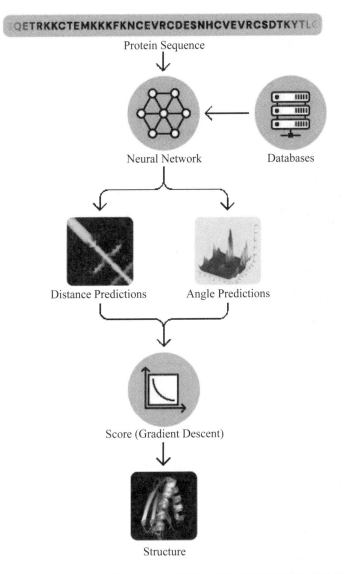

图 1-16　AlphaFold 通过训练深度神经网络和已知信息推断蛋白质结构

　　在基因科学领域，人工智能技术的应用和不断发展的算力使得基因检测的价格变得更低，每个新生儿都可以绘制基因组图，在成年后进行检测，可以发现测序数据中小的插入和缺失突变，以及单个碱基对的突变，通过对比两者的不同，结合不同基因位点的作用，可以及早地发现身体基因的突变。此外，随着高性能计算机的研发与使用，甚至可以实现基因编程，从根本上延长人类的寿命。

　　科技是一把双刃剑，人工智能技术同样如此。随着人工智能技术理论基础的完善以及其在人类各行各业的广泛应用，可以预想，该技术可以极大地提高人类的生产力，解放人类的双手，为人类提供更为便捷和丰富多彩的物质生活，人们可以更多地从事文化传承与创作、文学与艺术创作等高级脑力活动，丰富人类的精神文明。但是，该技术带来的负面影响也更加值得注意。人工智能发展到一定阶段，会对社会的就业造成冲击。那些依靠简单重复劳动工作的行业的工作者会逐渐地被机器所替代，造成社会失业率上升，进而造成社会不稳定因素的增加。此外，该技术的安全性问题也令人担忧。由于受到算法和数据集的影响，并不能保证智能系统能够合理地应对所有未知情况，在一些关乎人类生命安全和国家、社会安全的领域，并不能完全依赖人工智能。2018 年 4 月初，美国知名公司 Uber

的一辆测试无人车在亚利桑那州坦佩（Tempe）撞死一名行人。这些对人类生命安全造成威胁的事件的直接凶手就是人工智能系统，当该技术被不怀好意的人所掌握时，通过人为地设定参数和数据，会导致智能系统有着完全不同的表现。掌握个人隐私信息大数据的公司或企业，如果没有做好网络安全防护或数据保护工作，很可能会导致大规模的个人信息暴露，人们将会生活在一个没有隐私的社会中。此外，由于缺乏有效的法律约束和监管体系，某些互联网巨头为了获得更多的利益，利用大数据"杀熟"，同一个商品在不同账号上显示不同的价格，损害了客户的利益。随着内容推荐算法越来越准确，人们对短视频、自媒体以及碎片化新闻等网络应用的依赖程度越来越高，虽然这些应用丰富了人们的闲暇时间，但对于一些心智尚未成熟，没有辨别能力以及自控力不强的未成年人及部分成年人来说，这些应用无异于"电子鸦片"。人工智能在基因科学领域内的应用也极易引起道德和伦理问题，若不能有效监管，对于人类社会来说，更易引发一场充满不确定性的浪潮。

人工智能的发展一方面要不断完善理论基础，寻找更为可靠和可管控的人工智能实现方式，另一方面，在不断扩大和深入各行业和领域的应用过程中，决策者要注意到该技术的应用对社会所造成的影响，及时进行管控。在发展的过程中既不能因噎废食，也不能放任自流。正确地打开人工智能这个潘多拉魔盒，才能造福人类，在人类文明发展的历史上写下浓墨重彩的一笔。

1.2　AI 算法简介

1.2.1　算法定义

算法（Algorithm）指的是对解题方案的准确而完整的描述，是一系列解决问题的清晰指令，即用系统的方法描述解决问题的策略机制。也就是说，能够对一定规范的输入，在有限时间内获得所要求的输出。算法一般可以为数学原理、计算公式和计算方法，也可以为文字、流程图或代码等。通常人们熟知的基本数学算法包括求解线性方程的算法、求解最小公倍数的算法等。而在计算机相关的领域，常用算法包括排序算法、递归算法、动态规划算法、贪心算法等。

算法作为计算机软件的一部分，可以被视为计算机的灵魂。算法是其代码背后的抽象的逻辑思路，并依附于代码发挥作用。只有设计出更高效的算法，才能诞生性能更强大的计算机。算法对于人类生产生活的各个领域都起到了巨大的推动作用，为人类的生活带来了诸多便利。

1.2.2　AI 算法定义

人工智能是计算机科学的一个分支，它企图了解智能的实质，并生产出一种新的能以与人类智能相似的方式做出反应的智能机器，该领域的研究包括机器人、语音识别、图像识别、自然语言处理和专家系统等。人工智能从诞生以来，理论和技术日益成熟，应用领域也不断扩大，可以设想，未来人工智能带来的科技产品，将会是人类智慧的"容器"。人工智能可以对人的意识、思维的信息过程进行模拟。人工智能不是人的智能，但能像人那样思考，也可能超过人的智能。

AI 算法，即通过计算机来模拟人的思维和智能，在一定的输入前提之下，按照设定程序运行，由计算机来完成特定功能的输出。AI 算法是人工智能技术的核心，算法作为人工智能的底层逻辑，是产生人工智能的直接工具。AI 算法没有统一定义，其实就是神经网络算法和机器学习算法的统称。同时，注意 AI 算法和智能算法大不一样，智能算法主要是指一系列的启发式算法。

AI 算法的本质就是按照其自身逻辑展开一系列对用户和数据的抓取，通过技术逻辑设定的方向导出某个结果。而不间断的机器学习则保证了该套匹配模式精准度的不断提升和完善。与此同时，大数据技术的应用不断为 AI 算法的自我学习提供源源不断的"能量"。例如利用 AI 算法实现的商品推荐就是在深度分析用户个人数据的基础上，为其推送符合其偏好的信息。AI 算法借助于海量的大数据和具备强大计算能力的硬件设备，拥有深度学习的能力，并通过自主学习和强化训练来不断提升自身的能力，解决很多人类难以有效解决的难题。

人工智能深度学习算法是以人工智能功能需求为导向的算法开发与应用过程，因此，对于深度学习算法的研究应当从具体的应用方面入手。本书每个算法均与具体的应用相配套，便于读者理解算法的精髓。

1.2.3　AI 算法分类

算法、数据和计算能力并称为人工智能的三大基石，算法作为其中之一，占有举足轻重的地位。那么人工智能都会涉及哪些算法呢？各种算法又是怎么分类的呢？图 1-17 列出 AI 算法的几种不同分类的思维导图，方便读者日后的学习。

1. 按照模型训练方式分类

按照模型训练方式不同，AI 算法可以分为监督学习（Supervised Learning）、无监督学习（Unsupervised Learning）、半监督学习（Semi-supervised Learning）和强化学习（Reinforcement Learning）四大类。

（1）常见的监督学习算法包含以下几类：

1）神经网络类：反向传播、波尔兹曼机、卷积神经网络、Hopfield 网络、多层感知器、径向基函数网络、受限波尔兹曼机、回归神经网络、自组织映射、尖峰神经网络等。

2）贝叶斯类：朴素贝叶斯、高斯贝叶斯、多项朴素贝叶斯、平均 - 依赖性评估、贝叶斯信念网络、贝叶斯网络等。

3）决策树类：CART 算法、迭代 Dichotomiser3、C4.5 算法、C5.0 算法、卡方自动交互检测、决策残端、ID3 算法、随机森林、SLIQ 等。

4）线性分类器类：Fisher 线性判别、线性回归、逻辑回归、多项逻辑回归、朴素贝叶斯分类器、支持向量机等。

（2）无监督学习类算法主要包括以下几类：

1）神经网络类：生成对抗网络、前馈神经网络、逻辑学习机、自组织映射等。

2）关联规则学习类：先验算法、Eclat 算法、FP-Growth 算法等。

3）分层聚类算法：单连锁聚类、概念聚类等。

4）聚类分析：BIRCH 算法、DBSCAN 算法、EM 算法、模糊聚类、K-Means 算法、K 均值聚类、K-Medians 聚类、均值漂移算法、OPTICS 算法等。

5）异常检测类：K 最邻近算法、局部异常因子算法等。

（3）半监督学习类算法主要有以下几类：生成模型、低密度分离、基于图形的方法、联合训练等。

（4）强化学习类算法主要有：Q 学习、DQN、策略梯度算法、基于模型强化学习、时序差分学习等。

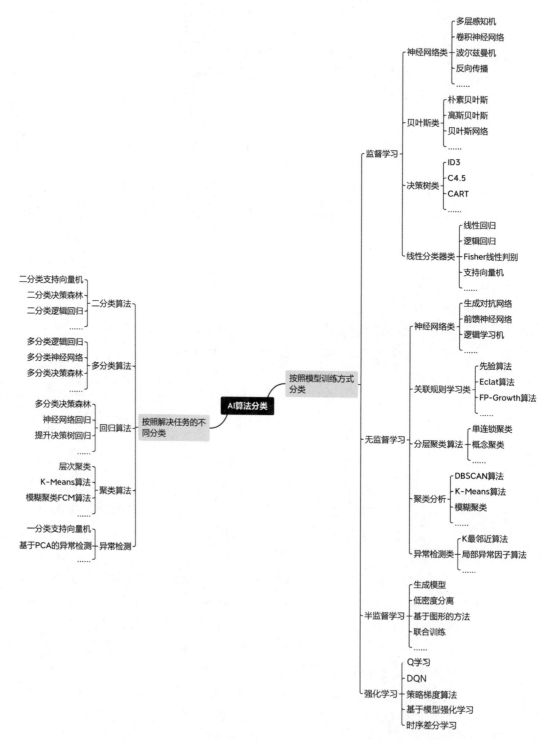

图 1-17　AI 算法分类思维导图

2. 按照解决任务的不同分类

按照解决任务的不同，AI 算法可以分为二分类算法、多分类算法、回归算法、聚类算法和异常检测 5 种。

（1）二分类算法包含以下几类：

1）二分类支持向量机：适用于数据特征较多、线性模型的场景。

2）二分类平均感知器：适用于训练时间短、线性模型的场景。

3）二分类逻辑回归：适用于训练时间短、线性模型的场景。

4）二分类贝叶斯点机：适用于训练时间短、线性模型的场景。

5）二分类决策森林：适用于训练时间短、精准的场景。

6）二分类提升决策树：适用于训练时间短、精准度高、内存占用量大的场景。

7）二分类决策丛林：适用于训练时间短、精准度高、内存占用量小的场景。

8）二分类局部深度支持向量机：适用于数据特征较多的场景。

9）二分类神经网络：适用于精准度高、训练时间较长的场景。

（2）解决多分类问题通常将二分类器改进成多分类器，常用的多分类算法如下：

1）多分类逻辑回归：适用训练时间短、线性模型的场景。

2）多分类神经网络：适用于精准度高、训练时间较长的场景。

3）多分类决策森林：适用于精准度高、训练时间短的场景。

4）多分类决策丛林：适用于精准度高、内存占用较小的场景。

（3）回归问题通常被用来预测具体的数值而非分类。除了返回的结果不同，其他方法与分类问题类似。将定量输出，或者连续变量预测称为回归；将定性输出，或者离散变量预测称为分类。常用的回归算法如下：

1）排序回归：适用于对数据进行分类排序的场景。

2）泊松回归：适用于预测事件次数的场景。

3）快速森林分位数回归：适用于预测分布的场景。

4）线性回归：适用于训练时间短、线性模型的场景。

5）贝叶斯线性回归：适用于线性模型、训练数据量较少的场景。

6）神经网络回归：适用于精准度高、训练时间较长的场景。

7）决策森林回归：适用于精准度高、训练时间短的场景。

8）提升决策树回归：适用于精确度高、训练时间短、内存占用较大的场景。

（4）聚类的目标是发现数据的潜在规律和结构。聚类通常被用作描述和衡量不同数据源间的相似性，并把数据源分类到不同的簇中。常用的聚类算法如下：

1）层次聚类：适用于训练时间短、大数据量的场景。

2）K-Means 算法：适用于精准度高、训练时间短的场景。

3）模糊聚类 FCM 算法：适用于精准度高、训练时间短的场景。

4）SOM 神经网络：适用于运行时间较长的场景。

（5）异常检测是指对数据中存在的不正常或非典型的个体进行检测和标志，有时也称为偏差检测。异常检测看起来和监督学习问题非常相似，都属于分类问题，都是对样本的标签进行预测和判断，但实际上两者的区别非常大，因为异常检测中的正样本（异常点）非常小。常用的异常检测算法如下：

1）一分类支持向量机：适用于数据特征较多的场景。

2）基于 PCA 的异常检测：适用于训练时间短的场景。

以上便是 AI 算法的分类，希望读者熟稔于心，为以后的学习打下坚实的基础。

1.3　人工智能与算法的关系

人工智能的三大基石——算法、数据和计算能力，算法作为其中之一，是非常重要的。人工智能发展需要算法，算法的优劣直接影响了人工智能的水平高低。目前，人工智能领域中使用最广泛的编程语言是 Python。对于人工智能项目来说，算法几乎是灵魂。

人类自身的智能是人类思维活动中表现出来的一种能力，大脑是人类认知和智能活动的载体，思维则是大脑对客观事物的本质及其内在联系的间接和概括的反映。计算机和程序是实现人工智能的两个必要条件，计算机是实现人工智能的硬件基础，而程序则是实现人工智能的软件方法。而所谓程序就是数据结构加算法，从这个角度出发，从计算机和算法的角度对人工智能的能力进行考察是合理的。从人工智能和人类智能的比较中可以看到，计算机在人工智能中的作用正如大脑在人类智能中的作用，它们都提供了智能活动的物质基础，而算法之于人工智能则好比思维之于人类智能，两者都是智能活动的具体体现。如果将计算机和人脑、算法和思维对应起来，就可以获得关于人工智能和人类智能的比较。

在人工智能看来，人的所有行动都只是一种算法，是一种数据随意组合之后的可能性结果。某一个人在某一时刻做出某一具体的行为，只是大脑神经元对神经系统刺激的后果，而非自由意志作用的结果。人工智能不再将体验、主权、意识、意义等这些作为人的本质属性来展开讨论，取而代之的是算法，人们最终以一种"可算度的人"的方式存在。在历史学家尤瓦尔·N. 赫拉利（Yuval N. Harari）看来，未来人的命运与以下 3 个主题息息相关：第一，科学正在逐渐聚合于一个无所不包的教条，也就是认为所有生物都是算法，而生命则是进行数据处理；第二，智能正与意识脱钩；第三，无意识但具备高智能的算法，可能很快就会比我们更了解我们自己。因此，在未来的人工智能时代，人们可能会将自己的生命完全托付于数据，让数据为自己代言，尤其是在医学、教育等领域，人工智能技术完全可能取代医生、教师准确而有效地解决各种问题，甚至可能取代传统社会各种各样的职业。

人工智能与算法的关系，大致可以理解为人工智能与机器学习和深度学习的关系。

人工智能是为机器赋予人的智能。早在 1956 年夏天那次会议，人工智能的先驱们就梦想着用当时刚刚出现的计算机来构造复杂的、拥有与人类智慧同样本质特性的机器。这就是现在所说的"强人工智能"（General AI）。这个无所不能的机器，它有着人类所有的感知（甚至比人更多），人类所有的理性，可以像人类一样思考。人们在电影里也总是看到这样的机器：友好的，如星球大战中的 C-3PO；邪恶的，如终结者。强人工智能现在还只存在于电影和科幻小说中，原因不难理解，人类还没法实现它们，至少目前还不行。人类目前能实现的，一般被称为"弱人工智能"（Narrow AI）。弱人工智能是能够与人一样，甚至比人更好地执行特定任务的技术。这种技术是如何实现的？这种智能从何而来？这就需要了解机器学习。

机器学习是一种实现人工智能的方法，其最基本的做法，是使用算法来解析数据、从中学习，然后对真实世界中的事件做出决策和预测。与传统的为解决特定任务、硬编码的软件程序不同，机器学习是用大量的数据来"训练"，通过各种算法从数据中学习如何完成任务。机器学习直接来源于早期的人工智能领域，其传统算法包括决策树学习、推导逻辑规划、聚类、分类、回归、强化学习和贝叶斯网络等。众所周知，人们还没有实现强人工智能，早期机器学习方法甚至都无法实现弱人工智能。机器学习最成功的应用领域是计算机视觉，但其仍需要大量的手工编码来完成工作。人们需要手工编写边缘检测滤波器程序，以便让程序能识别物体从哪里开始，到哪里结束；编写形状检测程序来判断检测对象是不是有 8 条边；编写分类器程序来识别字母 "S-T-O-P"。使用以上这些手工编写的程序，人们可以开发算法来感知图像，判断图像是不是一个停止标志牌。

深度学习是一种实现机器学习的技术。人工神经网络（Artificial Neural Networks）是早期机器学习中的一个重要算法，历经数十年风风雨雨。神经网络的原理是受人类大脑的生理结构——互相交叉相连的神经元启发，但与大脑中一个神经元可以连接一定距离内的任意神经元不同，人工神经网络具有离散的层、连接和数据传播的方向。例如，可以把一幅图像切分成图像块，输入神经网络的第一层；在第一层的每一个神经元都把数据传递到第二层；第二层的神经元也是完成类似的工作，把数据传递到第三层，以此类推，直到最后一层，然后生成结果。每一个神经元都为它的输入分配权重，这个权重的正确与否与其执行的任务直接相关，最终的输出由这些权重的和来决定。

1.4　算法在人工智能中的应用

随着社会的发展，时代的进步，人工智能的发展也越来越迅速，同时算法在人工智能中扮演着至关重要的角色。人工智能是现代科技前沿的技术领域，在信息时代进程中，人工智能中的图像识别技术已经作为一项成熟的技术被运用在各个领域之中，渗透到人们的日常生活里，为各项工作提供了便利。其在信息处理领域中，通过使计算机代替人工对信息进行鉴别工作，实现更快捷地处理各种信息。如今在人们与信息的交互生活中，少不了图像识别技术与人们的接触。在图像识别中，运用到的卷积神经网络（CNN）是目前机器学习领域表现优异的深度学习算法之一。图像是一种自带标签的图像数据集，该算法对图像的数据集进行识别，并将数据集分解为测试集、训练集、验证集，构建卷积神经网络并开始训练。卷积神经网络高速并行的特点使得其在图像处理中的应用越来越广泛，也给图像的应用带来了快捷和方便。

相信"人工智能"这个词对大家来说已经不陌生了，事实上，在最近的几年里，人工智能在图像语音识别、机器人科技、金融科技等各个领域里已经取得了巨大的成就。2017年 5 月在杭州乌镇，人工智能技术以 AlphaGo 为载体与围棋世界冠军柯洁进行了世纪大战，最终 AlphaGo 以 3:0 的比分取得了毫无悬念的胜利。围棋这项古老的游戏一直以其无穷尽的复杂度被誉为脑力游戏的终点，棋盘上 19×19 的横纵交错，编织出了 10^{360} 的变化数，远远超过了当今计算机的计算能力。计算机同人对弈，尤其是与世界冠军级别的棋手，一度被认为是不可能获胜的。但是 AlphaGo 做到了，其利用深度学习技术和蒙特卡罗搜索树理论，实现 AlphaGo 算法在人工智能中的运用。

AlphaGo 算法是"监督学习的策略网络（Policy Network）"，观察棋盘布局企图找到最佳的下一步，预测每一个合法下一步的最佳概率。应用人工智能技术，该算法可以有效地计算出未来棋子移动的序列。这展示了人工智能技术的重要内容，那就是基于超强计算能力和超大规模训练样本集的深度学习技术和统计数学中的蒙特卡罗等随机算法，如果说训练过程是模仿人类的学习过程，那么蒙特卡洛算法就是思考并找出最优解的过程。这同人类的（学习—思考—决策）行为是一致的。

近些年来，人工智能算法在汽车领域的应用迎来了井喷式的增长。现在，每辆车的车载系统中，都带有语音识别的功能。该功能通过自然语言处理中的诸多算法，进行对输入语言的分析、特征提取等，以得到最后的文本表示，并执行一系列操作，达到解决此问题的目的。还有自动泊车系统，该系统通过神经网络算法对转角和车速的训练，再根据反向传播算法，进行对神经网络的训练。训练反向传播神经网络的本质是调整网络的参数，通过误差反向传播的方式对网络的权重和阈值进行不断迭代更新，从而得到较优的网络参数，以保证网络的性能。另外，还可以通过计算机视觉对汽车刹车片进行自动检测，通过对图像获取、图像校准、图像定位、尺寸测量、缺陷标示、字符识别等任务的完成，快速、准确地识别出工件的尺寸、表面缺陷和字符。语音识别系统可以带给人们方便，使汽车更加智能化，更加便捷；自动泊车系统可以解决停车难的问题，使得在特定地方停车变得简单，也同样带给了人们方便；刹车片自动检测系统让人类的出行更加安全，不会再为由于自己的疏忽导致刹车片失灵造成不可逆转的灾难而后悔。

人工智能不仅仅在汽车领域中有着如此之大的作用，在金融领域中更是如此。在股票预测方面，有基于支持向量机参数优化算法对股票智能投顾策略的研究，该方法在支持向量机的基础上建立了结合核函数与参数寻优的预测模型，通过此模型能更好地选择出一些有潜力的股票推荐给人们。BP 神经网络照样能对股票进行一些预测，在股票市场这个极其复杂的系统中，它所具有的动荡性、非线性、高噪声等因素决定了股票预测过程的复杂与困难，传统预测方法很难胜任，难以建立精确有效的数学模型，BP 神经网络是一种很好的时间序列预测方法。

1.5　本章习题

1．被誉为"人工智能之父"的科学家是（　　）。

    A．明斯基　　　　B．图灵　　　　　C．麦卡锡　　　　D．冯•诺依曼

2．人工智能应用研究的两个最重要最广泛的领域为（　　）。

    A．专家系统、自动规划　　　　　　B．专家系统、机器学习

    C．机器学习、智能控制　　　　　　D．机器学习、自然语言理解

3．要想让机器具有智能，必须让机器具有知识。因此，在人工智能中有一个研究领域，主要研究计算机如何自动获取知识和技能，实现自我完善，这门研究分支学科叫（　　）。

    A．专家系统　　　B．机器学习　　　C．神经网络　　　D．模式识别

4．下列（　　）不是人工智能的研究领域。

    A．机器证明　　　B．模式识别　　　C．人工生命　　　D．编译原理

5．简要概述人工智能的研究领域和应用领域。

6．根据自己的理解给出人工神经网络的定义，并指出其特征。

第2章 AI算法实验环境简介

本章导读

本章简要介绍了 AI 算法的实验环境。一是 Python 环境的安装与配置和常用的可视化方法，并重点介绍 Python 常用可视化库 matplotlib 的使用方法，以折线图、饼图、柱状图、散点图为例带领读者快速入门 Python 可视化技巧。二是深度学习算法所涉及的 TensorFlow 框架的搭建与测试方法，为后续章节的学习做好充分的准备。

本章要点

- Python 环境安装与配置
- Python 可视化库
- 几种深度学习算法实验环境简介
- TensorFlow 框架搭建
- TensorFlow 环境测试

2.1　Python 环境安装与配置

首先对几种工具的下载进行说明，包括 Python、Anaconda、Pycharm，首先下载对应的工具。

Python 下载方式可在 Python 的官网 https://www.Python.org/ 查询，下载 Python-XYZ.exe 文件，XYZ 为安装的版本号。建议下载 3.5 及以上的版本用于调试，本文以 Python 3.7 作为调试环境。

Anaconda 可以便捷地获取包且能够对包进行管理，同时对环境可以进行统一管理，其下载网址为 https://www.anaconda.com/products/individual。可以通过 UI 界面或者 conda 命令行建立环境和安装相应的包使用。初学者可以跳过这一步直接使用 Python 自带的 pip 命令下载对应的包。

Pycharm 功能：调试、语法高亮、Project 管理、代码跳转、智能提示、自动完成等。PyCharm 下载地址为 https://www.jetbrains.com/pycharm/download/，用户可以下载对应的版本进行代码调试。

2.2　Python 可视化库

数据可视化将技术与艺术完美结合，借助图形化的手段，清晰有效地传达与沟通信息，直观、形象地显示海量的数据和信息，并进行交互处理。数据可视化的应用十分广泛，几乎可以应用于自然科学、工程技术、金融、通信和商业等各种领域。在 Python 中有 20 多种可视化库，如 matplotlib、Seaborn、Bokeh、Plotly 等，利用这些可视化库可以将原本枯燥的数据以美观形象的方式展现出来，其功能强大，表达方式多种多样。下面重点介绍最为常用的 matplotlib 库，并以折线图、饼图、柱状图及散点图为例，帮助读者快速入门 Python 的数据可视化方法，方便后续的学习。

2.2.1　可视化库简介

1. matplotlib

matplotlib 是一种 Python 数据可视化库，尽管它已有十多年的历史，但仍然是 Python 社区中使用最广泛的绘图库，它的设计与 MATLAB 非常相似。它是一个 2D 绘图库，可以在 Python 中直接调用并使用。开发者能够通过 matplotlib 仅用几行简单的代码就可以完成图形的绘制，如直方图、饼图、折线图等。matplotlib 可视化绘图库非常强大，除了前面提到的几种比较常用的图表外，还能够绘制出其他的比较炫酷的图表，如图 2-1 所示。

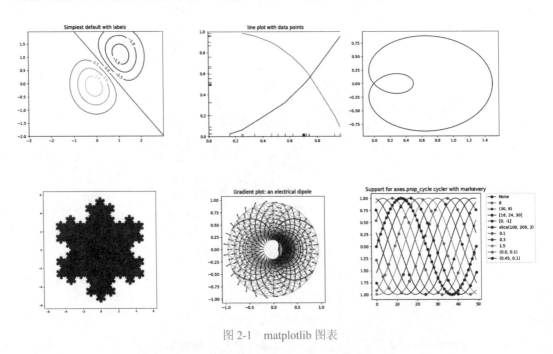

图 2-1　matplotlib 图表

在本书后续章节中全部实验结果均是使用 matplotlib 绘图库进行可视化展示的。下一节将重点介绍一下关于 matplotlib 的一些基础知识与可视化案例。

2. Seaborn

Seaborn 是在 matplotlib 的基础上进行了更高级的 API 封装，从而使得作图更加容易。在大多数情况下使用 Seaborn 能制作出具有吸引力的图，而使用 matplotlib 能制作具有更多特色的图。应该把 Seaborn 视为 matplotlib 的补充，而不是替代物，同时它能够和 pandas 进行无缝链接，能高度兼容 numpy 与 pandas 数据结构以及 scipy 与 statsmodels 等统计模式。这样一来，无论是初学者还是有经验的数据可视化工程师都能够更容易上手。

Seaborn 利用 matplotlib 的强大功能，可以只用几行代码就创建漂亮的图表。关键区别在于 Seaborn 的默认款式和调色板设计更加美观和现代。由于 Seaborn 是在 matplotlib 之上构建的，因此还需要了解 matplotlib 以便调整 Seaborn 的默认值。使用 Seaborn 制作的图表如图 2-2 所示。

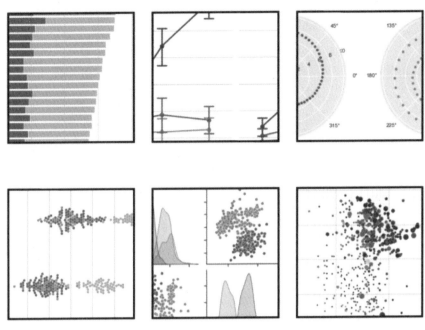

图 2-2 Seaborn 图表

3. Bokeh

Bokeh 是一个 Python 交互式可视化库，支持现代化 Web 浏览器，提供非常完美的展示功能。Bokeh 的目标是使用 D3.js 样式提供优雅、简洁新颖的图形化风格，同时提供大型数据集的高性能交互功能。Bokeh 可以快速地创建交互式的绘图、仪表盘和数据应用程序。

Bokeh 基于 The Grammar of Graphics，它的优势在于能够创建交互式的网站图，可以很容易地输出为 JSON 对象、HTML 或交互式 Web 应用程序。Bokeh 还支持流媒体和实时数据。使用 Bokeh 制作的图表如图 2-3 所示。

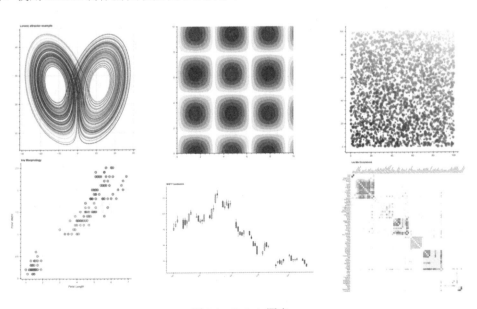

图 2-3 Bokeh 图表

4. Plotly

Plotly 是新一代的 Python 数据可视化开发库，基于 D3.js、stack.gl（WebGL 组件库，由 Plotly 团队的 Mikola Lysenko 领导开发）和 SVG，用 JavaScript 在网页上实现了类似 MATLAB 和 Python matplotlib 的图形展示功能，提供了完善的交互功能和灵活的绘制选项。

与 matplotlib 和 Seaborn 相比，Plotly 将数据可视化提升到一个新的层次。Plotly 内置完整的交互功能及编辑工具，支持在线和离线模式，提供稳定的 API 以便与现有应用集成，既可以在 Web 浏览器中展示数据图表，也可以存入本地。Plotly 唯一的缺点是太灵活，提供了太多的可选项。使用 Plotly 制作的图表如图 2-4 所示。

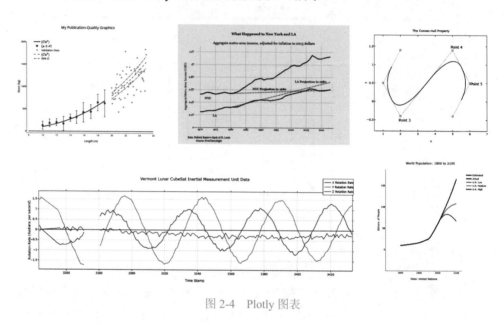

图 2-4　Plotly 图表

2.2.2　matplotlib 的基本元素和常用方法

1. 基本元素

x 轴和 y 轴代表的是水平和垂直的轴线；x 轴和 y 轴的刻度代表坐标轴的分隔，包括最小刻度和最大刻度；x 轴和 y 轴刻度标签代表特定坐标轴的值；绘图区域代表实际绘图的区域。

2. plot 方法

plot 是 matplotlib 绘图库的绘图方法，常用的主要参数有 color、marker、linestyle 等。

color 参数设置图形颜色，取值可以为十六进制字符串，也可以是英语单词首字母缩写或全拼，注意，蓝色 blue 与黑色 black 的首字母都为 b，所以规定，b 代表的是 blue 蓝色，而黑色则用 k 来表示，见表 2-1。

表 2-1　颜色对照表

字母	对应单词	对应颜色
b	blue	蓝
g	green	绿
r	red	红
c	cyan	蓝绿

字母	对应单词	对应颜色
m	magenta	洋红
y	yellow	黄
k	black	黑
w	white	白

marker 参数是设置点型形状，用关键字参数对单个属性赋值，这个参数的值只有简写，英文描述不被识别，描述见表 2-2。

表 2-2　点型参数描述

字符简写	对应形状
.	点标记
,	像素标记
o	圆圈标记
v	下三角形
^	上三角形
<	左三角形
>	右三角形
s	方块标记
p	五边形标记
*	星花标记
h	六边形标记
+	加号标记
x	x 标记
D	方菱形标记
d	瘦菱形标记
		竖线标记
_	下划线标记

linestyle 是线型参数，设置直线形状，关键字参数对单个属性赋值，见表 2-3。

表 2-3　线型参数

字符	对应形状
-	实线
--	虚线
-.	点划线
:	点线

3. hold 属性

hold 属性默认为 True，允许在一幅图中绘制多条曲线；将 hold 属性修改为 False，每一个 plot 都会覆盖前面的 plot。但是不推荐去改动 hold 这个属性，这种做法会有警告产生，因此使用默认设置即可。

4. grid 方法

使用 grid 方法可以为图表添加网格线。设置 grid 参数（参数与 plot 方法相同），.lw 代表 linewidth，指线的粗细；.alpha 表示线的明暗程度。grid 方法的两个值，为 True 和 False（True 与 False 的拼写首字母必须为大写），默认值为 True，True 表示显示网格线，而 False 表示隐藏网格线。

5. axis 方法

如果 axis 方法没有任何参数，则返回当前坐标轴的上下限。

6. xlim 方法和 ylim 方法

除了 axis 方法，还可以通过 xlim、ylim 方法设置坐标轴范围。xlim 与 ylim 方法均含有两个参数，表示的是坐标范围的最小值与最大值。

7. legend 方法

legend 用来改变图表的位置，常用的主要参数有 loc、fontsize、frameon、facecolor、edgecolor 以及 title 等。

loc 是 location 的缩写，顾名思义是位置的意思，其取值可以有 10 个，分别为 upper left、upper center、upper right、center left、center、center right、best、lower left、lower center、lower right，用户可以根据自己的需要设置不同的值，其中 best 值是指，图表会找到最合适的地方进行展示，不需要用户指定。

fontsize 是字体大小，可取值为 xx-small、x-small、small、medium、large、x-large、xx-large。

frameon、facecolor、edgecolor 分别代表的是设置图表边框（默认为 True）、设置背景颜色、设置边框颜色（无边框时无效）。

title 参数设置图表标题。

8. xticks 方法

xticks 方法设置横坐标的刻度标记，将坐标轴变成人们想要的样子。xticks 方法类似覆盖，并且覆盖的数组长度要和原来横轴的坐标长度一致。

2.2.3　matplotlib 绘图

上一节对 matplotlib 绘图库中的一部分方法及其属性取值做了简单介绍，下面将用 matplotlib 分别绘制折线图、饼图、柱状图以及散点图。

1. 折线图

折线图多用于显示随时间或有序类别而变化的趋势。在 Python 中，要绘制折线图，首先引入 matplotlib 包，然后设置 x 和 y 数据，最后绘图，绘图时采用的是 plot 方法，上述已经介绍过 plot 参数，在此不再赘述。设置图像为虚线，颜色为红色，显示网格线，代码如下：

```
1.   import matplotlib.pyplot as plt
2.   import numpy as np
3.   x=np.arange(0,10,0.1)
4.   y=np.random.rand(len(x))
5.   # 解决中文显示问题
```

```
 6.  plt.rcParams['font.sans-serif']=['SimHei']
 7.  plt.rcParams['axes.unicode_minus'] = False
 8.  plt.plot(x,y,c='r',linestyle='-')
 9.  plt.title(' 折线实例 ')
10.  plt.xlabel('x')
11.  plt.ylabel('y')
12.  plt.xlim((0, 10))
13.  plt.grid()
14.  plt.show()
```

运行上述代码，一条折线就被画出来了，如图 2-5 所示。

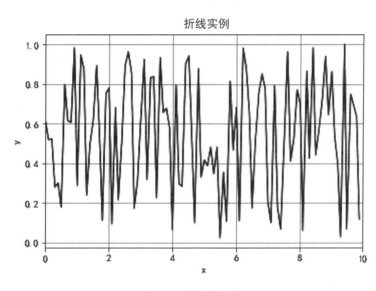

图 2-5 折线图实例

2. 饼图

与折线图不同，饼图一般用于强调各项数据占总体的比例，强调个体和整体的比较。绘制饼图时使用的是 pie 方法，其属性及其取值见表 2-4。

表 2-4 Pie 方法属性对照表

属性	解释
x	各个饼块的尺寸；类 1 维数组结构
explode	每个饼块相对于饼圆半径的偏移距离，取值为小数；类 1 维数组结构；默认值为 None
labels	每个饼块的标签；字符串列表；默认值为 None
colors	每个饼块的颜色；类数组结构；** 颜色会循环使用；** 默认值为 None，使用当前色彩循环
autopct	饼块内标签；None 或字符串或可调用对象；默认值为 None；如果值为格式字符串，标签将被格式化，如果值为函数，将被直接调用
pctdistance	饼块内标签与圆心的距离；浮点数；默认值为 0.6，autopct 不为 None 时该参数生效
shadow	饼图下是否有阴影；布尔值；默认值为 False
labeldistance	饼块外标签与圆心的距离；浮点值或 None；默认值为 1.1；如果设置为 None，标签不会显示，但是图表可以使用标签
startangle	饼块起始角度；浮点数；默认值为 0，即从 x 轴开始；角度逆时针旋转

属性	解释
radius	饼图半径；浮点数；默认值为 1
counterclock	角度是否逆时针旋转；布尔值；默认值为 True
wedgeprops	饼块属性；字典；默认值为 None
textprops	文本属性；字典；默认值为 None
center	饼图中心坐标；(float,float) 浮点数二元组；默认值为 (0,0)
frame	是否绘制子图边框；布尔值；默认为 False
rotatelabels	饼块外标签是否按饼块角度旋转；布尔值；默认为 False
normalize	是否归一化；布尔值或 None；默认值为 None True：完全饼图，对 x 进行归一化，sum(x)==1 False：如果 sum(x)<=1，绘制不完全饼图；如果 sum(x)>1，抛出 ValueError 异常 None：如果 sum(x)>=1，默认值为 True；如果 sum(x)<1，默认值为 False

绘制饼图方式与绘制折线图方式一致，先导入 matplotlib 包，然后设置各个模块的数据以及各个模块的标签，突出显示的 explode 属性也可以设置，最后画图。以某家庭一个月的资金流水为例，饼图绘制的代码如下：

```
1.  import matplotlib.pyplot as plt
2.  plt.rcParams['font.sans-serif']=['SimHei']
3.  plt.rcParams['axes.unicode_minus'] = False
4.  labels = [' 娱乐 ',' 饮食 ',' 房贷 ',' 交通 ',' 其他 ']
5.  plt.axis('equal')
6.  sizes = [7,12,60,8,11]
7.  explode = (0,0,0.1,0,0)
8.  plt.pie(sizes,explode=explode,labels=labels,autopct='%.1f%%',startangle=100)
9.  plt.title(" 某家庭 7 月份资金流水 ")
10. plt.show()
```

代码运行结果如图 2-6 所示。

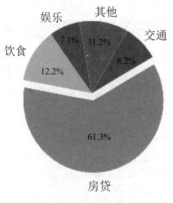

图 2-6　饼图实例

3. 柱状图

柱状图一般用于比较各组数据的差异性，强调进行个体间的比较。使用的是 matplotlib 中的 bar 方法，其中包含 5 个常用的参数。x：表示 x 轴的数据。height：表示条形的高度。width：表示条形的宽度，默认为 0.8。color：表示条形的颜色。edgecolor：表示条形边框的颜色。

　　柱状图同样需要先引入 matplotlib 包，然后设置 x 轴的数据以及条形的高度，通过 xticks 方法，将坐标轴上的刻度值换成人们想要的数据间隔和标签，如下例中的水果名称"苹果""香蕉"等，具体代码如下：

```
1.  import matplotlib.pyplot as plt
2.  data = [5, 20, 15, 25, 10]
3.  # 解决中文显示问题
4.  plt.rcParams['font.sans-serif']=['SimHei']
5.  plt.rcParams['axes.unicode_minus'] = False
6.  plt.title(' 柱状图实例 ')
7.  plt.xlabel(' 水果名称 ')
8.  plt.ylabel(' 当日售卖量（kg）')
9.  plt.xticks(range(len(data)),[' 苹果 ',' 香蕉 ',' 橘子 ',' 葡萄 ',' 橙子 '])
10. styleList=['o','O','+','-','|','/']
11. colorList=['#f05b72','#fedcbd','#faa755','#b2d235','#d5c59f','#7d5886']
12. for i in range(len(data)):
13.     plt.bar(i, data[i], color=colorList[i],hatch=styleList[i])
14. plt.show()
```

上述代码运行结果如图 2-7 所示。

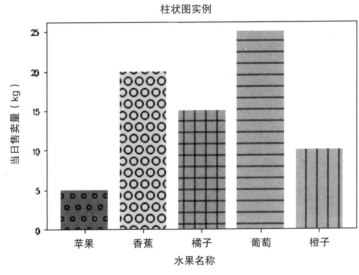

图 2-7　柱状图实例

4. 散点图

　　散点图的绘制有两种方式，一种是使用 plot 方法，只需将其中的 marker 属性值设置为"o"，linestyle 属性值设置为"none"即可；另一种方式是使用 scatter 方法，直接调用即可。scatter 方法的参数有 x、y、c、marker、cmap、norm、vmin、vmax、alpha、linewidths、edgecolors。其中 cmap 为指定色图，只有当 c 参数是一个浮点型的数组的时候才起作用；norm 为设置数据亮度，取值为 0 ～ 1，使用该参数仍需要 c 为浮点型的数组；vmin、vmax 为亮度设置，与 norm 类似，如果使用了 norm 则该参数无效；其余属性上述中均有描述，在此不再赘述。

　　散点图绘制，与上述例子步骤一致。先引入实例所需的 matplotlib 包，然后设置 x、y 值，最后绘制散点图（两种方法实现），代码如下：

```
1.   import numpy as np
2.   import matplotlib.pyplot as plt
3.   N = 50
4.   x = np.random.rand(N)
5.   y = np.random.rand(N)
6.   #plot 方法
7.   plt.title(' 散点图实例（plot 方法）')
8.   plt.plot(x,y,marker='o',linestyle='none')
9.   plt.show()
10.  #scatter 方法
11.  plt.title(' 散点图实例（scatter 方法）')
12.  plt.scatter(x,y)
13.  plt.show()
```

上述代码运行结果如图 2-8 所示。

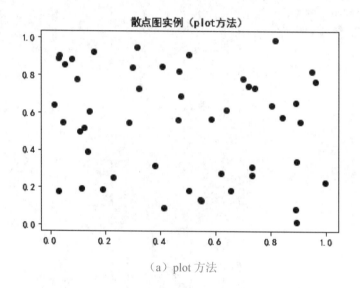

（a）plot 方法

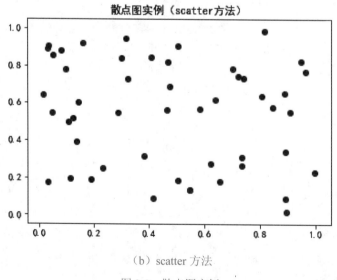

（b）scatter 方法

图 2-8   散点图实例

从图 2-8 可以清晰地看出，plot 与 scatter 两种方法绘制出来的散点图没有差别。

2.3　深度学习算法实验环境简介

1．TensorFlow

TensorFlow 是由谷歌大脑团队的研究人员和工程师开发的，它是深度学习领域中最常用的软件库。TensorFlow 完全是开源的，并且有出色的社区支持。同时，TensorFlow 为大多数复杂的深度学习模型预先编写好了代码，比如递归神经网络和卷积神经网络。

2．Keras

Keras 是一个高层的 API，它为快速实验而开发。因此，如果希望获得快速结果，Keras 会自动处理核心任务并生成输出。Keras 支持卷积神经网络和递归神经网络，可以在 CPU 和 GPU 上无缝运行。

3.PyTorch

PyTorch 是 Torch 深度学习框架的一个接口，可用于建立深度神经网络和执行张量计算。张量是多维数组，就像 numpy 的 ndarray 一样，它也可以在 GPU 上运行。PyTorch 使用动态计算图，PyTorch 的 Autograd 软件包从张量生成计算图，并自动计算梯度。

4．PaddlePaddle

PaddlePaddle 中文名称为飞桨，是由百度开发的中国首个自主研发、功能完备、开源开放的产业级深度学习平台。PaddlePaddle 以百度多年的深度学习技术研究和业务应用为基础，集深度学习核心训练和推理框架、基础模型库、端到端开发套件、丰富的工具组件于一体，同时支持动态图和静态图，兼顾灵活性和效率。

5.Caffe

Caffe 是另一个面向图像处理领域的、比较流行的深度学习框架，它是由贾阳青在加利福尼亚伯克利大学读博士期间开发的。同样，它也是开源的，Caffe 对递归网络和语言建模的支持不如上述 3 个框架。但是 Caffe 最突出的地方是它的处理速度和从图像中学习的速度非常快。

2.4　TensorFlow 框架搭建

TensorFlow 框架搭建

1．创建环境

在 Anaconda 中创建环境以及环境名，选择对应的 Python 版本等待创建即可。

2．安装导入包

在 Anaconda 新创建的环境中选择 Notinstalled 选项，在右侧搜索所需的包名，单击该包显示绿色箭头，然后 apply，等待安装即可。

3．选择环境

打开 Pycharm，依次选择 File → Settings → Interpreter → Conda → Interpreter，选择对应的环境名下的 Python.exe，然后确认等待加载完毕即可。

4．调用测试

在工程 Interpreter 界面能看到已经加载出来的包，也可以自行输入测试 TensorFlow 是否安装成功的代码，单击 run 看是否有报错。此外，还可使用以下代码来检验是否安装成功，检验成功后即可开始搭建自己的神经网络进行测试了。

```
1.  import tensorflow as tf               # 导入深度学习所使用的库
2.  def main():                           # 主函数开始
3.      a = tf.constant([1.0, 2.0], name='a')   # 定义测试神经元节点变量 a
4.      b = tf.constant([2.0, 3.0], name='b')   # 定义测试神经元节点变量 b
5.      result = a + b                    # 计算节点结果
6.      sess = tf.Session()               # 建立会话控制
7.      sess.run(result)                  # 获得运算结果
8.      print("You're successful!")       # 输出运行成功的提示语句
9.  # 执行主函数
10. if __name__ == '__main__':
11.     main()
```

如果运行输出后，屏幕显示"You're successful!"，表明环境调试成功。

2.5　本章习题

1．使用 matplotlib 绘图库时，绘制散点图有哪两种方式？

2．随机生成 100 个点，并画出散点图（每个点设置不同的颜色）。

3．利用函数表达式 $y=\sin(x)$ 进行绘图。

4．假设某学校的年级人数构成为 222、420、455、664、454、386，通过饼图显示各个年级人数所占的比例（比例百分制，结果保留两位小数）。

5．利用柱状图画出某 4 个工厂的男女数量图，数据见表 2-5。

表 2-5　工厂男女数量

工厂	第一工厂	第二工厂	第三工厂	第四工厂
男	33	24	38	25
女	28	36	19	35

第二部分

监督式学习算法

第 3 章　线性回归算法

本章导读

　　在统计学中，线性回归是一种回归分析方法，它利用最小二乘函数（称为线性回归方程）对一个或多个自变量与因变量之间的关系进行建模。线性回归是一种被广泛应用的回归分析方法，线性回归模型通常采用最小二乘法进行拟合。本章首先从数学模型、算法实现等方面介绍线性回归模型的两种形式——一元线性回归模型和多元线性回归模型；然后介绍如何利用梯度下降求解线性回归模型；最后利用经典的波士顿房价预测案例演示线性回归模型的应用方法。

本章要点

- 线性回归概述
- 线性回归算法的推导
- 代码实现

线性回归算法及应用

3.1　算法概述

　　回归分析是一种分析数据的统计方法。回归分析的目的是了解两个或两个以上变量是否相关、相关的方向和强度，并建立数学模型观察特定变量，预测研究者感兴趣的变量。回归分析主要分为前期的模型学习与后期的预测两个过程，前者主要是通过给定的数据集来进行学习并且建立回归模型，后者是输入需要预测的数据到模型中，然后输出预测值。

　　线性回归模型形式相对简单，易于建模，但是其中却蕴涵着机器学习中的很多重要的基本思想。有很多功能更为强大的非线性模型都能够建立在线性模型的基础上，通过引入层级结构或者一些映射完成。下面，先通过一个例子来大致观察一下线性模型，然后通过一些算法来实现这个模型的求解。

　　在一批所给的数据集中随机挑取两个点画一条直线，观察其余点是否都在这条直线上，或在这条线的附近，如图 3-1 所示。很明显都不是，那么怎么能够使所有点到所画直线的距离最近呢？一般来说，可以通过最小二乘法或者梯度下降算法来降低损失函数，从而使得这个线性回归模型能够更好地拟合数据。

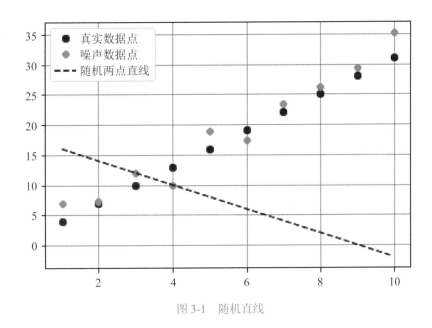

图 3-1 随机直线

3.2 算法原理

3.2.1 线性回归模型

线性回归模型包括一元线性回归模型和多元线性回归模型。如果回归分析中只包含一个自变量和一个因变量，并且两者之间的关系可用直线近似表示，这种回归分析称为一元线性回归分析；如果回归分析包含两个或两个以上的自变量，且因变量与自变量之间的关系是线性的，则称为多元线性回归分析。其基本形式如下：

$$h_w(x) = \sum_{i=1}^{n} w_i x_i + w_0 \tag{3-1}$$

一般用向量形式写成如下形式。

$$f(x) = w^{\mathrm{T}} x + b \tag{3-2}$$

其中，当 n 取 1 时为一元线性回归模型，即只包含一个自变量和一个因变量且两者之间为线性映射关系；当 n 取大于 1 的值时，则为多元线性回归模型，即包含两个及两个以上的自变量，且自变量与因变量之间是线性映射关系；参数 w_i（$i=1,2,\cdots,n$）与 w_0 分别称为权重系数与常数项。

3.2.2 一元线性回归算法

1. 数学模型构建

以图 3-2 所示的一元线性回归模型为例，线性回归的目的在于确定一条直线（如 $y=ax+b$），以最小的误差（如 r_1、r_2）来拟合数据。在操作时，总是期望每个点都能够落在所求得的直线上，即 r_1、r_2 均为 0。但这样是很难做到的，所以只能希望每个点都能够尽量离直线近一点或者整体误差最小，即 r_1 与 r_2 之和的值最小。

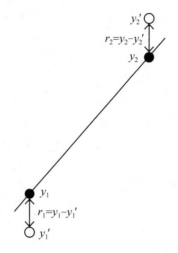

图 3-2　误差分析

为了求出最优直线（即求出参数 a、b），可以先求出每个误差 r，并将它们累加起来。但是因为 r 中可能同时含有正负项，所以需要将每一个 r 平方之后再进行累加。换句话说，根据样本集来确定平方损失函数—— $R_i = (y_i - ax_i - b)^2$，然后再根据这个平方损失函数构建代价函数，表达式为

$$L(a,b) = \frac{1}{n}\sum_{i=1}^{n} R_i(a,b) \tag{3-3}$$

接下来，通过最小二乘法、梯度下降等算法来讨论如何降低损失函数。

2. 最小二乘法降低损失函数

如前所述，已经求得了代价函数 $L(a, b)$，接下来可以将降低损失函数问题转换成求极值问题，然后通过求解参数 a 和 b 的偏导数的方式来确定其最优值，最终求得的两个偏导数为

$$\frac{\partial L(a,b)}{\partial a} = \frac{\partial\left(\frac{1}{n}\sum_{i=1}^{n}(y_i - ax_i - b)^2\right)}{\partial a} = -\frac{2}{n}\sum_{i=1}^{n}(y_i - ax_i - b)x_i \tag{3-4}$$

$$\frac{\partial L(a,b)}{\partial b} = \frac{\partial\left(\frac{1}{n}\sum_{i=1}^{n}(y_i - ax_i - b)^2\right)}{\partial b} = -\frac{2}{n}\sum_{i=1}^{n}(y_i - ax_i - b) \tag{3-5}$$

令上述两个方程等于 0，联立方程，通过数学公式的推导，就可以将 a 和 b 的值解出来，在此处推导过程省略，不再赘述，读者可以自行推导，最终解得的结果为

$$a = \frac{n\sum_{i=1}^{n}x_i y_i - \sum_{i=1}^{n}x_i \sum_{i=1}^{n}y_i}{n\sum_{i=1}^{n}x_i^2 - \left(\sum_{i=1}^{n}x_i\right)^2} \tag{3-6}$$

$$b = \frac{\sum_{i=1}^{n}x_i^2 \sum_{i=1}^{n}y_i - \sum_{i=1}^{n}x_i \sum_{i=1}^{n}x_i y_i}{n\sum_{i=1}^{n}x_i^2 - \left(\sum_{i=1}^{n}x_i\right)^2} \tag{3-7}$$

3. 算法实现步骤

通过以上推导，求解得到了 a 与 b 的值，接下来给出实现最小二乘法的步骤，读者可以通过下述步骤来整理自己的代码，具体实现步骤如下：

（1）定义一个最小二乘法线性拟合函数 $LSM(x,y)$，其中 x 表示横坐标，y 表示纵坐标。

（2）定义 4 个变量，即 sum_x、sum_y、sum_xx、sum_xy，并全部初始化为 0。sum_x 表示 $\sum\limits_{i=1}^{n} x_i$；$sum\_y$ 表示 $\sum\limits_{i=1}^{n} y_i$；$sum\_xx$ 表示 $\sum\limits_{i=1}^{n} x_i^2$；$sum\_xy$ 表示 $\sum\limits_{i=1}^{n} x_i y_i$。

（3）求取所给数据的数量，即为长度 n。

（4）通过迭代的方式求取 sum_x、sum_y、sum_xx、sum_xy。

（5）将得到的结果代入上方推导的公式中，便可求得 a、b 的值。

3.2.3 多元线性回归算法

1. 数学模型构建

对于多元线性回归模型，其参数众多，究竟该如何推导呢？由于其涉及的参数个数较多，导致上述方法不再适用，因此一般采用矩阵推导的方式来降低损失函数。

假设拟合函数为 $h(x)$，实际实验中所给的数据为 y（Python 中列表形式），拟合函数 $h(x)$ 可表示为 $h(x)=XW$，其中参数 $X=[x_1,\cdots,x_n]$，$W=[w_0,w_1,\cdots,w_n]^T$，则代价函数可以表示为

$$L(W) = \frac{1}{2}\sum_{i=0}^{n}(h_w(x_i) - y_i)^2 = \frac{1}{2}(XW - y)^T(XW - y) \tag{3-8}$$

将上式展开可得

$$L(W) = \frac{1}{2}(W^T X^T XW - 2W^T X^T y + y^T y) \tag{3-9}$$

对展开式进行求导可得

$$\frac{\partial L(W)}{\partial W} = \frac{1}{2}(2W^T X^T X - 2X^T y) \tag{3-10}$$

最后，将结果置为 0，可以得到模型参数的最终解为

$$W = (X^T X)^{-1} X^T y \tag{3-11}$$

通过上述数学公式的推导，已经得到了模型参数的最终解，下面将通过 Python 伪代码来实现多元线性回归算法。

2. 算法实现步骤

通过上述内容，已经能够将多元线性回归的参数求解出来，即为矩阵 W。程序的核心步骤如下，读者可以通过下述的步骤来整理自己的代码。

（1）定义一个多元线性拟合函数 $LSM\_M(x,y)$，与上述一致，x 表示横坐标，y 表示纵坐标。

（2）定义一个 X，生成一个与 x 长度一致的单位矩阵并沿着 x 竖直方向将矩阵进行堆叠，堆叠 1 是与 w_0 乘过之后的常数项，最后把这个矩阵赋值给 X。

（3）将上述的 X 进行转置得到 X_t。

（4）将得到的 X_t 与 X 进行点乘得到 $X^T X$，这里我们用 $X_t X$ 表示。

（5）求逆，即求 $X_t X$ 的逆，用 $X_t XInv$ 表示。

（6）把（5）得到的 $X_t XInv$ 与矩阵 X 的转置 X_t 进行点乘得到 $(X^T X)^{-1} X^T$。

（7）最后将 $(X^T X)^{-1} X^T$ 与 y 进行点乘就可得到参数 W 的值。

3.2.4　梯度下降求解线性回归模型

1. 什么是梯度下降

上述采用最小二乘法来处理多元线性回归问题都是在矩阵满秩的情况下进行的，那么当矩阵不满秩时，怎么处理呢？这时就需要采用梯度下降来求解此类问题。

当目标函数为凸函数时，梯度下降法的解为全局解。一般情况下，解不一定是全局最优解，梯度下降法的速度也不一定是最快的。梯度下降算法是一种通过不断迭代的方式来求取代价函数的最小值或最大值的算法。其具体的算法思想类似于一个人在山顶寻找最快的下山方式，即找到最陡峭的位置；当找到一个位置下山后，再重复上述过程，直至到达山底，如图 3-3 所示。

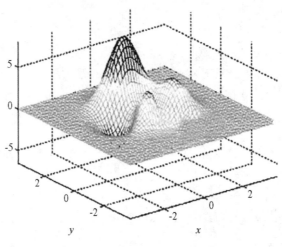

图 3-3　梯度下降

图 3-3 展示了所处的"山峰"，该怎么从这个"山峰"上找到最快到达山底的方式呢？图 3-4 中的线段展示了寻找路径的总过程。

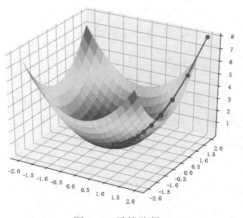

图 3-4　寻找路径

梯度下降法又称最速下降法。函数 $L(W)$ 在某点 W_k 的梯度 $\nabla L(W_k)$ 是一个向量，其方向就是 $L(W)$ 增长最快的方向，反之，其逆方向就是 $L(W)$ 减少最快的方向。在梯度下降法中，如果求函数的极大值，沿着梯度方向走能够更快地到达极大点；反之，求函数的极小值，沿着梯度的逆方向走就会更快地到达极小点，如图 3-5 所示。

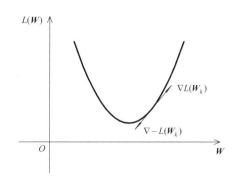

图 3-5　梯度下降法图像表示

2. 数学模型构建

求函数 $L(\boldsymbol{W})$ 的极小值，可以选择任意初始点 a_0，从 a_0 出发沿着负梯度方向走，可使得 $L(\boldsymbol{W})$ 下降最快，其算法迭代公式为

$$W_{k+1} = W_k + \alpha \frac{\partial L(\boldsymbol{W})}{\partial \boldsymbol{W}} \qquad (3\text{-}12)$$

其中，α 表示学习率即步长，步长的选择不能太大，否则可能会导致发散，最终无解，反之，也不能太小，太小会使得算法收敛慢。

对于最基本的线性 $L(\boldsymbol{W})$ 问题，梯度方向计算过程如下：

$$\frac{\partial L(\boldsymbol{W})}{\partial \boldsymbol{W}_k} = \frac{\partial}{\partial \boldsymbol{W}_k}\left(\frac{1}{2n} \sum_{i=0}^{n} [L_{\boldsymbol{W}}(x_i) - y_i]^2 \right) \qquad (3\text{-}13)$$

求得最终结果为

$$\frac{\partial L(\boldsymbol{W})}{\partial \boldsymbol{W}_k} = \frac{1}{n} \sum_{i=0}^{n} [L_{\boldsymbol{W}}(x_i) - y_i] x_k \qquad (3\text{-}14)$$

在求取参数时，通常采取以下几种方式。

（1）批量梯度下降（Batch Gradient Descent）。批量梯度下降法是梯度下降法最常用的形式，具体做法也就是在更新参数时使用所有的样本来进行更新，更新参数时，每次都使用全部数据集，即在给定的步长的情况下，对所有的样本的梯度和进行迭代，其核心公式如下：

$$W_{k+1} = W_k - \alpha \frac{1}{n} \sum_{i=1}^{n} [L_{\boldsymbol{W}}(x^i) - y^i] x_k^i \qquad (3\text{-}15)$$

它的优点是易于获取到全局的最优解，总体的迭代次数不多，并且实现了并行，但其缺点是，如果实验中所给的样本数据量很大，则每次迭代都将会耗费很长的时间，最终导致总体效率较低。

（2）随机梯度下降（Stochastic Gradient Descent）。随机梯度下降算法的原理实际上与批量梯度下降算法的原理相似。不同的是它没有使用实验中所给的样本的全部数据，而是只选取其中的一个样本来计算梯度，其原理是每次从样本集中抽取一个点更新参数，核心公式如下：

$$W_{k+1} = W_k - \alpha [L_{\boldsymbol{W}}(x^i) - y^i] x_k^i \qquad (3\text{-}16)$$

随机梯度下降算法和上述的批量梯度下降算法是两个极端。一个是使用所有数据进行梯度下降，另一个是使用一个样本进行梯度下降。它们的优势和劣势自然也非常突出。

在训练速度上，随机梯度下降算法每次只需迭代一个样本，训练速度很快，而批量梯度下降算法在样本量较大时不能满足训练速度的要求。对于收敛速度，由于随机梯度下降算法每次都只迭代一个样本，因此每次迭代的方向变化都会很大，不能快速地收敛到局部的最优解。

随机梯度下降算法的优点就是每次只抽取一个样本点来更新参数，实验的整体效率较高，但是不易获得全局的最优解，导致实验整体的正确率下降，并且不易于并行实现。

（3）小批量梯度下降（Mini-batch Gradient Descent）。小批量梯度下降是批量梯度下降与随机梯度下降两种算法的折中，每次迭代的数据是从总体数据集中选取指定个数的样本更新数据，核心公式如下：

$$W_{k+1} = W_k - \alpha \frac{1}{n} \sum_{k=i}^{i+n-1} [L_W(x^i) - y^i] x_k^j \tag{3-17}$$

小批量梯度下降算法的优点是每次使用一个小批量的样本更新参数，这样可以有效地减少收敛所需要的迭代次数，提高了实验的整体效率；相对于随机梯度下降方法更易于获取全局最优解，并且能够并行实现。但是，如果批量值选取不当，则可能会导致内存消耗较大、收敛到局部解等问题。

梯度下降法的优化思想：以当前位置的负梯度方向作为搜索方向。因为这个方向是当前位置下降最快的方向，所以梯度下降法也被称为"最速下降法"。最速下降法越接近目标值，步长越小，前进速度越慢。

小批量梯度下降算法的缺点如下：

1）当接近最小值时，收敛速度变慢，需要多次迭代。

2）行搜索可能存在一些问题。

3）可能曲折下降。

3. Python 实现步骤

上述描述了梯度下降算法在线性回归中的实现方式，就是通过快速的方式找到全局最小值，即最优解，读者可以通过下述的伪代码思路来整理自己的代码，接下来，程序的核心步骤如下：

（1）先定义几个变量，thera0、thera1 分别表示 q0、q1 初始值；alplf 表示学习率 a；error、error1 分别表示上次迭代的误差以及当前迭代后的误差；break_t 表示阈值；count 表示迭代次数。

（2）进行迭代，可以设定一个循环次数，主要是防止步长选取过大时，出现发散的情况而进入死循环。

（3）定义一个列表 thera01，thera01[0] 代表 thera0 的偏导数，thera01[1] 代表 thera1 的偏导数，用一个列表存储方便后续同时更新 thera0 与 thera1 的值。

（4）再次进行迭代，遍历整个数据集，不断更新 thera01 列表，遍历完成后，再同时更新 thera0、thera1 的值。

（5）通过迭代求得此次迭代后的误差平方和，并求其均值得到平均误差 crror1。

（6）将此次误差 error1 与上次误差 error 做差得到的值取完绝对值后与阈值进行比较，若比阈值小，则近似看作达到最低点，即取得最优值，跳出循环，否则将 error1 赋值给 error，再次进行循环。

（7）为了防止（2）中可能出现的死循环，每次计数 count 加 1 后与程序开始设定的循环次数做比较，当迭代次数达到设定次数后，程序自动跳出循环，循环结束。

4. 代码展示

通过上述各个降低损失函数方法的介绍，相信很多读者都已经对线性模型有了初步了解，并且能够写出相应的算法实现。下面通过具体的 Python 代码来实现线性回归算法，让读者对这个算法有一个更加直观的理解。批量梯度下降算法代码如下：

```python
1.   import matplotlib.pyplot as plt
2.   import numpy as np
3.   # 生成数据
4.   x=np.arange(1,21,1)
5.   y=3*x+1
6.   print(y)
7.   # 加上正态分布生成的噪声生成仿真数据
8.   y_noise=np.random.normal(loc=1,scale=3,size=len(x))
9.   y_noise=y+y_noise
10.  print(y)
11.  print(len(x))
12.  # 算法开始，下方的参数在上文中已经介绍，在此不再赘述
13.  thera0=0
14.  thera1=0
15.  # 选择合适的步长
16.  alplf=0.00002
17.  error=0
18.  error1=0
19.  # 设置阈值即误差终止大小
20.  break_t=0.0000001
21.  count=0
22.  # 防止发散后进入死循环
23.  while count<10000:
24.  # thera01[0] 代表 thera0，thera01[1] 代表 thera1
25.     thera01=[0,0]
26.     for i in range(len(x)):
27.        thera01[0]+=thera0+thera1*x[i]-y[i]
28.        thera01[1]+=((thera0+thera1*x[i])-y[i])*x[i]
29.  # 同步更新参数
30.     thera0=thera0-alplf*thera01[0]
31.     thera1=thera1-alplf*thera01[1]
32.  # 求取误差
33.     for i in range(len(x)):
34.        error1+=(thera0+thera1*x[i]-y[i])**2
35.     error1/=len(x)
36.  # 判断是否收敛，如果相邻两次误差之差小于阈值，则 break 跳出循环，否则计数器 count 加 1，
     继续循环
37.     if abs(error1-error)<break_t:
38.        break
39.     else:
40.        error=error1
41.     count+=1
42.  # 打印出两个参数及循环的次数
43.  print(thera0,thera1,count)
44.  y_true=[]
45.  # 将拟合后的 y 值点添加到 y_true 列表中
46.  for i in range(len(x)):
```

```
47.     y_true.append(thera0+thera1*x[i])
48. # 画出拟合图像
49. # 解决中文乱码
50. plt.rcParams['font.sans-serif']=['SimHei']
51. plt.rcParams['axes.unicode_minus']=False
52. # 画出数据点
53. plt.plot(x,y_noise,marker='o',linewidth=2.5, linestyle='None',c='r',label=' 真实数据点 ')
54. # 画出正确的直线
55. plt.plot(x,y,linestyle='-',c='b',label=' 真实直线 ')
56. # 画出通过梯度下降后计算出来的拟合直线
57. plt.plot(x,y_true,linestyle='-',c='yellow',label=' 拟合直线 ')
58. plt.legend(loc='best')
59. plt.grid(True)
60. plt.show()
```

实验代码运行后，实验结果如图 3-6 所示。

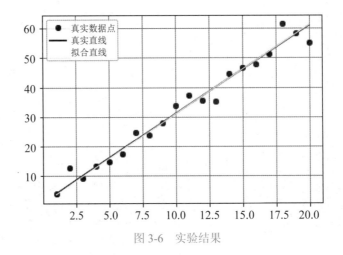

图 3-6　实验结果

图 3-6 中红色的点代表的是真实点，也即真实数据，蓝色线代表的是真实数据的直线，而黄色的直线代表的是通过梯度下降算法降低损失函数后得到的拟合直线。能够发现两条直线基本重合，拟合效果良好。在上述实验代码中，实验所设定的直线的系数是 $a=3$，$b=1$，然后在真实数据旁生成一个服从正态分布的噪声点，将真实数据与生成的噪声点相加生成新的噪声点。通过梯度下降算法对噪声点进行处理后，新拟合的直线的 $a=3.00$，$b=0.92$，与初始直线拟合较好，能够达到预期的效果。

与最小二乘法相比，梯度下降法需要选择步长，而最小二乘法则不需要。梯度下降法为迭代解，最小二乘法为解析解。在样本量不大且有解析解的情况下，最小二乘法优于梯度下降法，计算速度快。然而，当样本量较大时，由于需要用最小二乘法求一个超大型逆矩阵，求解非常困难或缓慢。

3.3　算法案例：波士顿房价预测

本节主要介绍波士顿房价预测的实现，其是一个回归问题，数据背景见表 3-1。每个类观察值的数量都是均等的，共有 506 个观察值，13 个输入变量以及 1 个输出变量。每条数据包含了房屋以及房屋周围的详细信息，其中包含了该镇的人均犯罪率、一氧化氮浓度、每栋房屋的平均客房数、到波士顿 5 个就业中心的加权距离等。

表 3-1　数据背景

属性名	说明
CRIM	该镇的人均犯罪率
ZN	住宅用地所占比例
INDUS	城镇中非住宅用地所占比例
CHAS	Charles River 虚拟变量
NOX	一氧化氮浓度
RM	每栋房屋的平均客房数
AGE	1940 年之前建成的自用单位比例
DIS	到波士顿 5 个就业中心的加权距离
RAD	到径向公路的可达性指数
TAX	不动产税
PRTATIO	城镇中教师学生比例
B	城镇中黑人比例
LSTAT	地位较低的人所占百分比

为了方便读者理解，本模块仅采用其中一个属性作为变量 x，即 LSTAT，表示地区中地位较低的人所占百分比。实验具体过程如下所述。

1. 数据读入

因为在 sklearn 库中已经封装了波士顿房价信息，所以直接调用即可。

```
1.  from sklearn.datasets import load_boston
2.  boston=load_boston()
3.  data = boston.data
4.  y = boston.target
5.  x=[]
6.  for i in range(len(data)):
7.      x.append(data[i][-1])
```

2. 编写梯度下降函数并调用

与上述批量梯度下降算法基本一致，需要做的是将函数封装，并且对函数里面的参数进行调整，防止出现因"步长"过大而发散的情况，具体代码实现如下：

```
1.  def BGD(x,y):
2.      thera0=0
3.      thera1=0
4.      # 选择合适的步长
5.      alplf=0.000002
6.      error=0
7.      error1=0
8.      # 设置阈值即误差终止大小
9.      break_t=0.0000001
10.     count=0
11.     # 防止发散后进入死循环
```

```
12.    while count<10000:
13.    #thera01[0] 代表 thera0，thera01[1] 代表 thera1
14.       thera01=[0,0]
15.       for i in range(len(x)):
16.          thera01[0]+=thera0+thera1*x[i]-y[i]
17.          thera01[1]+=((thera0+thera1*x[i])-y[i])*x[i]
18.       # 同步更新参数
19.       thera0=thera0-alplf*thera01[0]
20.       thera1=thera1-alplf*thera01[1]
21.       # 求取误差
22.       for i in range(len(x)):
23.          error1+=(thera0+thera1*x[i]-y[i])**2
24.       error1/=len(x)
25.       # 判断是否收敛，如果相邻两次误差之差小于阈值，则 break 跳出循环，否则计数器 count
           加 1，继续循环
26.       if abs(error1-error)<break_t:
27.          break
28.       else:
29.          error=error1
30.       count+=1
31.    return thera0,thera1,count
32. thera0,thera1,count=BGD(x,y)
```

3. 将结果可视化

为了将运行结果可视化，可以在代码中引入可视化包，由步骤 2 中计算得到的 a 和 b（即 thera1 和 thera0）绘制出直线以及 LSTAT 数据点。

```
1.  import matplotlib.pyplot as plt
2.  xline=[]
3.  yline=[]
4.  for i in range(len(x)):
5.     xline.append(i)
6.     yline.append(thera0+thera1*i)
7.  # 画出拟合图像
8.  #解决中文乱码
9.  plt.rcParams['font.sans-serif']=['SimHei']
10. plt.rcParams['axes.unicode_minus']=False
11. # 画出数据点
12. plt.plot(x,y,marker='o',linewidth=2.5, linestyle='None',c='r',label=' 数据点 ')
13. #画出通过梯度下降后计算出来的拟合直线
14. plt.plot(xline,yline,linestyle='-',c='yellow',label=' 拟合直线 ')
15. plt.legend(loc='best')
16. plt.xlabel('LSTAT')
17. plt.ylabel(' 房价 ')
18. plt.xlim(min(x)-1,max(x)+1)
19. plt.ylim(min(y)-1,max(y)+1)
20. plt.grid(True)
21. plt.show()
```

实验结果如图 3-7 所示，其中 x 轴代表 LSTAT，y 轴代表房价。通过对比，可以发现数据点呈明显的下降趋势，表明房价随地位较低的人所占百分比增高而降低。

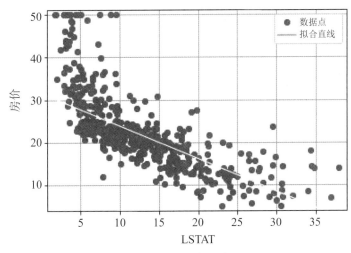

图 3-7 实例实验结果

对于线性回归算法，不仅仅局限于解决直线分类、预测问题，对于更加复杂的曲线问题，可以通过知识的迁移，将函数映射到 x 上，只需稍微改动函数参数便可解决曲线问题。

读者在学习完本节后，还可扩展学习 scikit-learn 的机器学习库，这个库里面封装了许多机器学习算法，直接调用即可，在此不再赘述。面对同一个数据集，读者可以先通过上述的算法思路，手动完成线性回归算法，然后再通过调用 scikit-learn 机器学习库中的线性回归算法来拟合数据，最后比较两种方式处理后的拟合情况。

3.4 算法总结

1. 一元线性回归算法

一元线性回归，毫无疑问是只含有一个未知参数的线性回归模型。在一元线性回归算法中，构造了一个代价函数，如式 3-3 所示，采用最小二乘法将其结果降低，从而得到一条拟合效果较好的直线。

2. 多元线性回归算法

多元线性回归与一元线性回归相比，从字面上可以了解到一个是只含有一个未知参数的线性回归模型，另一个是含有多个未知参数的线性回归模型。对含有多个未知参数的情况，采用的是线性代数的知识，将参数式转换成两个矩阵相乘的形式，然后构造代价函数，最后通过对参数式中的 **W** 求偏导数的方式得到结果，从而得到一条拟合效果较好、预测准确率较高的拟合直线。

3. 梯度下降

梯度下降的主要思想是通过不断迭代的方式来求取代价函数的最小值或最大值。当上述多元线性回归算法的参数不满秩时，可以考虑梯度下降算法。通过选择合适的步长及迭代终止条件来不断地迭代更新参数，最终能够得到一个较好的线性回归模型。梯度下降算法主要有 3 种形式：①批量梯度下降；②随机梯度下降；③小批量梯度下降。

通过本章的学习，相信读者对线性回归的基本思想以及其实现的思路和方法已经有了大致的了解。最小二乘法、梯度下降等方式能够有效地降低代价函数，而且这两种方法也是其他人工智能算法在减小误差时经常使用的方法，所以读者们要弄懂这两种降低误差的方法，这样也更加有利于接下来其他人工智能算法的学习。

3.5　本章习题

1．用最小二乘法确定直线回归方程的含义是（　　　）。

　　A．各观测点距直线的纵向距离相等

　　B．各观测点距直线的纵向距离平方和最小

　　C．各观测点距直线的垂直距离相等

2．梯度下降算法的调优，在训练数据集很小的情况下，采用（　　　）更好。

　　A．批量梯度下降

　　B．随机梯度下降

　　C．小批量梯度下降

3．通过以下方式导入 make_moons 数据：

```
from sklearn.datasets import make_moons
x,y=make_moons(50,noise=0.3)     # 指定 50 个噪声值为 0.3 二维样本
```

二维数据进行线性拟合以求取以下表达式中的各项变量系数与常数项：

$$y=w_1x_1+w_2x_2+w_0$$

4．利用题 3 中求取的各项变量系数与常数项预测 x 对应的 y 值（设为 $y\_predict$），并利用绘图（曲线图或散点图）的方式比较 $y\_predict$ 的差异。

5．指定斜率与截距（如 $k=1$、$b=1$）绘制直线 L_0，然后在直线上随机采样 50 个点（真值 X_0）。根据 50 个真值点生成噪声服从正态分布（如均值为 1、方差为 2）的样本（X_n）。

（1）利用随机梯度下降算法拟合 50 个样本点，生成拟合直线 L_1。

（2）利用 scikit-learn 回归库算法拟合 50 个样本点，生成拟合直线 L_2。

（3）将 X_0、X_n、L_0、L_1 与 L_2 绘制在一起以比较随机梯度下降算法与 scikit-learn 回归库算法之间的差异。

第4章　逻辑回归算法

本章导读

逻辑回归算法是机器学习分类算法中的重要算法之一。分类问题是人们日常生活中非常常见的问题，比如判断电子邮件是否为垃圾邮件；银行信用卡中心根据用户消费行为决定是否发放信用卡；音乐播放器根据用户常听的歌曲清单推荐某首歌曲。诸如此类的问题都涉及分类，可以使用逻辑回归算法进行分类。

本章主要介绍了逻辑回归的相关背景知识，与线性回归进行了对比，并通过线性回归来引入逻辑回归算法。本章进一步分析了该算法的实现原理，分解了算法实现步骤，并按照算法实现步骤一一拆分说明。最后，为读者附上该算法的关键代码及其分析，并展示了运行结果图，对整个算法做了简单的总结。

本章要点

- 逻辑回归的介绍
- 逻辑回归的原理
- 逻辑回归的实现

4.1　算法概述

逻辑回归算法及应用

机器学习中有许多不同类型的算法，其中最常见的算法类型之一就是分类算法，顾名思义就是给出一个数据，机器能根据预先训练好的模型将该数据分类为二分类中的一类或多分类中的一类，这是分类算法中所对应的二分类与多分类。一个算法能做二分类就能做多分类。比如现在有一堆邮件的数据，可以通过这些数据训练得到一个判别邮件类型的模型，新邮件到来时可以通过该模型判断出该邮件是否为垃圾邮件。

4.1.1　什么是逻辑回归

逻辑回归又称为 logistic 回归分析，是一种广义的线性回归分析模型，常用于数据挖掘、疾病自动诊断、经济预测等领域。

在使用回归算法进行分类或预测时，需要找到数据的关键特征。例如：要判断患者的肿瘤是否是恶性肿瘤，可能与肿瘤大小和颜色的相关度更大，就将这两个特征作为模型中的自变量。通过多个已知是否是恶性肿瘤的样本训练这个模型，使模型更好地拟合训练数据，当训练到一定程度后就可以使用此模型进行预测了。也可以将多个特征当作自变量，通过 logistic 回归分析，得到各自变量的权重，权重大的自变量是影响肿瘤的关键特征，从而可以大致了解到底哪些因素是引起肿瘤的危险因素。此时，根据该权值来判断危险因素，进而预测一个人患癌症的可能性。

4.1.2 逻辑回归对比线性回归

逻辑回归与线性回归都是入门级的机器学习算法。第 3 章讲解了线性回归，它是监督学习中的回归问题，而逻辑回归则是监督学习中的分类问题。逻辑回归的名称中同样有"回归"两字，主要原因是逻辑回归的假设函数中用到了线性回归。逻辑回归模型的形式与线性回归模型基本相同，都具有 w^Tx+b，其中 w 和 b 是待求参数，它们的区别是因变量不同，线性回归是 $y=w^Tx+b$，而逻辑回归则是通过函数 S 将 w^Tx+b 对应到一个隐状态 p，$p=S(w^Tx+b)$，这里的 S 是 Sigmoid 函数。

什么是回归和分类呢？简单地说，线性回归中求出 w 权重向量后，输入一个 x 特征值，得到一个输出值 y，y 的取值在 **R**（所有实数集）中是连续的。比如通过线性回归来预测房价，y 预测出来的结果有可能是 230 万元，也可能是 231 万元，它们之间的可能性是无限的，所以 y 的图像是连续的。而逻辑回归输出值 y 是离散的，即只有有限多个输出值，其值域可以只有两个值 $\{0,1\}$，这两个值可以表示对样本的某种分类，如高 / 低、患病 / 健康、阴性 / 阳性等，这就是最常见的二分类逻辑回归。

4.1.3 算法引入

下面来看一个预测是否是恶性肿瘤的例子，这里选取了一个特征，即肿瘤的大小，将数据集画在二维坐标轴上，用一条直线去拟合数据集，如图 4-1 所示。

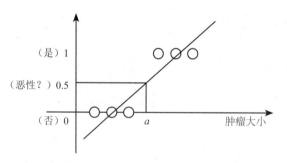

图 4-1 线性回归（少量样本）预测

图 4-1 是用线性回归来拟合训练集的直线，以 $y=0.5$ 为阈值，大于 0.5（即横坐标大于 a）分为 1 类（即恶性肿瘤），小于 0.5（即横坐标小于 a）分为 0 类（即良型肿瘤），上述感觉上确实没有问题，拟合得很正确。但是如果训练集样本足够多，范围足够大，线性回归算法就显得无能为力了。如图 4-2 所示，仅多加入两个 1 类样本，则箭头所指样本分类错误。

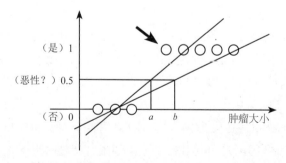

图 4-2 线性回归（稍多样本）预测

　　此外，使用线性回归来解决分类问题，可以看到 y 的取值可能是大于 1 或者小于 0 的，但是逻辑回归算法却可以将 y 值锁定在 [0,1] 之间。可见，线性回归不能很好地解决分类问题，由此引入了逻辑回归算法。

4.2　算法原理

　　学习一个算法最重要的是要学习它的原理，只有这样才能更好地理解、实现和运用这种算法。当然你也可以只知道它的作用，并调用工具包去使用它来达到你的目的。学习算法的原理不仅是学习一个算法，更重要的是学习一种思维方式，在今后遇到其他问题的时候，这种思维方式可能会对你的生活或工作有所启发。

4.2.1　算法流程

　　逻辑回归算法流程如图 4-3 所示。正如线性回归的假设函数 $y=w^{\mathrm{T}}x+b$ 一样，逻辑回归也需要先构造一个假设函数；然后求解假设函数中的权重向量 w 和 b，这也是该算法中最为关键的一步，这里要根据训练数据以及选择一个代价函数来不断更新 w 和 b，直到某组 w 和 b 使代价函数取值最小时，这组 w 和 b 才是所求的解。这时模型就训练完毕，只等输入测试集进行验证了。

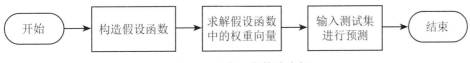

图 4-3　逻辑回归算法流程

4.2.2　假设函数

　　线性回归的假设函数是 $y=w^{\mathrm{T}}x+b$，但是现在需要将 b 拼接到 w 向量中。这里为了保证维度匹配，相应地在 x 向量中也需增加一个维度，值为 1。例如：将 $y=w_1x_1+w_2x_2+w_3x_3+b$ 转化成 $y=w_1x_1+w_2x_2+w_3x_3+b\times1$，即 $y=[w_1,w_2,w_3,b]\times[x_1,x_2,x_3,1]^{\mathrm{T}}$。这么做的目的是后面求权重向量 w 的同时也可将 b 求解出来。

　　这里使用的 S 函数就是 Sigmoid 函数，这是一个图像形如字母 S 的函数，如图 4-4 所示。

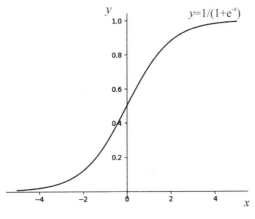

图 4-4　Sigmoid 函数

图 4-4 中的 x 就是线性回归的假设函数 $y=w^T x$，最后得到的假设函数为

$$h_w(x) = \frac{1}{1+e^{-w^T x}} \qquad (4\text{-}1)$$

这也很好地解释了逻辑回归这一名称中的"回归"二字，可以理解为是利用了线性回归的假设函数而命名的。假设样本 $y=0$ 是标记的良性肿瘤，$y=1$ 是标记的恶性肿瘤。传入一个肿瘤的各种参数（即 x 向量），得到一个预测值 y 在 [0,1] 区间中，当 $y>0.5$ 时此肿瘤认定为恶性肿瘤，反之 $y<0.5$ 认定为良性肿瘤，$y=0.5$ 可以任意归类。同时，假设 $y=0.9$，也可以得出这样一个结论，此肿瘤 90% 的概率是恶性肿瘤。之所以选择 Sigmoid 函数，主要是考虑以下几个方面。

（1）Sigmoid 函数是连续的，后面还需要对它进行求导，而不连续就不可导。

（2）Sigmoid 函数关于点 (0,0.5) 中心对称，可以很平均而无差别地来区分 0 和 1 两类。

（3）定义域在 $\mathbf{R}$ 上，能将所有的取值映射到 [0,1] 中，正好对应事件概率的 0 ~ 1 取值。

（4）Sigmoid 函数还有其他重要的数学性质和意义，此处不过多赘述，读者有兴趣可参考相关数学资料。

4.2.3 代价函数

确定好了假设函数后，最重要的一步是求解其中的未知量 w 向量，w 向量中的每一个标量分别对应着特征向量 x 中每一个标量。比如预测是否是恶性肿瘤与两个特征非常相关，肿瘤大小 x_1 和肿瘤颜色 x_2，w_1 和 w_2 分别是 x_1 和 x_2 前面的系数，也称为权重，如果肿瘤大小对判断是否是恶性肿瘤的影响较大，那么它前面的权重 w_1 就大，最后计算出的 y 就大，如图 4-4 所示，其结果更容易判定为是恶性肿瘤。

权重向量是如何求解的呢？已知逻辑回归是有监督的机器学习算法，所以需要使用训练数据来训练模型（即假设函数，实际就是训练 w），使模型尽可能拟合训练样本，即尽可能将多的样本分类正确。若要评估训练出的 w 的好坏，还需要借助一个代价函数 $J(w)$，当代价函数取到最小时，记为 $\min_w J(w)$，此时代价函数中 w 就是我们需要求解的。代价函数为

$$J(w) = \begin{cases} -\log(h_w(x)), & y=1 \\ -\log(1-h_w(x)), & y=0 \end{cases} \qquad (4\text{-}2)$$

上述代价函数中的对数函数省略了底数 a（本书部分省略），底数 a 要满足大于 1，实际应用中，我们往往取的是以 e 为底的对数函数，如图 4-5 所示，方便后面求导。

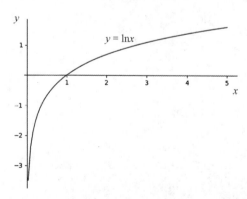

图 4-5 底数为 e 的对数函数

代价函数中的 y 是训练数据中的标签（即真实结果），$y=1$ 代表真实情况是分为 1 类了，$h_w(x)$ 是模型预测出来的结果。如果真实结果 $y=1$，预测出来的结果 $h_w(x)=1$，说明预测完全正确，代价函数 $J=0$；相反真实结果 $y=1$，预测出来的结果 $h_w(x)=0$，J 就是 $+w$，此时的 w 肯定就不是一个好的权重，我们需要的 w 是 J 对 w 取最小时的 w。同理，当 $y=0$ 时，也可用上述方法进行分析。当然，这里举的例子是两种极端情况，预测结果是 0 或 1，而实际情况 $h_w(x)$ 是 [0,1] 中的任意实数，当 $y=1$，$h_w(x)=0.7$ 时，J 就不等于 0，开始有损失；当 $y=1$，$h_w(x)=0.3$ 时，J 不是 $+\infty$，损失仍然存在，$J=-\log(0.3)$。

为了便于后续运算，将 J 分段函数合并起来，即

$$J(w) = -y\log(h_w(x)) - (1-y)\log(1-h_w(x)) \tag{4-3}$$

可以看到式（4-3）与式（4-2）是等价的。

上述代价函数是一个样本的代价函数，如果将 m 个样本的代价函数写在一起，表示为

$$J(w) = -\frac{1}{m}\sum_{i=1}^{m}[y^{(i)}\log(h_w(x^{(i)})) + (1-y^{(i)})\log(1-h_w(x^{(i)}))] \tag{4-4}$$

这便是我们真正所需要的代价函数。

4.2.4 梯度下降法

梯度下降（Gradient Descent）在机器学习中应用十分广泛，不论是在线性回归还是逻辑回归中，它的主要目的是通过迭代找到目标函数的最小值，或者收敛到最小值。本算法在线性回归章节已讲述，在此不再赘述。

了解了梯度下降法后，代价函数 J 对各个 θ_j 求导。其中代价函数 J 中的对数函数取底数为 e，这有助于求导。推导代价函数偏导数的步骤见式（4-5）。

$$
\begin{aligned}
\frac{\partial}{\partial_{\theta_j}}J(\theta) &= -\frac{1}{m}\sum_{i=1}^{m}\left(y_i\frac{1}{h_\theta(x_i)}\frac{\partial}{\partial_{\theta_j}}h_\theta(x_i) - (1-y_i)\frac{1}{1-h_\theta(x_i)}\frac{\partial}{\partial_{\theta_j}}h_\theta(x_i)\right) \\
&= -\frac{1}{m}\sum_{i=1}^{m}\left(y_i\frac{1}{g(\theta^{\mathrm{T}}x_i)} - (1-y_i)\frac{1}{1-g(\theta^{\mathrm{T}}x_i)}\right)\frac{\partial}{\partial_{\theta_j}}g(\theta^{\mathrm{T}}x_i) \\
&= -\frac{1}{m}\sum_{i=1}^{m}\left(y_i\frac{1}{g(\theta^{\mathrm{T}}x_i)} - (1-y_i)\frac{1}{1-g(\theta^{\mathrm{T}}x_i)}\right)g(\theta^{\mathrm{T}}x_i)(1-g(\theta^{\mathrm{T}}x_i))\frac{\partial}{\partial_{\theta_j}}\theta^{\mathrm{T}}x_i \\
&= -\frac{1}{m}\sum_{i=1}^{m}\left(y_i(1-g(\theta^{\mathrm{T}}x_i)) - (1-y_i)g(\theta^{\mathrm{T}}x_i)\right)x_i^j \\
&= -\frac{1}{m}\sum_{i=1}^{m}\left(y_i - g(\theta^{\mathrm{T}}x_i)\right)x_i^j \\
&= \frac{1}{m}\sum_{i=1}^{m}\left(g(\theta^{\mathrm{T}}x_i) - y_i\right)x_i^j
\end{aligned}
\tag{4-5}
$$

解决了这个看似复杂的求偏导公式后，梯度下降算法就能迭代多次求解出 θ 向量了（即 w 向量）。当模型训练好就可以用测试数据去试试模型的效果了。假设传入一个肿瘤样本的数据，输出结果为 0.7，你可以说 70% 概率是恶性肿瘤，但我们还是把结果直接归为是 1（恶性肿瘤）中，因为二分类的输出只有 0 和 1 两种可能。

4.2.5 决策边界

决策边界在二维空间中是一条线，线的一侧归为 1 类，另一侧则归为 0 类；决策边界

在三维空间中是一个平面，平面的一侧归为 1 类，另一侧归为 0 类；大于三个维度则称为超平面。决策边界可以帮助我们更好地理解分类算法。为了直观了解，我们以二维空间中的一条线来说明决策边界，以图 4-4 所示的 Sigmoid 函数为例。

当 $x>0$ 时，$y(x)>0.5$，归为 1 类；当 $x<0$ 时，$y(x)<0.5$，归为 0 类。

所以 $x=0$ 就是分界线，也就是决策边界。

在 $h_w(x) = \dfrac{1}{1+e^{-w^{\mathrm{T}}x}}$ 中，我们知道了 w 向量后就决定了决策边界。

例如：$h_w(x)=g(w_0+w_1x_1+w_2x_2)$，如果已经求解出 $w=(w_0,w_1,w_2)=(-3,1,1)$，则决策边界为 $-3+x_1+x_2=0$，如图 4-6 所示。

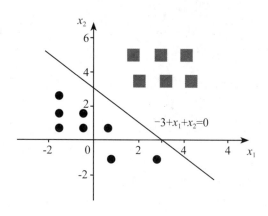

图 4-6　决策边界

4.3　算法案例：判断是否为恶性肿瘤

学习某个算法的最终目标当然是能应用它解决实际问题，在应用它之前必须学会关键代码的实现。代码的实现不仅能提高我们的代码水平，更能提高我们对算法的理解。所以学习一个算法，务必能用代码来实现它，如果代码能力有限，也可借鉴他人的思路编写。

将训练集和测试集分别保存在 txt 文件中。训练集数据见表 4-1，共有 90 条记录，前两列是肿瘤的两个指标值，分别是肿瘤的颜色与大小，即特征值 x_1、x_2，第三列是标签值 y，0 代表良性肿瘤，1 代表恶性肿瘤。

表 4-1　训练数据集

特征值 x_1	特征值 x_2	标签值 y
-0.017612	14.053064	0
-1.395634	4.662541	1
-0.752157	6.538620	0
-1.322371	7.152853	0
...	...	...
0.406704	7.067335	1

在 Python 中，我们可以定义一个函数 load_data()，从 txt 文件中读取出训练数据，并

将 x 和 y 分别保存到 x_train、y_train 列表中。

```
1.   import numpy as np                                      # 导入 numpy 包
2.   train_set_path = r'C:\Users\Power\Desktop\train.txt'    # 训练集路径
3.   test_set_path = r'C:\Users\Power\Desktop\test.txt'      # 测试集路径
4.   def load_data(path):                                    # 定义一个加载训练集的函数
5.       x_train = []                                        # 定义一个存取 x 向量的列表
6.       y_train = []                                        # 定义一个存取 y 标签的列表
7.       with open(path) as f_obj:                           # 打开一个文件
8.           for row in f_obj:                               # 逐行读取
9.               temp = row.rstrip().split()                 # 读取到的内容做处理
10.              x_train.append([1, float(temp[0]), float(temp[1])])   # x 存入列表
11.              y_train.append(int(temp[2]))                # y 存入列表
12.      return x_train, y_train                             # 返回读取的数据集
```

这段代码中，第 2 行和第 3 行分别将训练集和测试集的 txt 文件的绝对路径以字符串形式存入 train_set_path 和 test_set_path 两个变量中。第 4 ~ 12 行是 load_data() 函数，用来将文本文件（txt 文件）中的数据读入程序中，并分别存放到 x_train，y_train 两个列表中。第 5 行定义存放 x 向量的列表，第 6 行定义存放 y 标签的列表。第 7 行打开 train_set_path 保存的路径，并将 open 的返回值赋值给 f_obj。第 8 行，我们用 for 来一行一行地读取文本中的数据（即一个样本一个样本地读入），比如读到某一行是 "-0.007194 9.075792　　0"，row 的值就为 "-0.007194 9.075792 0\n"，系统会默认为 row 后面加入 \n（换行），所以通过 row.rstrip() 函数可以将右边的 \n 删除，删除后，split() 不传参就默认以空格字符为分割单位来将分割开的部分组成一个列表。第 9 行结束后 temp=['-0.007194','9.075792','0']。第 10、11 行存入列表中。注意第 10 行前面加了个 1，因为默认 $x_0=1$（注：$\boldsymbol{w}^{\mathrm{T}}x=w_0\times1+w_1\times x_1+w_2\times x_2$）。由于此时 w_0 前面系数为 1，w_0 就是截距，它的作用就是更好地拟合训练集，如果没有 w_0，所画的决策边界就永远是经过原点 (0,0) 的直线（在本章样本中是二维空间）。第 12 行将两个列表作为函数返回值返回。

```
1.   def sigmoid(z):          # 定义一个 Sigmoid 函数
2.       return 1.0 / (1 + np.exp(-z))
```

在 Sigmoid 函数中传入一个数字，将这个数字的结果映射到 [0,1] 区间中，Python 允许这里的 z 可以传入一个矩阵（或者数组），此函数对应返回一个同等维度的矩阵（或数组），对应的各个位置的值会根据 Sigmoid 函数返回到对应的位置上去。假设不是 Sigmoid 函数，return 的是 z+1，如果传入的 z 是一个数组 [1,2,3]，那么返回的结果也是一个数组 [2,3,4]，这样用矩阵（或数组）形式来参与运算会显得非常方便快捷。

```
1.   def gra_descent(x_train, y_train):              # 梯度下降法求权重向量
2.       x_matrix = np.mat(x_train)                  # 将数组类型转化为矩阵类型
3.       y_matrix = np.mat(y_train).transpose()      # 行数组变成列矩阵
4.       alpha = 0.01                                # 步长
5.       row, column = np.shape(x_train)             # 获取特征个数
6.       weights = np.ones((column, 1))              # 初始化权重向量
7.       count = 1000                                # 迭代次数
8.       for k in range(count):
9.           hypothesis = sigmoid(x_matrix * weights)    # 预测值矩阵
10.          error = hypothesis - y_matrix           # 预测值和真实值做差
11.          pian_dao = x_matrix.transpose() * error     # 求偏导
```

```
12.        weights = weights - alpha * pian_dao        # 更新 weights
13.    return weights                                  # 返回权重向量
```

上述代码是逻辑回归算法的核心部分。第 2 行将数组类型转化为矩阵类型，是因为需要进行矩阵的乘法；第 5 行根据 x_train 的列数判断有几个特征，以此确定初始化几个权重；第 6 行默认初始的权重都是 1；第 7 行设置更新 weights 向量的次数，因为训练样本比较少，更新 1000 次就够了，在实际调参中，260 次左右已经基本收敛了；第 8 ～ 12 行是通过循环来更新 weights。第 13 行返回权重向量 weights。最后可以通过画出决策直线和每个样本点来直观地感受分类效果。此外，上述代码需要调整的两个参数是 alpha 和 count，读者可根据运行结果自行调整，直至分类基本正确为止。

90 条数据训练集的测试结果如图 4-7 所示，10 条数据测试集的测试结果如图 4-8 所示，可以看出分类的效果比较理想。

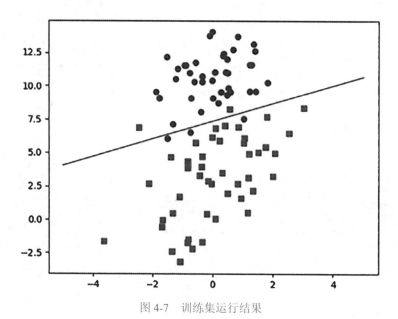

图 4-7　训练集运行结果

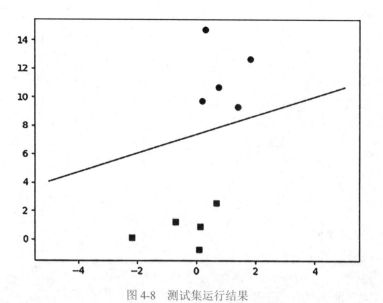

图 4-8　测试集运行结果

4.4　算法总结

逻辑回归算法就是将线性回归的结果当作 Sigmoid 函数的自变量，将它映射到 [0,1] 区间中，大于 0.5 归为一类，小于 0.5 归为一类，等于 0.5 任意归为一类。线性回归的代价函数是最小二乘法，而逻辑回归的代价函数是交叉熵。除了前面这两个不同点，后面的求解步骤基本一致，关键都是通过梯度下降法求解权重向量。

4.5　本章习题

1．逻辑回归算法属于（　　　）。

　　A．分类算法　　　　　　　　　B．回归算法

　　C．深度学习算法　　　　　　　D．强化学习算法

2．如果有一个垃圾邮件判别模型（1 代表垃圾邮件，0 代表非垃圾邮件），你传入了一封邮件的相关参数后得到输出值为 0.2，由此你能对此封邮件做出的判断是（　　　）。

　　A．非垃圾邮件　　　B．垃圾邮件　　　C．无法判别

3．简述逻辑回归与线性回归的区别与联系。

4．简述逻辑回归算法流程。

5．手动推导梯度下降法中的偏导求解。

第 5 章　支持向量机

本章导读

　　支持向量机算法是机器学习分类算法中的重要算法之一。它通过算法的实现可以有效地解决一些二分类问题。其实在生活中，二分类问题还是很常见的，并且可能解决起来会很容易。但是在机器学习中，如果要想很好地解决一个二分类问题会十分麻烦，而支持向量机却很好地解决了这个问题。

　　文章主要介绍了支持向量机的一些相关知识以及推导过程。运用一些数学知识对一个二分类问题进行分析、转换，最终得以求解。通过对支持向量机模型的训练，最终获得一个良好的模型。而这个模型就是解决二分类问题的依据之一。最后，还有一些相关代码的展示，让读者能更深入地了解支持向量机。

本章要点

- 支持向量机的介绍
- 支持向量机的原理
- 支持向量机的实现

支持向量机算法及应用

5.1　算法概述

　　支持向量机（Support Vector Machine，SVM）是一种二分类模型，它的基本模型是定义在特征空间上的间隔最大的线性分类器，间隔最大使它有别于感知机；SVM 还包括核技巧，这使它成为实质上的非线性分类器。SVM 的学习策略就是间隔最大化，可形式化为一个求解凸二次规划的问题。SVM 的学习算法就是求解凸二次规划的最优化算法。

　　支持向量机的学习包括：线性可分支持向量机、线性支持向量机、非线性支持向量机。当训练数据线性可分时，通过硬间隔最大化，学习线性可分支持向量机；当训练数据线性近似可分时，通过软间隔最大化，学习线性支持向量机；当训练数据线性不可分时，通过硬间隔最大化和核技巧，学习非线性支持向量机。

5.2　算法原理

5.2.1　线性可分支持向量机介绍

　　线性可分支持向量机处理的是严格线性可分的数据集，给定此种类训练集，通过间隔最大化等方式求解一个分离超平面，该超平面能够将实例分到不同的类别里，其对应的方程如下：

$$w^* \cdot x + b = 0$$

其实，通俗来讲就是，假设给定一个特征空间上的训练集 $H=\{(x_1,y_1),(x_2,y_2)(x_3,y_3),$ $\cdots,(x_N,y_N)\}$，其中，$x_i \in \mathbf{R}$，$y_i \in Y = \{+1,-1\}$，$i=1,2,\cdots,N$。x_i 为第 i 个特征向量，也称为实例。y_i 为 x_i 的类标记。将这些点在一个坐标轴中表示出来，如图 5-1 所示。

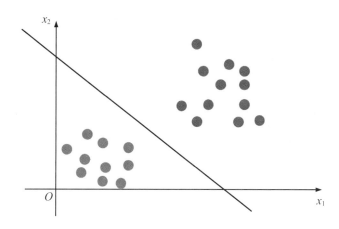

图 5-1　随机找一条线将这两类分开

在图 5-1 中，会发现坐标中的点可大致分为两类，而这只是利用眼睛去区分了"两类"。那到底该以一个怎样的标准去衡量分类呢？在机器学习中，为了将两类数据正确划分，会有很多条类似图 5-1 中的直线（图 5-2），此直线就是上述在支持向量机中所定义的那个分离超平面。所以，线性可分支持向量机就是在给定一些线性可分的训练集后，寻找出最优的分离超平面，这个分离超平面可以将此训练集分为两类，该方法解决的问题其实就是一个二分类问题。

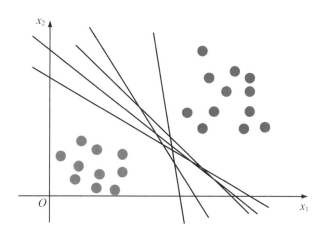

图 5-2　找出无数根线将这两类分开

在上述解释中，也说明了一个问题，如果想将这些数据分离成两类，会有很多个如图 5-2 所示的分离超平面将其分离成两类，究竟哪一个分离超平面的泛化能力最强、分类效果最好呢？在 SVM 中，假设拥有最大"间隔"的超平面效果最好。

基于这一假设，关键问题就转换成了如何最大化间隔 d。我们暂且假设有 3 条直线，其中有两条直线会穿过 k、u 两点，这两个点叫作支持向量并且分别是这两类中的一个点，如图 5-3 所示。图中 d 所示的距离就是需要去最大化的距离。SVM 的思想就是以中间这条线平行画出两条直线将其两边平移，若想达到最大距离 d，极端情况就是将该两条线平移直到有训练集中的样本点穿过为止。在这种极端情况下，d 才能取得最大值。

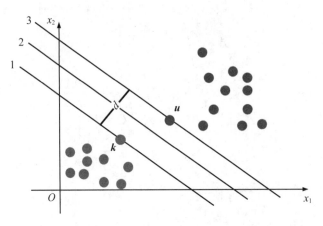

图 5-3　寻找出 3 条直线

假设直线 2 的方程为 $w \cdot x + b = 0$，又因为直线 1 和直线 3 是由直线 2 平移得到的。那么直线 1 的方程为 $w \cdot x + b = -k$（k 为任意值），直线 3 的方程为 $w \cdot x + b = k$（k 为任意值），将这 3 个方程组合即得以下方程组。

$$\begin{cases} w \cdot x + b = 0 \\ w \cdot x + b = k \\ w \cdot x + b = -k \end{cases} \tag{5-1}$$

方程组两边同时除以 k（k 不等于零）时，会得到以下方程式。

$$\begin{cases} w \cdot x + b = 0 \\ w \cdot x + b = k \\ w \cdot x + b = -k \end{cases} \Rightarrow \begin{cases} \dfrac{w}{k} \cdot x + \dfrac{b}{k} = 0 & ① \\ \dfrac{w}{k} \cdot x + \dfrac{b}{k} = 1 & ② \\ \dfrac{w}{k} \cdot x + \dfrac{b}{k} = -1 & ③ \end{cases} \tag{5-2}$$

再次进行下一步的变换，用新变量代替式中的 $\dfrac{w}{k}$ 和 $\dfrac{b}{k}$ 两个量，即设 $w^{\text{new}} = \dfrac{w}{k}$，$b^{\text{new}} = \dfrac{w}{b}$，所以得到新的方程组。

$$\begin{cases} w^{\text{new}} \cdot x + b^{\text{new}} = 0 & ① \\ w^{\text{new}} \cdot x + b^{\text{new}} = 1 & ② \\ w^{\text{new}} \cdot x + b^{\text{new}} = -1 & ③ \end{cases} \tag{5-3}$$

注：在后面的运算中为了方便，还是用 w 和 b 来表示。

如前所述，因为 1 和 3 所代表的直线是经过支持向量 k 和 u 的，那么点 k 与点 u 的坐标则满足方程②、③，将两个点的坐标代入方程得到以下方程组。

$$\begin{cases} w \cdot x_1 + b = 1 & ④ \\ w \cdot x_2 + b = -1 & ⑤ \end{cases} \Rightarrow w \cdot (x_1 - x_2) = 2 \quad ⑥ \tag{5-4}$$

在此方程组中继续进行化简，用④－⑤就会得到两个向量的点乘的形式。此时，需要回忆一下最初的假设是想求得最大间隔 d，上面将方程组经过了这么多的变换和求最大间隔 d 有什么关系呢？接下来就用一张图来说明这个问题，如图 5-4 所示。

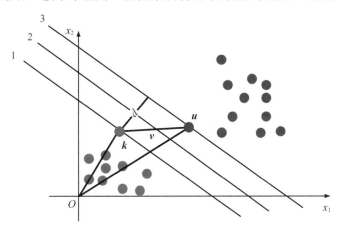

图 5-4　计算出最大间隔 d

关键问题是需要求出最大间隔 d，现在已知 3 条直线的方程和 2 个支持向量，如何用这些已知点去表示这个最大间隔 d 呢？观察图 5-4 不难发现，因为图中各点均为向量，则 x_1 为从原点指向 u 的向量，同理 x_2 为从原点指向 k 的向量，所以向量 $v=x_1+x_2$，图中所示角度用符号 θ 表示，由余弦函数得 $\cos\theta = \dfrac{d}{\|x_1 - x_2\|}$，又由式⑥得，$\|w\|\|x_1 - x_2\|\cos\theta = 2$，因为两式中都含有相同的项 $\|x_1 - x_2\|$，代入化简后得到最终的式子：$d = \dfrac{2}{\|w\|}$。

由上式可知，若想求出 $\max d$ 就可以等价转换为求得 $\|w\|$ 最小值，为了方便计算则只需求出 $\min \dfrac{1}{2}\|w\|^2$ 即能得到 $\|w\|$ 的最小值。所以问题就转换成了式（5-5）所示。

$$\max d \Leftrightarrow \min \frac{1}{2}\|w\|^2 \qquad (5\text{-}5)$$

在之前假设训练集 H 中，定义了 y_i 这个类标记，那观察图 5-4 中的所有点，会发现处在 1 号线下方的点，其中 $y_i=-1$，$w \cdot x+b \leqslant -1$ 并且满足 $y_i(w \cdot x+b) \geqslant 1$。同样地，处在 3 号线上方的点，其中 $y_i=1$，$w \cdot x+b \geqslant 1$ 并且也满足 $y_i(w \cdot x+b) \geqslant 1$，所以图中所有点都满足 $y_i(w \cdot x+b) \geqslant 1$ 这个方程。该方程称作约束方程。至此，线性可分支持向量机的解题思路已经很明确了，就是在 $y_i(w \cdot x+b) \geqslant 1$ 这个约束条件下，去求 $\dfrac{1}{2}\|w\|^2$ 的最小值。即

$$\begin{cases} \min \dfrac{1}{2}\|w\|^2 \\ (\text{约束条件})s.t \quad y_i(w \cdot x + b) \geqslant 1 \end{cases} \qquad (5\text{-}6)$$

5.2.2　拉格朗日乘子法

在上一节的介绍中，问题已被转换成求出式（5-6）中的 w 的最小值。如何求出带有约束条件的最小值呢？这里，需要引入一种方法叫作拉格朗日乘子法（Lagrange Multiplier），这种方法的目的就是将有 n 个变量和一个或 k 个约束条件的最优解问题转换为一个有 $n+k$ 个变量的方程组的极值问题，其变量不受任何约束（n 和 k 为自然数）。

在解决最优化问题时经常会碰到以下 3 种情况。

（1）无约束条件。这是最简单的情况，解决方法通常是函数对变量求导，令求导函数等于 0 的点可能是极值点，将结果代回原函数进行验证即可。

（2）等式约束条件。设目标函数为 $f(x)$，约束条件为 $h_i(x)$，$i=1,2,3,\cdots,n$。即

$$\begin{cases} \min f(x) \\ s.t \quad h_i(x)=0 \end{cases} \tag{5-7}$$

这种形式可通过消元法进行求解，也可通过拉格朗日法进行求解。消元法在此不再赘述了。拉格朗日法就是定义一个新的函数 $F(x,\lambda)=f(x)+\sum_{i=1}^{n}\lambda_i h_i(x)$（其中 λ_i 是各个约束条件的待定系数）。然后对式中的 x_i 和 λ_i 求偏导并让其等于 0。最后解得这一组方程组，解出每个 x_i 和 λ_i 后，最终能求出 $f(x)$ 的最小值。

（3）不等式约束条件。由于这个条件是最泛化的一个条件，因此设目标函数为 $f(x)$，不等式约束为 $g(x)$，等式约束条件为 $h(x)$，则优化问题则变成了：

$$\begin{cases} \min f(x) \\ s.t \quad g_i(x) \text{d} \; 0 \quad i=1,2,3,\cdots,n \\ \quad\quad h_i(x)=0 \quad i=1,2,3,\cdots,n \end{cases} \tag{5-8}$$

解决该问题需要定义出一个新的函数，即

$$F(x,\lambda,\beta)=f(x)+\sum_{i=1}^{n}\lambda_i h_i(x)+\sum_{j=1}^{n}\beta_j g_j(x) \tag{5-9}$$

其中，λ_i，$\beta_j>0$。那回到需要求解的优化问题，则定义一个新的函数，如式（5-10）所示。

$$L(w,\alpha,b)=\frac{1}{2}\|w\|^2+\sum_{i=1}^{n}\alpha_i[1-y_i(w^{\mathrm{T}}x_i+b)]，\;\alpha_i>0 \tag{5-10}$$

式中有 3 个未知量，若求得函数 L 的最小值，则需要让 $\frac{1}{2}\|w\|^2$ 取得最小值，又因为 $1-y_i(w^{\mathrm{T}}x_i+b)\leqslant 0$，所以必须让 α_i 取得最大值才会让函数 L 取得最小值。所以定义一个原问题，如式（5-11）所示。

$$\min_{\substack{w\;b}} L(w,\alpha,b)=\min_{\substack{w\;b}}\max_{\alpha}\left\{\frac{1}{2}\|w\|^2+\sum_{i=1}^{n}\alpha_i[1-y_i(w^{\mathrm{T}}x_i+b)]\right\}，\;\alpha_i>0 \tag{5-11}$$

5.2.3 对偶问题和 KKT 条件

在这里，由于此问题在只有式（5-11）的情况下，无法被解出，因此借助对偶问题来解决此问题。对偶问题就是实质相同但从不同角度提出不同提法的一对问题，通过这种方法来求得最终的答案。

在原问题的对比下，再次定义一个对偶问题，即 $\max_{\alpha}\min_{\substack{w\;b}}\left\{\frac{1}{2}\|w\|^2+\sum_{i=1}^{n}\alpha_i[1-y_i(w^{\mathrm{T}}x_i+b)]\right\}$，$\alpha_i>0$，而在原问题和对偶问题中有个定理叫作弱对偶定理，即：若 w^* 是原问题最优解，而 α^*、β^* 是对偶问题最优解，则有 $f(w^*)\geqslant \theta(\alpha^*,\beta^*)$，其证明过程不在这里过多阐述，有兴趣的读者可查阅相关资料。

在此基础之上还有一个定理叫作强对偶定理，即：若 w^* 是原问题最优解，而 α^*、β^*

是对偶问题最优解，则有 $f(w^*)=\theta(\alpha^*,\beta^*)$。满足强对偶定理的条件有 3 个：原函数是凸函数；约束条件 $f(x)$、$g(x)$ 是线性式子；满足 KKT 条件。

那 KKT（Karush-Kuhn-Tucker Conditions）条件是什么？KKT 条件即满足：$\dfrac{\partial L}{\partial x}=0$；$\alpha_i g_i(x)=0$；$g_i(x) \leqslant 0$；$\alpha_i \geqslant 0$。

以上是所有需要用到的定理和方法。接下来，介绍如何利用上述的一些定理和方法求这个函数：

$$L(w,\alpha,b)=\frac{1}{2}\|w\|^2+\sum_{i=1}^{n}\alpha_i(1-y_i(w^\mathrm{T}x_i+b)),\quad \alpha_i>0 \tag{5-12}$$

首先，因为其满足 KKT 条件，那就先求出 KKT 条件中的 $\dfrac{\partial L}{\partial x}=0$，$\alpha_i g_i(x)=0$，再将其代入 L 函数中，经过一些化简后得

$$L(w,\alpha,b)=\sum_{i=1}^{n}\alpha_i-\frac{1}{2}\sum_{i=1}^{n}\alpha_i y_i \overrightarrow{x_i^\mathrm{T}}\sum_{j=1}^{n}\alpha_j y_j \overrightarrow{x_j} \tag{5-13}$$

通过观察可以发现，其实这就是原问题的对偶问题，下面只需求出对偶问题中最优解后，运用强对偶定理，间接算出原问题的最优解，才能得到最终想要的结果。

5.2.4 SMO 算法原理

从上面的思路来看，现在需要求出式（5-13）。

在这里需要运用一个算法叫作 SMO 算法，运用这个算法可以求出 α 的最大值。接下来就谈谈如何算出该值。

SMO 算法是一个启发式算法，那该式中的 $\alpha_1,\alpha_2,\cdots,\alpha_n$ 的最大值该分别如何去求得呢？在这里求这些值的想法是运用迭代的方法，先给它们一个初始值，然后固定其他 $n-1$ 个值，然后再求其中一个 α_i 的最大值。同理每个 α_i 都是这样求出的。但是在现在的条件中，不能按上面的算法去求解每个 α_i。原因是

$$\begin{cases} L(w,\alpha,b)=\max \sum_{i=1}^{n}\alpha_i-\frac{1}{2}\sum_{i=1}^{n}\alpha_i y_i \overrightarrow{x_i^\mathrm{T}}\sum_{j=1}^{n}\alpha_j y_j \overrightarrow{x_j} & ① \\ \sum_{i=1}^{n}\alpha_i y_i=0 & ② \end{cases} \tag{5-14}$$

在这个方程组中，由式②可知，如果固定了 $n-1$ 个值，那就相当于所求解的 α_i 也固定了，所以就无法去求得各个 α_i 的最大值了。所以需要固定 $n-2$ 个值，然后算剩余两个值的最大值，然后迭代算出所有的 α_i。又因为式②可写成 $\alpha_1 y_1+\alpha_2 y_2+\sum_{i=3}^{n}\alpha_i y_i=0$，令 $\sum_{i=3}^{n}\alpha_i y_i$ 为常数 C。再令上述式中 $\overrightarrow{x_i^\mathrm{T}}\overrightarrow{x_j}=K_{ij}$，将两式代入上述函数中，并对该式中 α_2 进行求导并且化简得

$$\frac{\partial L}{\partial \alpha_2}=1-y_1 y_2+Cy_2 K_{11}-\alpha_2 K_{11}-Cy_2 K_{12}+\alpha_2 K_{22}+\sum_{i=3}^{n}\alpha_i y_2\alpha_i y_i K_{1i}$$
$$-\sum_{i=3}^{n}y_2\alpha_i y_i K_{2i}=0 \tag{5-15}$$

在这里计算 α_1、α_2 时，因为之前讲过此算法是用迭代完成的，所以其所有的 α_i 都有

一个初始值。即有 $\alpha_1^{\text{old}} y_1 + \alpha_2^{\text{old}} y_2 = C$，再将上式中的 C 值全部换掉，又在之前 KKT 条件中得到 $\dfrac{\partial L}{\partial w} = w - \sum\limits_{i=1}^{n} \alpha_i y_i \vec{x_i} = 0$，那么将此公式代入方程 $f(x_1) = w^{\text{T}} x_i + b$ 中，可以得到

$$f(x_1) = \alpha_1 y_2 x_i^{\text{T}} x_1 + \alpha_2 y_2 x_2^{\text{T}} x_1 + \sum_{i=3}^{n} \alpha_i y_i x_i^{\text{T}} x_1 + b \qquad (5\text{-}16)$$

同理可以得到 $f(x_2)$，再令 $x_i^{\text{T}} x_j = K_{ij}$，将这两个式子再次代入上面的综合式子，在进行一系列的化简后，会得到最终的式子。

$$\alpha_2^{\text{new}} = \alpha_2^{\text{old}} + \frac{y_2 \{[f(x_1) - y_1] - [f(x_2) - y_2]\}}{K_{11} + K_{22} - 2K_{12}} \qquad (5\text{-}17)$$

$$\alpha_1^{\text{new}} = y_1 (C - \alpha_2^{\text{new}} y_2) \qquad (5\text{-}18)$$

在求得了这两个值之后，更新 α_1 和 α_2，依次求得所有的 α_i。

SMO 算法的最大特色在于它可以采用解析的方法而完全避免了二次规划数值解法的复杂迭代过程。这不但大大节省了计算时间，而且不会牵涉迭代法造成的误差积累（其他一些算法中这种误差积累带来了很大的麻烦）。理论上 SMO 算法的每一步最小优化都不会造成任何误差积累，而如果用双精度数计算，舍入误差几乎可以忽略，于是所有的误差只在于最后一遍检验时以多大的公差要求所有拉格朗日乘子满足 KKT 条件。可以说 SMO 算法在速度和精度两方面都得到了保证。所以这也是为什么需要用 SMO 算法去求 α_i 的原因。

在此基础之上，最终可以求得原问题的最优解，它们分别是

$$w^* = \sum_{i=1}^{n} a_i^* y_i x_i \qquad (5\text{-}19)$$

$$b^* = y_i - \sum_{i=1}^{n} a_i^* y_i x_i x_j \qquad (5\text{-}20)$$

5.2.5　非线性支持向量机

上面的所有内容都是假设数据集是线性可分的，如果遇到线性不可分的数据集（图 5-5），又该如何求解呢？这一节就来探讨一下这个问题。

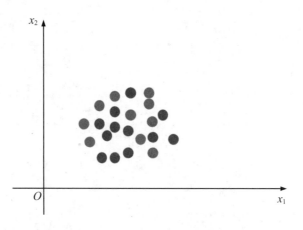

图 5-5　非线性问题表述

在非线性分类问题中，不能在二维空间上找到一条线去区分这两类数据集，而是需要对这些数据进行变换。将数据从低维向高维做映射，这样做的目的是将非线性问题转换为线性问题，但是做这样的转换势必会增大处理问题的规模。为了避免这个问题的发生，可以使用一个叫作核函数的东西，它既不会使维度上升又可以使问题变为线性问题求解。核函数的证明此处不再赘述，只使用此结论即可。

试想非线性支持向量机该如何解决呢？其实思想和线性支持向量机相同，只是在对偶问题上有一些区别，求解非线性支持向量机的对偶问题为

$$L = \max \sum_{i=1}^{n} \alpha_i - \frac{1}{2} \sum_{i=1}^{n} \sum_{j=1}^{m} \alpha_i \alpha_j y_i y_j \varphi(x_i)^{\mathrm{T}} \varphi(x_j) \tag{5-21}$$

令 $K(x_i, x_j) = \varphi(x_i)^{\mathrm{T}} \varphi(x_j)$ ，其中 $K(x_i, x_j)$ 就是所说的核函数。

常见的核函数有以下两种。

（1）多项式核函数：$K(x_i, x_j) = (x_i, x_j)^d$ ，$d \geq 1$ 。

（2）高斯核函数：$K(x_i, x_j) = \exp\left(-\dfrac{\|x_i - y_j\|^2}{2\sigma^2}\right)$ 。

然后将此换成核函数以后，后面的计算思想和线性支持向量机完全一样。但仍需要注意的一点是，每个核函数中的参数对于 SVM 都有着不同的影响。

在这里仅拿高斯核函数中的 σ 来谈谈它对 SVM 的影响。它具有以下规律：当 $\sigma \to \infty$ 时，两类的区分度下降，会出现欠拟合现象；当 $\sigma \to 0$ 时，两类的区分度会上升，但是如果选择不当也会出现过拟合现象，所以对于调参这个过程，读者还是需要花一些时间去找到一个合适的参数的。

5.2.6　线性支持向量机

线性支持向量机就是数据集在线性可分的情况下加入一些噪声数据点（图 5-6）。那对于这种问题，该如何求解呢？

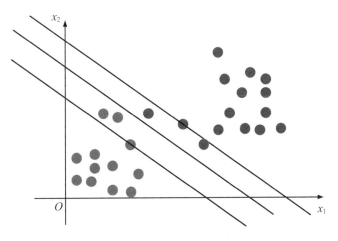

图 5-6　线性但有噪点的表述

观察图 5-6，如果仅是这样的噪声点的话，可以通过改进约束条件和求解函数解决此问题。但是，如果图中包含了一些错误分类的点，就无法解决了。这些噪声点该如何处理

呢？在线性可分支持向量机中学习过决策方程，除支持向量以外的所有点都符合这个方程，即 $y_i(w \cdot x+b) \geqslant 1$，那如果有噪声点，该如何改进这个方程呢？

在这个决策方程中加入一个松弛变量 ε_i，即 $y_i(w \cdot x+b) \geqslant 1-\varepsilon_i$，加入这个变量后，上下两条直线就会向靠近中间的那条直线移动，就会把那些噪声点包括进来。同时，目标函数也需要进行一些改变，即 $\min\left(\dfrac{1}{2}\|w\|^2 + C\sum\limits_{i=1}^{n}\varepsilon_i\right)$，就可以解决这类问题了。所以这里的方程应该变为

$$\begin{cases} \min\left(\dfrac{1}{2}\|w\|^2 + C\sum\limits_{i=1}^{n}\varepsilon_i\right), & \varepsilon_i \geqslant 0 \\ s.t \quad y_i(w \cdot x + b) \geqslant 1-\varepsilon_i \end{cases} \tag{5-22}$$

当得到这样的方程组以后，下面的求解过程与线性可分支持向量机是完全相同的，在这里也不再赘述了。需要说明的是，这个 $C\sum\limits_{i=1}^{n}\varepsilon_i$ 称为损失函数，由上述条件可知，ε_i 应满足的条件是，$\varepsilon_i \geqslant \max(0.1-y_i(w \cdot x+b))$，该损失函数如图5-7所示。

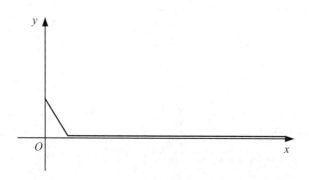

图 5-7　损失函数示例图

最后，$C\sum\limits_{i=1}^{n}\varepsilon_i$ 式中惩罚系数 C 会对该问题产生什么样的影响呢？如果 $C \to \infty$ 会出现过拟合现象，C 很小则会出现欠拟合现象，所以 C 的合理选取也是至关重要的。

5.3　算法案例：手写体数字识别

针对手写体数字这个问题，其实很多读者都抱有这样的疑问，简简单单的数字而已，难道识别起来就这么有难度吗？事实上，它其实比车牌号识别、卡证数字识别还要困难。虽然数字的笔画简单，类别较少。但是由于不同的人写出来的数字总带有个人特色，数字相较于文字来说没有一些上下文的关系，更是少了一些相关性。最重要的是，因为数字总是与金融、财会相关，所以正确识别手写体数字的重要性不言而喻。

针对此次实验，前期收集了近1000张来自不同人手写的数字图片。将该数据集作为此次实验的实验数据集。再通过降维、取特征值等预处理的方法将该数据集进行前期的处理，得到想要的数据集。将处理好的数据集进行分割，将80%的数据集作为训练集，再用剩余20%作为测试集。通过上述学习，大家对支持向量机有了一定的认识，下面通过Python代码来实现应用SVM算法解决手写体数字识别问题。最后计算出该模型的准确率，

讨论该模型是否能对手写体数字进行正确分类。

　　该算法的流程图如图 5-8 所示。由于收集到的数据都是一些大小不一的图片。所以第一步需要对图片进行一些预处理，通过二值化的操作将图片像素全部处理为 0 或 1，使用 0 或 1 来描述图像中的信息。

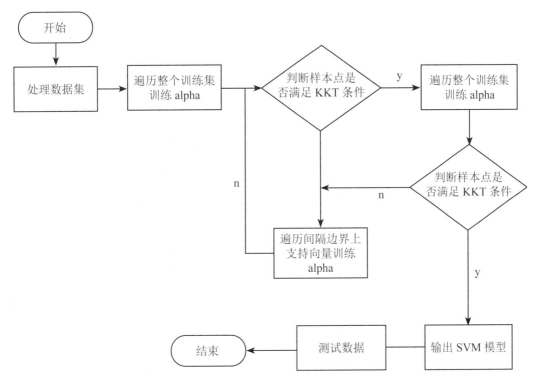

图 5-8　算法流程图

没有经过处理的部分数据的图片如图 5-9 所示。

图 5-9　手写体数字图片

　　由于人为因素的干扰导致该数据集充满了太多的不确定性，因此手写体数字识别是有一定的难度的。本份数据集共有 2000 条数据，1600 条数据会作为训练集，剩下的 400 条数据会作为测试集去评判该模型的准确率。接下来就是上述提到的将图片进行二值化处理。简单来讲就是将图像中大于某个临界灰度值的像素灰度设为灰度极大值，小于这个值的为灰度极小值，从而实现二值化。这样做的目的就是减少不必要的信息量，提高后期对数据的处理速度。最后将处理过后的数据存成文本形式，以便于模型的使用，处理后的部分数据如图 5-10 所示。

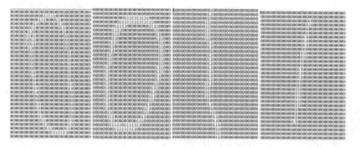

图 5-10 处理后的手写体数字

　　将训练集中的数据导入模型中，再通过以上所讲述的 SVM 原理，对该模型进行训练，输出最终的 SVM 模型。

```
1.  # 如何选择另一个 alpha_j
2.  def selectAlpha_j(svm, alpha_i, error_i):
3.      svm.errorCache[alpha_i] = [1, error_i]
4.      alpha_index = np.nonzero(svm.errorCache[:, 0])[0]
5.      maxstep = float("-inf")
6.      alpha_j, error_j = 0, 0
7.      if len(alpha_index) > 1:
8.  # 遍历选择最大化 |error_i - error_j| 的 alpha_j，然后选择误差最大的作为 alpha_j
9.          for alpha_k in alpha_index:
10. # 若查到的是 alpha_i，则跳过继续进行循环
11.             if alpha_k == alpha_i:
12.                 continue
13.             error_k = calcError(svm, alpha_k)
14.             if abs(error_i - error_k) > maxstep:
15.                 maxstep = abs(error_i - error_k)
16.                 alpha_j = alpha_k
17.                 error_j = error_k
18.     else:
19.     # 最后一个样本，与之配对的 alpha_j 可随机选择
20.         alpha_j = alpha_i
21.         while alpha_j == alpha_i:
22.             alpha_j = random.randint(0, svm.numSamples - 1)
23.         error_j = calcError(svm, alpha_j)
24. return alpha_j, error_j
25. # 内循环
26. def innerLoop(svm, alpha_i):
27.     error_i = calcError(svm, alpha_i)
28.     error_i_ago=copy.deepcopy(error_i) if(svm.train_y[alpha_i]*error_i<-svm.tolerandsvm.
        alphas[alpha_i]<svm.C)or(svm.train_y[alpha_i] * error_i > svm.toler and svm.alphas[alpha_i] > 0):
29.     # 选择 aplha_j
30.         alpha_j, error_j = selectAlpha_j(svm, alpha_i, error_i)
31.     # 将以前的 aplha_i 存起来
32.         alpha_i_ago = copy.deepcopy(svm.alphas[alpha_i])
33.     # 将以前的 aplha_j 存起来
34.         alpha_j_ago = copy.deepcopy(svm.alphas[alpha_j])
35.         error_j_ago = copy.deepcopy(error_j)
```

```
36.    if svm.train_y[alpha_i] != svm.train_y[alpha_j]:
37.    # 重新给定 aplha_j 上下界 Low 和 High
38.       L = max(0, svm.alphas[alpha_j] - svm.alphas[alpha_i])
39.       H=min(svm.C,svm.C+svm.alphas[alpha_j]-svm.alphas[alpha_i])
40.    else:
41.       L = max(0, svm.alphas[alpha_j] + svm.alphas[alpha_i] - svm.C)
42.       H = min(svm.C, svm.alphas[alpha_j] + svm.alphas[alpha_i])
43.    if L == H:
44.       return 0
45. # 计算 eta 的值
46.    eta=2.0*svm.kernelMat[alpha_i,alpha_j] - svm.kernelMat[alpha_i, alpha_i] -svm.kernelMat[alpha_j, alpha_j]
47.    # 更新 aplha_j, alpha_i
48. svm.alphas[alpha_j]=alpha_j_ago- svm.train_y[alpha_j]*(error_i - error_j)/ eta
49. # 如果 aplha_j 在之前给定的 Low 和 High 中，则满足条件，若不在则进行修改
50.    if svm.alphas[alpha_j] > H:
51.       svm.alphas[alpha_j] = H
52.    elif svm.alphas[alpha_j] < L:
53.       svm.alphas[alpha_j] = L
54. # 计算出新的 aplha_i 的值
55. svm.alphas[alpha_i]=alpha_i_ago+svm.train_y[alpha_i]*svm.train_y[alpha_j]*(alpha_j_ago - svm.alphas[alpha_j])
56.    if abs(alpha_j_ago - svm.alphas[alpha_j]) < 10 ** (-5):
57.       return 0
```

在本次试验中选用的核函数为高斯核函数。对于模型准确率的影响最大的两个参数分别是上文中所介绍的惩罚系数 C 和高斯核函数中的 σ。通过对这两个参数的调整，确定最终的 SVM 模型。代码中使用了控制变量法来对两个参数进行调整，调整的结果图如图 5-11 和图 5-12（纵轴为模型的准确率，横轴分别表示两个参数）所示。

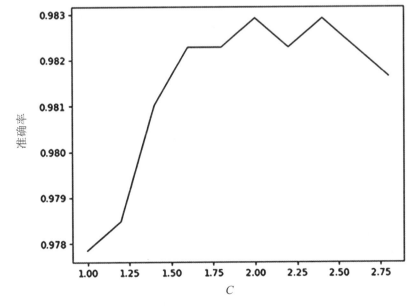

图 5-11　参数 C 对准确率的影响

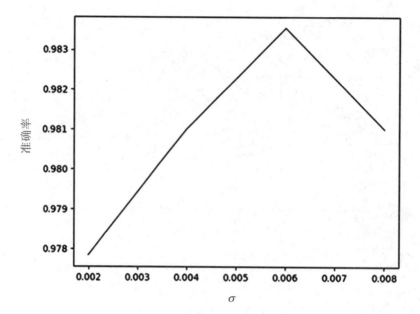

图 5-12   参数 σ 对准确率的影响

通过综合两个图中的信息，发现两个参数并不是取值越大越理想，两个参数都有各自的最优取值。最终得出当 $C=2.4$，$\sigma=0.006$ 时，该模型的准确率最高。准确率在 98.6% 左右，这是一个比较理想的准确率了。要清楚这个手写体自身因为出自不同的人所以本身所带的噪点就会有很多，能训练出如此高的准确率就说明这个算法是非常强大的。

5.4   算法总结

虽然 SVM 的内容看起来非常的烦琐，但其实内容还是挺清晰的。学习该算法就需要有清晰的思维知道这种问题应该怎么去处理。需要去学习这种思维，并且注重在这种方法中参数的选取，参数选择的好坏很大程度上影响着最后的准确率。这不仅仅对该算法起着作用，在其他算法中也有着重要的地位，所以一定要重视它。

5.5   本章习题

1. SVM 是一种典型的（   ）模型。
   A．感知机   B．神经网络
   C．二类分类   D．聚类
2. 以下对 SVM 描述正确的是（   ）。
   A．SVM 的可解释性差，无法给出决策树那样的规则
   B．SVM 算法既可以解决线性问题，又可以解决非线性问题
   C．SVM 算法既可以处理小样本问题，又可以处理大规模训练样本
   D．任意核函数都可以将低维度不可分数据映射为高维线性可分，且效果没有任何区别

3. 对 SVM 的"硬间隔"理解正确的是（　　　）。

    A．SVM 允许分类时出现一定范围的误差

    B．SVM 只允许极小误差

    C．都不对

    D．都对

4. SVM 的算法缺点包括（　　　）。

    A．对参数调节和核函数的选择敏感

    B．不易处理多分类问题

    C．结果容易解释

    D．对大规模训练样本难以实施

5. SVM 常见的核函数包括（　　　）。

    A．高斯核函数　　　　　　　　B．多项式核函数

    C．Sigmoid 核函数　　　　　　D．线性核函数

6. 请详细说说 SVM 的原理。

7. 请详细说说 SVM 软间隔和硬间隔的区别。

第6章 K近邻算法

本章导读

K 近邻算法又称 KNN 算法，是机器学习中使用较为广泛的一种算法。它既能用于处理分类问题，也可以用于处理回归问题。由于 KNN 算法的输入为实例的特征，因此算法较直观、实用性较强，被广泛地应用于各种分类问题中。对于多分类问题，KNN 算法比 SVM 分类算法分类效果要好。KNN 算法思路很简单，如果一个样本在特征空间中的 K 个最相似的样本中的大多数属于某一个类别，则该样本也属于这个类别，由此可见，K 值的选取非常重要。

本章主要介绍了 KNN 算法的相关知识以及代码实现，帮助初学者了解 KNN 算法的原理。本章将对 KNN 算法最核心的问题 K 值的选取进行介绍，在实际应用中，K 值的选取一般使用交叉验证来实现；通过两个实验，使读者了解 KNN 算法的计算步骤。最后，介绍了 KNN 算法的优点和不足。学好该算法对掌握机器学习算法有很大的帮助。

本章要点

- KNN 算法概念介绍
- KNN 算法的原理
- KNN 算法的应用
- KNN 算法的总结

K 近邻算法及应用

6.1 算法概述

K 近邻（K-Nearest Neighbor，KNN）算法是机器学习中的一个经典的算法。KNN 算法原理如下：给定一个训练数据集，每个数据都存有一个标签，对于新输入的实例，在训练数据集中找到与该实例最为邻近的 K 个实例，这 K 个实例的多数存在哪个类中，就把新的输入实例分类到这个类中。打个比方：假设你们想了解我是个怎样的人，然后你发现我身边关系最密切的朋友是一群学霸，那么你可以推测出我也是一个学霸。

为了更好地理解 KNN 算法，假设有两类不同的样本数据，分别用三角形和正方形表示，如图 6-1 所示。图 6-1 正中间的五角星表示的是待分类的数据。那么，如何给这个五角星分类呢？

假设当 K=3 时，KNN 算法就会找到与它距离最近的 3 个点（这里用圆圈把它们圈起来了），比较哪种类别多就将五角星归为哪类，比如这个例子中是三角形多一些，新来的五角星就归类成三角形了。但是，当 K=5 时，判定就不一样了。这时正方形多一些，所以新来的五角星被归类成正方形。从这个例子中，可以看出 K 的取值是很重要的。

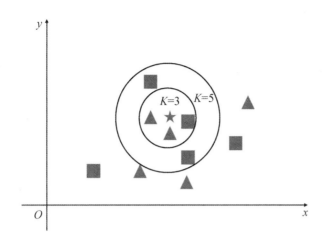

图 6-1　KNN 算法样本分类示例

6.2　算法原理

实现 KNN 算法的两个核心问题：K 值的选取和样本点距离的计算。

6.2.1　算法计算步骤

（1）算距离：给定测试对象，计算它与训练集中的每个对象的距离。
（2）找邻居：圈定距离最近的 K 个训练对象，作为测试对象的近邻。
（3）做分类：根据这 K 个近邻归属的主要类别，来对测试对象进行分类。

6.2.2　K 值的选取

KNN 算法中的 K 值选取对分类的结果至关重要。如果 K 值选取得太小，即选用较小的邻域中的样本进行预测，容易受到异常点的影响，波动较大，模型整体会很复杂，容易发生过拟合。如果 K 值选取得太大，即选用较大的邻域中的样本进行预测，训练时候的误差会增大，导致分类模糊，预测结果错误。那么怎样才能选取到合适的 K 值呢？这里以 K 折交叉验证为例详细说明。

通常采用交叉验证法来选取最优 K 值，也就是比较不同的 K 值时的交叉验证平均误差，选择平均误差最小的那个 K 值，K 折交叉验证是机器学习领域经常用到的方法。所谓 K 折交叉验证，就是将数据集等比例划分成 K 份，以其中的一份作为测试数据，其他的 $K-1$ 份数据作为训练数据，这样算是一次实验，而 K 折交叉验证要求实验 K 次才算完成完整的一次，也就是说交叉验证实际是把实验重复做了 K 次，每次实验都是从 K 个部分选取一份不同的数据作为测试数据（保证 K 个部分的数据都分别做过测试数据），剩下的 $K-1$ 个当作训练数据，最后把得到的 K 个实验结果进行平均即可得到最终结果。

交叉验证的基本思想是将拿到的训练数据集进行分组，一部分作为训练集，另一部分作为验证集。以 5 组交叉验证为例，将训练数据分成 5 份，其中一份作为验证集，其余的 4 份作为训练集。然后经过 5 次测试，每次都更换不同的验证集，即得到 5 组模型的结果，最后取平均值作为最终的结果。

K 折交叉验证的基本思路如下：

（1）不重复地将原训练集随机分为 K 份。

（2）挑选其中 1 份作为验证集，剩余 K-1 份作为训练集用于模型训练，在训练集上训练后得到一个模型，用这个模型在验证集上测试，保存模型的评估指标。

（3）重复步骤（2）K 次（确保每个子集都有一次机会作为验证集）。

（4）计算 K 组测试指标的平均值作为模型精度的估计，并作为当前 K 折交叉验证下模型的性能指标。

假设 K=5 时，其交叉验证方法如图 6-2 所示。

把样本集分成 5 个小的子集，编号为 D1、D2、D3、D4、D5。

先用 D1、D2、D3、D4 建模，得到 model1，并在 D5 上计算误差 error1。

再用 D1、D2、D3、D5 建模，得到 model2，并在 D4 上计算误差 error2。

再用 D1、D2、D4、D5 建模，得到 model3，并在 D3 上计算误差 error3。

再用 D1、D3、D4、D5 建模，得到 model4，并在 D2 上计算误差 error4。

再用 D2、D3、D4、D5 建模，得到 model5，并在 D1 上计算误差 error5。

重复以上步骤，建立 5 个 model，将 5 个 error 相加后除以 5 即得到平均误差。

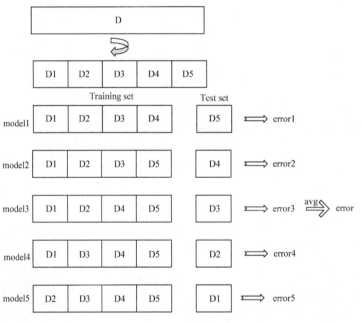

图 6-2　交叉验证示例

思考交叉验证的两种极端情况：

一种是完全不使用交叉验证，即 K=1。在这个时候，所有数据都被用于训练，模型很容易出现过拟合，因此容易是低偏差、高方差。

另一种是留一法交叉验证，即 K=n，n 的取值可用集合表示为 $\{n|(n>1) \wedge (n \in N_+)\}$。随着 K 值的不断升高，单一模型评估时的方差逐渐加大而偏差减小。但从总体模型角度来看，反而是偏差升高而方差降低了。

6.2.3　确定距离函数

在现实生活中，如果给定一种新的食物，比如猕猴桃，人们可以轻而易举地将其分类为水果。那么如何让计算机完全自动地对新输入的食物进行分类呢？首先，要计算新输入的食物与训练数据集中食物的距离，这该如何计算呢？可以采用欧氏距离、明考斯基距离以及曼哈顿距离公式来度量食物之间的距离，其中 x 和 y 分别指代不同的食物，所计算出的两种食物之间的距离最小，则两种食物被自动分为一类。3 种距离的计算公式如下：

欧氏距离，表达式为

$$d(x,y) = \sqrt{(x_1 - y_1)^2 + (x_2 - y_2)^2 + \cdots + (x_n - y_n)^2} = \sqrt{\sum_{i=1}^{n} (x_i - y_i)^2} \qquad (6\text{-}1)$$

曼哈顿距离，表达式为

$$d(x,y) = |x_1 - y_1| + |x_2 - y_2| + \cdots + |x_n - y_n| \qquad (6\text{-}2)$$

明考斯基距离是以上两种距离的概括，表达式为

$$d(x,y) = (|x_1 - y_1|^q + |x_2 - y_2|^q + \cdots + |x_n - y_n|^q)^{1/q} \qquad (6\text{-}3)$$

6.3　算法案例：约会网站配对与预测签到位置

6.3.1　约会网站配对案例

1. 读取数据集

海伦女士一直使用在线约会网站寻找适合自己的约会对象。尽管约会网站会推荐不同的人选，但她并不是喜欢每一个人。经过一番总结，她发现自己交往过的人可以进行如下分类：不喜欢，即 didntLike；魅力一般，即 smallDoses；极具魅力，即 largeDoses。

海伦收集约会数据已经有一段时间，她把这些数据存放在文件 hailun.csv 中，每个样本数据占据一行，总共有 1000 行。海伦收集的样本数据主要包含以下 3 种特征：每年出行的里程数、玩游戏的时间占比、每周吃冰淇淋的升数，数据集如图 6-3 所示。

```
40920    8.326976    0.953952    largeDoses
14488    7.153469    1.673904    smallDoses
26052    1.441871    0.805124    didntLike
75136    13.147394   0.428964    didntLike
38344    1.669788    0.134296    didntLike
72993    10.141740   1.032955    didntLike
35948    6.830792    1.213192    largeDoses
42666    13.276369   0.543880    largeDoses
67497    8.631577    0.749278    didntLike
35483    12.273169   1.508053    largeDoses
50242    3.723498    0.831917    didntLike
63275    8.385879    1.669485    didntLike
```

图 6-3　海伦收集的数据集样本

读取数据集文件，对数据进行预处理，得到训练样本矩阵和分类标签向量。

```
1.  import numpy as np
2.  def file2matrix(filename):
3.  # 打开文件
4.     fr = open(filename)
```

```
5.   # 读取文件所有内容
6.      numberOfLines = len(fr.readlines())
7.   # 返回解析完成的数据：numberOfLines 行，3 列
8.      returnMat = np.zeros((numberOfLines,3))
9.   # 定义列表
10.     classLabelVector = []
11.  # 打开文件
12.     fr = open(filename)
13.     index = 0
14.  # 一行一行读取文件
15.     for line in fr.readlines():
16.  # 去除每行空白符
17.        line = line.strip()
18.  # 将字符串根据 '\t' 分隔符进行切片
19.        listFormLine = line.split('\t')
20.  # 将数据前三列提取出来 , 存放到 returnMat 的 NumPy 矩阵中，也就是特征矩阵
21.        returnMat[index,:] = listFormLine[0:3]
22.  # 根据文本中标记的喜欢的程度进行分类，1 代表不喜欢，2 代表魅力一般，3 代表极具魅力
23.        if listFormLine[-1] == 'didntLike':
24.           classLabelVector.append(1)
25.        elif listFormLine[-1] == 'smallDoses':
26.           classLabelVector.append(2)
27.        elif listFormLine[-1] == 'largeDoses':
28.           classLabelVector.append(3)
29.        index += 1
30.  # 返回数据集的训练样本矩阵和分类标签向量
31.     return returnMat,classLabelVector
```

代码输出结果如下：

```
returnMat= [[4.0920000e+04  8.3269760e+00  9.5395200e-01]
            [1.4488000e+04  7.1534690e+00  1.6739040e+00]
            [2.6052000e+04  1.4418710e+00  8.0512400e-01]
            ...
            [2.6575000e+04  1.0650102e+01  8.6662700e-01]
            [4.8111000e+04  9.1345280e+00  7.2804500e-01]
            [4.3757000e+04  7.8826010e+00  1.3324460e+00]]
classLabelVector[0:10]-[3,2,1,1,1,1,3,3,1,3]
```

上面的代码中，file2matrix() 函数的作用是将样本数据的格式转换为分类模型可以接受的格式。训练前需要将数据分为训练样本和对应的分类标签向量。首先打开文件，然后读取文件内容得到文件的行数 numberOfLines。为了存储训练样本的数据，需要创建一个 returnMat 零矩阵对其进行存储，该矩阵行数等于文件行数，列数等于特征值个数。还需创建 classLabelVector 列表来存储分类标签向量。由于读取文件的行数后，fr 指针指向了文件末尾，因此需要再次打开文件，让 fr 指针指向文件头部。接下来需要做的工作是一行一行读取文件，首先将每行的空格字符删除，然后将字符串切片成元素列表存储到 listFormLine 中。读取 listFormLine 一行，将该行前 3 列存放到 returnMat 矩阵中；索引为 -1 代表列表的最后一列，根据 listFormLine 的最后一列确定分类的标准，其中 1 代表 didntLike，2 代表 smallDoses，3 代表 largeDoses，并将其存储到 classLabelVector 分类标签向量中。最后函数返回数据集的训练样本矩阵和分类标签向量。

2. 创建散点图分类数据

根据 returnMat 的第一列和第二列数据创建散点图，分别表示特征值"每年出行的里程数"和"玩游戏的时间占比"；s用来指定散点图点的大小，默认为20，通过传入新的变量，实现散点图的绘制；c可用于不同类别的颜色，指定散点图中点的颜色，默认为蓝色；marker用来指定散点图点的形状，默认为圆形。

```
1.  import matplotlib.pyplot as plt
2.  plt.scatter(returnMat[:,0], returnMat[:,1], s=20, c=datingLabels, marker='o')# 设置散点图属性
3.  plt.show()
```

根据 returnMat 的第一列和第二列数据创建散点图，横轴表示特征值"每年出行的里程数"，纵轴表示特征值"玩游戏的时间占比"，如图6-4所示。

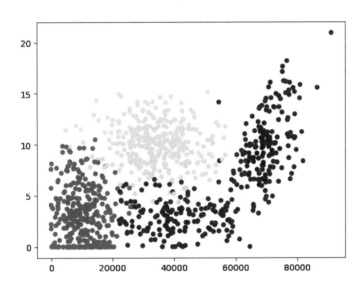

图6-4　"每年出行的里程数"和"玩游戏的时间占比"散点图

根据 returnMat 的第一列和第三列数据创建散点图，横轴表示特征值"每年出行的里程数"，纵轴表示特征值"每周吃冰淇淋的升数"，如图6-5所示。

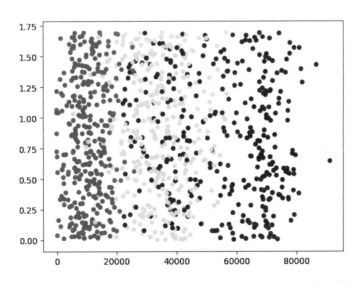

图6-5　"每年出行的里程数"和"每周吃冰淇淋的升数"散点图

根据 returnMat 的第二列和第三列数据创建散点图，横轴表示特征值"玩游戏的时间占比"，纵轴表示特征值"每周吃冰淇淋的升数"，如图 6-6 所示。

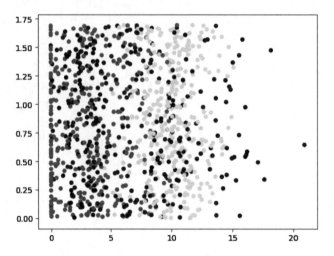

图 6-6   "玩游戏的时间占比"和"每周吃冰淇淋的升数"散点图

3. 数据归一化处理

表 6-1 提取了 4 组样本数据，计算样本 1 和样本 2 之间的距离，这里选用欧氏距离，由式（6-1）可得样本 1 与样本 2 之间的距离计算方法如下：

$$d = \sqrt{(40920 - 14488)^2 + (8.3 - 7.2)^2 + (1.0 - 1.7)^2} \qquad (6\text{-}4)$$

表 6-1   部分数据集

序号	每年出行里程数	玩游戏时间占比	每周吃冰淇淋的升数	类型
1	40920	8.326976	0.953952	largeDoses
2	14488	7.153469	1.673904	smallDoses
3	26052	1.441871	0.805124	didntLike
4	75136	13.147394	0.428964	didntLike

每年出行里程数对于计算结果的影响远远大于表中其他两个特征。在处理这种数字差值范围大的特征值时，通常采用归一化的方法将取值范围处理为 0 到 1 或者 -1 到 1 之间，利用公式（6-5），可以将特征值转化为 [0,1] 区间内的值。

$$x_{\text{normalization}} = \frac{x - x_{\min}}{x_{\max} - x_{\min}} \qquad (6\text{-}5)$$

归一化的代码实现如下：

```
1.    def autoNorm(dataSet):
2.    # 获得每列数据的最小值和最大值
3.        minVals = dataSet.min(0)#min(0)
4.        maxVals = dataSet.max(0)
5.    # 创建一个和 dataset 大小相同的全 0 矩阵
6.        normDataSet = np.zeros(dataSet.shape)
7.    # 矩阵归一化
8.        normDataSet = (dataSet-minVals)/(maxVals-minVals)
9.        return normDataSet
```

输出结果如下：

```
normDataSet= [[0.44832535 0.39805139 0.56233353]
              [0.15873259 0.34195467 0.98724416]
              ...
              [0.52711097 0.43665451 0.4290048]
              [0.47940793 0.3768091  0.78571804]]
```

函数 autoNorm() 的作用是对前面的 returnMat 矩阵进行 0-1 标准化的操作。Python 中，min(0) 代表返回该矩阵中每一列的最小值；min(1) 代表返回该矩阵中每一行的最小值；max(0) 返回该矩阵中每一列的最大值；max(1) 返回该矩阵中每一行的最大值；使用 dataSet.shape 得到矩阵 dataSet 的行数和列数，创建以全 0 填充的 normDataSet 矩阵，矩阵大小和矩阵 dataSet 相同。

4. 测试 KNN 分类器模型

上面已经对数据做好了处理，然后使用 KNN 分类器模型对其进行测试。代码实现如下：

```
1.  def estimator(filename):
2.      returnMat, datingLabels = file2matrix(filename)
3.  # 数据归一化处理
4.      dataSet = NLZ.autoNorm(returnMat)
5.      print(dataSet)
6.      m = 0.7
7.  # 样本个数
8.      dataSize = dataSet.shape[0]
9.  # 测试集个数
10.     trainSize = int(m*dataSize)
11.     testSize = int((1-m)*dataSize)
12.     k=4
13.     error = 0
14. # 遍历测试集的每一行
15.     for i in range(testSize):
16. # 调用 knn() 函数
17.         result = K.knn(dataSet[trainSize+i,:], dataSet[0:trainSize], datingLabels[0:trainSize], k)
        #( 未知样本 , 训练集样本 , 标签 ,K 值 )
18.         if result != datingLabels[trainSize+i]:
19.             error = error + 1
20. print(" 错误率为：",error/testSize)
```

使用 dataSet.shape[0] 获取数组的维度，也就是获取样本的行数，若获取列数，则为 shape[1]。需要将数据集分成训练集和测试集，这里将训练集和测试集按照 7∶3 划分。设置 k=4，遍历测试集的每一行，knn() 函数会返回该行数据的分类标签结果，与实际分类标签结果进行比较，若不一致，则 error 加 1，最后计算整个测试集的错误率。

代码实现如下：

```
1.  import numpy as np
2.  def knn(intX, dataSet, labels, k):
3.      dist = (((dataSet-intX)**2).sum(1))**0.5
4.  # 将 dist 距离元素升序排列，提取其对应的 index
5.      sortedDist = dist.argsort()
6.      classCount = {}
```

```
7.    # 统计前 K 个点所在类别出现的次数
8.      for i in range(k):
9.          voteLabel = labels[sortedDist[i]]
10.         classCount[voteLabel] = classCount.get(voteLabel, 0) + 1
11.      maxType = 0
12.      maxCount = -1
13.   # 多数表决，输出结果
14.      for key, value in classCount.items():
15.         if value > maxCount:
16.             maxType = key
17.             maxCount = value
18.      return maxType
```

knn() 函数实现的功能是给出测试集每一条数据分类的结果。函数输入是测试集样本、训练集样本、分类标签、K 值。首先先计算测试集样本和每个训练集样本的距离，选取距离最小的 K 个点，统计前 K 个点所在类别出现的次数，argsort() 将 dist 中的距离元素升序排列，提取其对应的 index（索引）。选取距离最小的 K 个点，统计前 K 个点所在类别出现的次数，以键值对的形式存储在 classCount 字典中。多数表决，输出结果。

输出结果如下：

错误率为：0.043333333333333335

由此看出，KNN 处理约会数据集的错误率最终为 4.3%，效果还不错。

5. 预测

classifyPerson() 函数的作用是输入一名用户的玩游戏时间比、一年飞行里程、消费冰淇淋数预测海伦与该名用户的匹配程度。代码实现如下：

```
1.    def classifyPerson():
2.      resultList = ['不喜欢他', '喜欢他', '非常喜欢他']
3.      percentTats = float(input("玩游戏时间比："))
4.      ffMiles = float(input('一年飞行里程：'))
5.      iceCream = float(input('消费冰淇淋数：'))
6.      datingDataMat, datingLabels = DH.file2matrix('hailun.csv')
7.      normMat, ranges, minVals = NLZ.autoNorm(datingDataMat)
8.      inArr = [ffMiles, percentTats, iceCream]
9.      classifierResult = K.knn((inArr - minVals) / ranges, normMat, datingLabels,
10.     if (classifierResult == 1):
11.         classifierResult = resultList[0]
12.     elif (classifierResult == 2):
13.         classifierResult = resultList[1]
14.     elif (classifierResult == 3):
15.         classifierResult = resultList[2]
16.     print("海伦可能：{}".format(classifierResult))
```

输出结果如下：

玩游戏时间比：10
一年飞行里程：10000
消费冰淇淋数：0.5
海伦可能：喜欢他

6.3.2　预测签到位置案例

1. 项目描述

Facebook 创建了一个虚拟世界，其中包括约 10 万个地方共 100 平方千米。对于给定的坐标集，将根据用户的位置、准确性和时间戳等预测用户下一次的签到位置，从而使商家在用户签到次数多的地方更精准地投放广告，如图 6-7 所示。

图 6-7　Facebook 虚拟世界

2. 数据集介绍

row_id：签到事件的 id。

x,y：用户签到位置。

accuracy：定位准确度。

time：时间戳。

place_id：业务的 id，预测的目标值。

3. 算法流程分析

算法流程如图 6-8 所示。

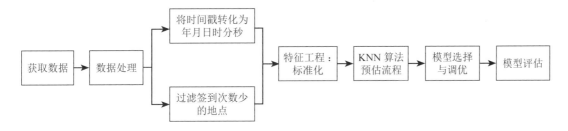

图 6-8　算法流程图

4. 代码实现

首先获取数据，然后对数据进行处理，主要是处理时间特征，将时间戳转化为比较有意义的时间，由于给定的数据集中年和月的值是一致的，因此还需过滤掉年和月；其次还要过滤掉签到次数少的地点，先按 place_id 进行分组，再使用聚合函数对一组值进行统计，统计不同的 place_id 出现的次数，设置阈值过滤掉部分数据。数据处理完后筛选特征值和目标值，接着进行数据集划分，使用特征工程进行标准化，接着使用 KNN 算法预估器进行模型训练，同时加入网格搜索与交叉验证，最后进行模型评估。具体代码实现如下：

```
1.  # 获取数据
2.  data = pd.read_csv("train1.csv")
3.  # 处理时间特征：to_datatime() 方法
4.  time_value = pd.to_datetime(data["time"], unit="s")
5.  date = pd.DatetimeIndex(time_value)
6.  data["day"] = date.day
```

```
7.  data["weekday"] = date.weekday
8.  data["hour"] = date.hour
9.  # 过滤签到次数少的地点
10. place_count = data.groupby("place_id").count()["row_id"]
11. data_final = data[data["place_id"].isin(place_count[place_count > 3].index.values)]
12. # 筛选特征值和目标值
13. x = data_final[["x", "y", "accuracy", "day", "weekday", "hour"]]
14. y = data_final["place_id"]
15. # 数据集划分
16. from sklearn.model_selection import train_test_split
17. x_train, x_test, y_train, y_test = train_test_split(x, y)
18. from sklearn.preprocessing import StandardScaler
19. from sklearn.neighbors import KNeighborsClassifier
20. from sklearn.model_selection import GridSearchCV
21. # 特征工程：标准化
22. transfer = StandardScaler()
23. x_train = transfer.fit_transform(x_train)
24. x_test = transfer.transform(x_test)
25. # KNN 算法预估器
26. estimator = KNeighborsClassifier()
27. # 加入网格搜索与交叉验证
28. param_dict = {"n_neighbors": [3, 5, 7, 9]}
29. estimator = GridSearchCV(estimator, param_grid=param_dict, cv=3)
30. # 模型训练
31. estimator.fit(x_train, y_train)
32. # 模型评估
33. # 计算准确率
34. score = estimator.score(x_test, y_test)
35. # 输出结果
36. print(" 准确率为：", score)
```

实验代码运行后，实验结果如下：

准确率为：0.9631

6.4 算法总结

KNN 算法的优缺点可总结为以下几个方面。

（1）优点。

1）算法简单，易于理解，易于实现。

2）不需要显式的训练过程，模型就是训练数据集本身。

3）特别适用于多分类问题。

（2）缺点。

1）它是一种懒惰算法，对测试样本分类时的计算量大，内存开销大，评分慢。

2）当样本不平衡时，如一个类的样本容量很大，而其他类样本容量很小时，有可能导致当输入一个新样本时，该样本的 K 个邻居中大容量类的样本占多数，从而导致分类错误。

3）可解释性较差，无法给出决策树那样的规则。

6.5　本章习题

1. 简要概述 KNN 算法的原理。

2. 简要概述 KNN 算法的优缺点。

3. KNN 算法和 K-Means 聚类算法有什么不同？

4. KNN 算法如何实现手写数字识别？

第 7 章　决策树

在机器学习中，有一个体系叫作决策树，决策树能够解决很多问题。例如：通过决策树算法来预测西瓜的好坏；也可以对今天是否要学习进行决策。在决策树模型中，有很多需要学习的算法，因为在决策树中，每一个算法都是非常实用的算法。

机器学习中的决策树是模拟人的决策过程的模型。与人的决策不同，人的决策往往是任意的，决策不一定是最优的。而决策树模型在数学理论上（在一定的变量空间内）保证了模型结果是最优的。

本章要点

- 决策树的定义
- 决策树模型涉及的 3 个关键过程
- 决策树的典型应用

决策树算法及应用

7.1　算法概述

7.1.1　什么是决策树

决策树（Decision Tree）是机器学习中常用的方法之一。决策树模型分为分类决策树和回归决策树，本文主要对分类决策树进行探讨。

分类决策树模型是一种树形结构模型，用于描述对样本数据的分类。决策树由节点（Node）和有向边（Directed Edge）组成。节点分为内部节点和叶节点。内部节点代表一个要素或属性，叶节点代表一个类。

一般而言，一棵决策树包含一个根节点，若干内部节点和若干叶节点。根节点包含样本的全部集合，叶节点对应决策结果，其他节点对应属性测试。由根节点开始，测试样本数据中的某一特征，并根据测试结果，将样本分配给子节点，形成两个或多个子树，然后对每个子树执行相同的操作，直到样本数据分配到某个叶节点。决策树的构成如图7-1 所示。

下面用一个例子来说明决策树。小李的爱好是爬山，周末就要到了，小李还未决定这个周末是否去爬山。有许多因素会影响小李周末是否去爬山，尽管天气是一个非常重要的影响因素，但也有许多其他因素。小李是否去爬山的一个决策过程如图 7-2 所示。

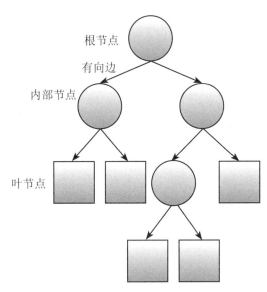

图 7-1　决策树的构成

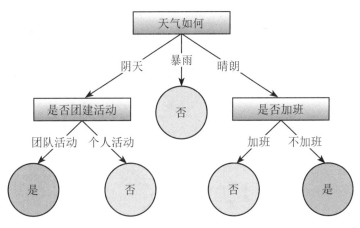

图 7-2　决策过程

（1）首先要看天气怎么样，如果是阴天的话，就看是否组织团建活动。假如是公司组织的团建活动，即使天气阴沉，也要去爬山。

（2）如果天气是阴天，也不属于公司组织的团队活动。天气不好，心情不佳，因此决定不去爬山。

（3）如果下暴雨了，那么决定不去爬山。

（4）如果周末是晴天，阳光明媚，还要看个人情况。要考虑周末公司是否要求加班，如果要加班，那么就不去爬山了。

（5）如果天气晴朗，也不用加班，那么决定去爬山。

7.1.2　如何生成一棵决策树

（1）学习特征变量的分枝策略。

（2）根据特征变量，将数据集分割为多个子集。

按照分枝策略，对样本数据进行测试，并将样本数据集分割成子集（子节点）。

（3）构建子树。根据第（2）步的每个数据子集，构建多棵子树。

对于每个子树，重复第（1）步和第（2）步的过程，直到达到停止生长的条件

（4）对树进行剪枝。可能会形成过度拟合，需要对树进行剪枝以获得最好的泛化效果。

7.1.3 决策过程

在经过训练后的决策树中，每个叶节点对应一个分类器，通过对新样本数据的叶节点归属进行测试，就可以实现对新样本数据的分类预测。

那么如何利用决策树进行分类？

1. 叶节点中哪个类别的样本多，就把叶节点归为该类别

一般而言，叶节点中会包含每个分类的样本，统计叶节点中每个分类的样本数目所占的比例，并将这个叶节点的类别归入样本数目所占的比例最高的类别。

2. 每个叶节点对应一条规则

从根节点到叶节点，形成了一条规则，且这个规则是完备的，即每个样本数据必属于其中某一条规则。

规则：变量 $A>c_1$、变量 $B<c_2$ 且变量 $C>c_3$。

3. 每个叶子节点组成的规则形成一个决策树分类器

在预测时，只要测试样本数据属于哪一条规则，即可得到对应的分类归属，如图 7-3 所示。

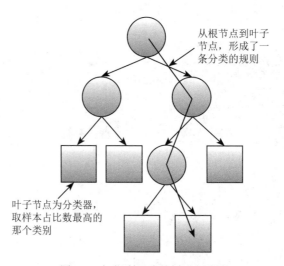

图 7-3　如何利用决策树进行分类

决策树在机器学习中是模拟人类决策过程的模型，不同于人的决策，人的决策往往具有随意性，决策未必是最佳的。从数学理论上（在一定的变量空间内）证明了决策树模型的最优解。该模型涉及 3 个关键过程：一是特征变量的选择，通过信息增益等方法来选择合适的分裂变量；二是决策树的生成，如 ID3、CART 等算法，提供了决策树的一套算法；三是决策树的剪枝，避免过度拟合。下面将详细讲解决策树模型涉及的 3 个关键过程。

7.2 算法原理

在存在大量特征变量的情况下，如何选择合适的变量构造决策树？由于特征变量选择的优劣直接决定了模型的最终预测效果，因此需要一种确定特征变量的学习方法或策略。

7.2.1　信息增益

1. 信息量

信息量是指信息多少的量度。1928 年，科学家"哈特莱"提出了采用事件出现概率倒数的对数作为信息的度量单位，如式（7-1）所示。

$$I = \log_2 \frac{1}{p} = -\log_2 p \tag{7-1}$$

信息量的大小以及信息所代表的事件发生的概率在信息中存在关联。若一信息所代表的事件是必然事件，即事件发生的概率为 100%，则此信息包含的信息量为 0。若一信息所代表的事件是小概率事件，即该事件发生的概率很低，则该信息包含的信息量将无限大。下面将举两个例子来说明信息量的大小。

例 1：一位同学跑过来告诉你说，明天的太阳会从东边升起。这个信息所包含的信息量就是 0，因为这是一个必然事件。即使同学不告诉你，你也知道这个信息，太阳依旧会从东边升起。

例 2：这位同学又告诉你一个信息，他非常神秘地告诉你一串数字并且说快去买彩票，买这组数字的彩票，明天能中五百万。你买彩票之后果然中了五百万。这个信息所包含的信息量是无穷大的，因为这是一个小概率事件。

所以，信息可以量化吗？

假如在没有出现信息量的定义之前，要对信息进行量化，该怎么考虑呢？直观地看，信息量应符合下列原则。

（1）信息量不是负数：信息总是越来越多，向上累加的，不可能越来越少，以至于最后变成负数。

（2）信息量之间可以累加：告诉了 A 消息，再告诉了 B 消息，两个信息量是可以累加的。

（3）信息量连续依赖于概率：如果一个事件概率发生了微小的变化，那么信息量不会发生大幅度变化。

（4）信息量随着概率单调递减：一个事件发生的概率大则它所包含的信息量小，发生的概率小则它所包含的信息量就大。

2. 信息熵

熵（Entropy）是关于不确定事件的一种数学描述。它最早出现在热力学中，是用来表示分子混乱程度的物理量。香农将热力学中的熵引入信息论领域，并提出了"信息熵"概念，信息熵是表示信息不确定性的一种度量。无论是热熵还是信息熵，其本质都是表明事物的混乱程度。熵越高，越混乱；熵越低，则越有序。信息量衡量由特定事件生成的信息，而熵是对结果出现之前可以生成的信息量的期望。考虑随机变量的所有可能值，即所有可能的事件带来的信息量的期望。

（1）熵的定义。熵是表示随机变量不确定性的度量。假设 X 是一个取有限个值的离散随机变量，其概率分布为

$$P(X=x_i)=p_i, \quad i=1,2,\cdots,n \tag{7-2}$$

则随机变量 X 的熵定义为

$$H(X) = -\sum_{i=1}^{n} p_i \log p_i = \sum_{i=1}^{n} p_i (-\log p_i) \tag{7-3}$$

其中 p_i 代表随机事件 X 为 x_i 的概率。

（2）从信息量角度理解熵。从信息量角度，熵可以理解为某一个随机变量的平均信息量（随机变量信息量的期望）。随机变量可能有多种取值（随机事件），每种取值发生的概率不一样，概率低的取值信息量大，概率高的取值信息量小。熵是从平均来看这个随机变量可以带来的信息量。

例如：还是上面买彩票的例子，朋友经常会给你一些某些数字是彩票中奖数字的消息，其中某一次消息很准，推荐的数字果然中奖了，那么这次消息的信息量极大。但是更多的情况下，推荐的数字并没有中奖，信息量为0。熵就是朋友多次推荐下来，消息平均可以带来的信息量。

下面将举例说明如何计算样本数据的熵。3份样本数据见表7-1～表7-3，反映了住户的两种状态，在家和不在家。

表7-1　住户样本分布：全部为在家的用户

住户门牌号	是否在家	住户门牌号	是否在家
1	是	6	是
2	是	7	是
3	是	8	是
4	是	9	是
5	是	10	是

将表7-1中的数据利用公式（7-3）计算，其熵为$H=-1\times\log_2 1-0\times\log_2 0=0$。

表7-2　住户样本分布：全部为不在家的住户

住户门牌号	是否在家	住户门牌号	是否在家
1	否	6	否
2	否	7	否
3	否	8	否
4	否	9	否
5	否	10	否

将表7-2中的数据利用公式（7-3）计算，其熵为$H=-1\times\log_2 0-1\times\log_2 1=0$。

表7-3　住户样本分布：一半在家，一半不在家

住户门牌号	是否在家	住户门牌号	是否在家
1	是	6	否
2	是	7	否
3	是	8	否
4	是	9	否
5	是	10	否

将表7-3中的数据利用公式（7-3）计算，其熵为$H=-\dfrac{1}{2}\log_2\dfrac{1}{2}-\dfrac{1}{2}\log_2\dfrac{1}{2}=1$。

在上述实例中，对于只有两个分类的随机变量，当两个分类的概率值相等，即两个概率都等于0.5时，熵达到最大值。当所有住户都在家或者都不在家时，由于样本都属于同

一类别，表示其纯度很高，因此熵很低；当一半住户在家，一半不在家时，纯度低，所以熵很高，达到最大值 1。熵随概率 P 变化的曲线如图 7-4 所示。

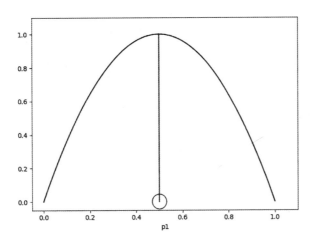

图 7-4 熵随概率 P 变化的曲线

条件熵的定义为，在给定条件 X 下，Y 的条件概率分布的熵对 X 的数学期望。条件熵 $H(Y|X)$ 表示在已知随机变量 X 的条件下随机变量 Y 的不确定性。公式为

$$H(Y|X) = \sum_{x \in X} p(x) H(Y|X=x) \tag{7-4}$$

推导后得到

$$H(Y|X) = -\sum_{x \in X} \sum_{y \in Y} p(x,y) \log p(y|x) \tag{7-5}$$

信息增益是特征选择的重要指标，表示为知道某个特征后使不确定性减少的程度。信息越多，特征的重要性就越高，对应的信息增益就越大。

上面所说的信息熵代表了随机变量的复杂度，条件熵代表在某一个条件下，随机变量的复杂度，而信息增益 = 信息熵 - 条件熵，换而言之就是知道某个特征后使得不确定性减少的程度，即知道某个特征之前的熵与知道某个特征之后的熵之差。在决策树中，根据某个特征将数据分割为多个子集，分割前与分割后的样本数据熵之差就代表信息增益，信息增益越高则该特征对数据分类效果越好。

如图 7-5 所示，每个点表示一个数据样本，蓝色的点表示属于 A 类，绿色的点表示属于 B 类。在整个数据集合中，由于 A、B 两类的发生概率相同，则熵为 1。

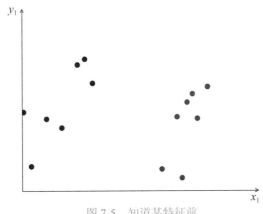

图 7-5 知道某特征前

如图 7-6 所示，根据 x_1 变量的值，将样本数据分为两个子集；左侧的子集中全为蓝色的点（A 类），该子集的熵为 0。同样右侧的熵也为 0，分割后整体熵为 0。

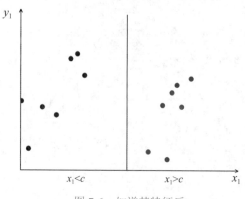

图 7-6　知道某特征后

用数学语言可将信息增益描述为，特征 A 对训练数据集 D 的信息增益为 $g(D,A)$，定义为集合 D 经验熵 $H(D)$ 与特征 A 给定条件下 D 的经验条件熵 $H(D|A)$ 之差。

下面将用数学公式定义经验熵与经验条件熵。

（1）假设训练数据集为 D，$|D|$ 则表示数据集中样本的个数。

（2）假设数据集 D 中有 B 个分类记作 C_b（$b=1,2,\cdots,B$），$|C_b|$ 表示类 C_b 的样本个数，那么 $\sum_{b=1}^{B}|C_b|=|D|$。

（3）假设 A 为数据集 D 中的某一个特征变量，该特征变量有 n 种取值。根据特征 A 的取值，将 D 划分为 n 个子集 $D_1,D_2,\cdots,D_n$，$|D_i|$ 表示子集 D_i 中的样本个数，则有 $\sum_{i=1}^{n}|D_i|=|D|$。

（4）子集 $|D_i|$ 中属于类 C_b 的样本集合为 D_{ib}，则 $|D_{ib}|$ 为 D_{ib} 的样本个数。

信息增益为

$$g(D,A) = H(D) - H(D \mid A) \tag{7-6}$$

经验熵为

$$H(D) = -\sum_{b=1}^{B} \frac{|C_b|}{|D|} \log_2 \frac{|C_b|}{|D|} \tag{7-7}$$

经验条件熵为

$$
\begin{aligned}
H(D \mid A) &= \sum_{i=1}^{n} \frac{|D_i|}{|D|} H(D_i) \\
&= \sum_{i=1}^{n} \frac{|D_i|}{|D|} \times \left(-\sum_{b=1}^{B} \frac{|D_{ib}|}{|D_i|} \log_2 \frac{|D_{ib}|}{|D_i|} \right) \\
&= -\sum_{i=1}^{n} \frac{|D_i|}{|D|} \sum_{b=1}^{B} \frac{|D_{ib}|}{|D_i|} \log 2 \frac{|D_{ib}|}{|D_i|}
\end{aligned}
\tag{7-8}
$$

7.2.2　信息增益比

以信息增益作为划分训练数据集的特征，存在偏向于选择取值较多的特征问题，容易过度拟合，因此将引入信息增益比来解决该问题。

信息增益比 $g_R(D|A)$ 是特征 A 对数据集 D 的信息增益 $g(D,A)$ 与特征 A 的不同取值的

熵 $H_A(D)$ 之比。

$$g_R(D, A) = \frac{g(D, A)}{H_A(D)} \qquad (7\text{-}9)$$

$$H_A(D) = -\sum_{i=1}^{n} \frac{|D_i|}{|D|} \log 2 \frac{|D_i|}{|D|} \qquad (7\text{-}10)$$

$H_A(D)$ 反映的是特征变量 A 的各个可能取值的分布情况，不同取值的分布越分散表示不纯度越高，则 $H_A(D)$ 越大。

7.2.3 基尼（Gini）指数

基尼指数表示在样本集合中一个随机选中的样本被分错的概率。与熵类似，是衡量随机变量不纯度（Impurity）的一种方法。基尼指数越小则变量纯度越高；基尼指数越大则变量纯度越低。公式为

$$\text{Gini}(p) = \sum_{k=1}^{K} p_k(1 - p_k) = 1 - \sum_{k=1}^{K} p_k^2 \qquad (7\text{-}11)$$

（1）P_k 表示选中的样本属于 K 类别的概率，则这个样本被分错的概率是 $(1-p_k)$。

（2）样本集合中有 K 个类别，一个随机选中的样本可以属于这 K 个类别中的任意一个，因而对所有 K 个类别进行累加求和。

（3）当为二分类时

$$\text{Gini}(p) = 2p(1-p) \qquad (7\text{-}12)$$

7.2.4 决策树的生成

从根节点出发，根节点包括所有的训练样本。

如果一个节点（包括根节点）内所有样本均属于同一类别，那么该节点就成为叶节点，并将该节点标记为样本个数最多的类别。否则采用信息增益法来选择用于对样本进行划分的特征，该特征即为测试特征，特征的每一个值都对应着从该节点产生的一个分支及被划分的一个子集。在决策树中，所有的特征均为符号值，即离散值。如果某个特征的值为连续值，则需要先将其离散化。

递归上述划分子集及产生叶节点的过程，使每一个子集都会产生一个决策（子）树，直到所有节点变成叶节点。

递归操作的停止条件如下：

● 一个节点中所有的样本均为同一类别，那么产生叶节点。

● 没有特征可以用来对该节点样本进行划分，这里用 attribute_list=null 来表示。此时也强制产生叶节点，该节点的类别为样本个数最多的类别。

● 没有样本能满足剩余特征的取值，即 test_attribute=α_i 对应的样本为空。此时也强制产生叶节点，该节点的类别为样本个数最多的类别。

ID3（Iterative Dichotomiser 3）算法是决策树中常用的算法。ID3 算法的核心是以信息增益为准则来选择分枝的特征变量并且用递归的方式来最终生成树。选取使得信息增益最大的特征进行分裂。若要判断是否停止生长树，只需满足以下一个条件。

● 节点达到完全纯度。

● 树的深度达到用户指定的深度。

● 节点中样本的个数少于用户指定的个数。

● 异质性指标下降的最大幅度小于用户指定的幅度。

ID3 算法的具体步骤如下：

（1）判断是否满足停止生长树的条件，如果满足则算法终止。

（2）计算特征变量集合 A 中各个变量的信息增益，选择信息增益最大的特征 A_g 作为分枝的节点。

（3）对每一个样本数据在变量 A_g 节点上进行判断测试，对 A_g 的每一个可能取值 a_i，根据 $A_g=a_i$ 的原则将样本数据 D 分割为多个子集 D_i。

（4）对上一步骤产生的每一个子集 D_i，以 D_i 为训练集，以 $A-[A_g]$ 为特征变量集，递归地重复步骤（1）～（3），直至满足停止生长树的条件为止。

注：假设 D_i 为训练数据集，A 为特征变量的集合。

7.2.5　决策树的剪枝

完整的决策树对训练样本特征的描述可能"过于精确"（受噪声数据的影响），缺少了一般代表性而无法较好地对新数据做分类预测，出现"过度拟合"。

移去对树的精度影响不大的划分。使用成本复杂度方法，即同时度量错分风险和树的复杂程度，使二者越小越好。

剪枝方式如下：

（1）预修剪（Prepruning）：停止生长策略。

（2）后修剪（Postpruning）：在允许决策树得到最充分生长的基础上，再根据一定的规则，自下而上逐层进行剪枝。

7.3　算法案例：借贷人状态评估

随着社会的发展，在许多金融活动中存在大量的个人信用评估。贷款是当今社会一个普遍的行为，但银行要对借贷人进行评估。传统处理的方法由各专家评估打分方式实现，由此将产生过多的人为干预的因素，并且大大增加了工作量，大数据技术的发展，可避免传统方式的缺陷和弊端。申请人要满足银行的条件才可以贷款成功。

一个由 15 个样本组成的贷款申请训练数据表见表 7-4。数据包括贷款申请人的 4 个特征。第 1 个特征是年龄，有 3 个可能值：18 ～ 25 岁、26 ～ 50 岁、50 岁以上。第 2 个特征是有工作，有 2 个可能值：是，否。第 3 个特征是有房产，有 2 个可能值：是，否。第 4 个特征是信贷情况，有 3 个可能值：非常好、好、一般。表的最后一列是类别，表示是否同意贷款，有 2 个值：是，否。

表 7-4　贷款申请样本数据表

ID	年龄	有工作	有房产	信贷情况	类别
1	18 ～ 25 岁	否	否	一般	否
2	18 ～ 25 岁	否	否	好	否
3	18 ～ 25 岁	是	否	好	是
4	18 ～ 25 岁	是	是	一般	是

续表

ID	年龄	有工作	有房产	信贷情况	类别
5	18～25 岁	否	否	一般	否
6	26～50 岁	否	否	一般	否
7	26～50 岁	否	否	好	否
8	26～50 岁	是	是	好	是
9	26～50 岁	否	是	非常好	是
10	26～50 岁	否	是	非常好	是
11	50 岁以上	否	是	非常好	是
12	50 岁以上	否	是	好	是
13	50 岁以上	是	否	好	是
14	50 岁以上	是	否	非常好	是
15	50 岁以上	否	否	一般	否

希望根据表 7-4 所给的样本数据训练出一个贷款申请的模型，训练出来的模型可以用来对未来申请贷款的人进行分类。当有新的贷款人提出贷款时，可以根据已经训练出来的模型得出是否放贷的决策。

根据表 7-4 中的信息可知，可以由年龄、工作、房产以及信贷情况等条件来唯一地确定是否放贷。但总结表 7-4 信息，得知有房产的申请者一般都会通过贷款，而没有房产的申请者是否通过贷款要看其他几种条件。

7.3.1 利用信息增益选择最优划分属性

（1）计算整个样本数据集的熵。

$$H(D) = -\frac{6}{15}\log_2\frac{6}{15} - \frac{9}{15}\log_2\frac{9}{15}$$

其中，$\frac{6}{15}$ 为拒绝贷款的用户概率，$\frac{9}{15}$ 为同意贷款的用户概率。

（2）计算根据为"有工作"这一特征变量对数据集分割后的熵，"有工作"特征变量对数据集的分割见表 7-5。

表 7-5 "有工作"特征变量对数据集的分割

条件	有工作（总量 =5）	无工作（总量 =10）
是否同意贷款	是，是，是，是，是	否，否，否，否，否，否 是，是，是，是

$$H(\text{有工作}) = -\frac{5}{5}\log_2\frac{5}{5} = 0$$

$$H(\text{无工作}) = -\frac{6}{10}\log_2\frac{6}{10} - \frac{4}{10}\log_2\frac{4}{10}$$

$$H(D|A) = \frac{5}{15}H(\text{有工作})\frac{10}{15}H(\text{无工作})$$

（3）工作特征变量的信息增益。

$$g(D,A)=H(D)-H(D\,|\,A)$$

同理也可以计算出其他几个属性的信息增益，在决策树的每一个非叶子结点划分之前，先计算每一个属性所带来的信息增益，选择最大信息增益的属性来划分。因为信息增益越大，区分样本的能力就越强，越具有代表性。

利用信息增益选择最优划分属性的代码如下：

```
1.  ## 计算信息熵
2.  # 计算的始终是类别标签的不确定度
3.  def calcShannonEnt(dataSet):
4.      """
5.      # 计算训练数据集中的 Y 随机变量的香农熵
6.      :param dataSet:
7.      :return:
8.      """
9.      numEntries = len(dataSet)          # 实例的个数
10.     labelCounts = {}
11.     for featVec in dataSet:                    # 遍历每个实例，统计标签的频次
12.         currentLabel = featVec[-1]      # 表示最后一列
13.         # 当前标签不在 labelCounts map 中，就让 labelCounts 加入该标签
14.         if currentLabel not in labelCounts.keys():
15.             labelCounts[currentLabel] =0
16.         labelCounts[currentLabel] +=1
17.
18.     shannonEnt = 0.0
19.     for key in labelCounts:
20.         prob = float(labelCounts[key]) / numEntries
21.         shannonEnt -= prob * log(prob,2) # log base 2
22.     return shannonEnt
23.
24. ## 计算条件熵
25. def calcConditionalEntropy(dataSet,i,featList,uniqueVals):
26.     """
27. # 计算 x_i 给定的条件下，Y 的条件熵
28.     :param dataSet: 数据集
29.     :param i: 维度 i
30.     :param featList: 数据集特征列表
31.     :param unqiueVals: 数据集特征集合
32.     :return: 条件熵
33.     """
34.     ce = 0.0
35.     for value in uniqueVals:
36.         subDataSet = splitDataSet(dataSet,i,value)
37.         prob = len(subDataSet) / float(len(dataSet))    # 极大似然估计概率
38.         ce += prob * calcShannonEnt(subDataSet)    #∑pH(Y|X=xi) 条件熵的计算
39.     return ce
40.
41. ## 计算信息增益
```

```
42.    def calcInformationGain(dataSet,baseEntropy,i):
43.    """
44.  ## 计算信息增益
45.       :param dataSet: 数据集
46.       :param baseEntropy: 数据集中 Y 的信息熵
47.       :param i: 特征维度 i
48.       :return: 特征 i 对数据集的信息增益 g(dataSet | X_i)
49.       """
50.       featList = [example[i] for example in dataSet]          # 第 i 维特征列表
51.       uniqueVals = set(featList)                              # 换成集合，集合中的每个元素不重复
52.       newEntropy = calcConditionalEntropy(dataSet,i,featList,uniqueVals)    # 计算条件熵
53.       infoGain = baseEntropy - newEntropy                    # 信息增益 = 信息熵 - 条件熵
54.       return infoGain
55.
56.  # 选择最好的数据集划分方式
57.  def chooseBestFeatureToSplitByID3(dataSet):
58.    """
```

7.3.2 递归构建决策树

通常一棵决策树包含一个根节点、若干个内部节点和若干个叶节点，叶节点对应决策结果，根节点和内部节点对应一个属性测试，每个节点包含的样本集合根据属性测试的结果划分到子节点中。

对整个训练集选择的最优划分属性就是根节点。第一次划分后，数据被向下传递到树分支的下一个节点，并再次划分数据。构建决策树是一个递归的过程，而递归结束的条件是，所有属性都被遍历完，或者每个分支下的所有样本都属于同一类。

递归构建决策树的代码如下，最终决策如图 7-7 所示。

```
1.    defcreateTree(dataSet,featureName,chooseBestFeatureToSplitFunc= chooseBestFeatureToSplitByID3):
2.      """
3.    # 创建决策树
4.       :param dataSet: 数据集
5.       :param featureName: 数据集每一维的名称
6.       :return: 决策树
7.       """
8.       classList = [example[-1] for example in dataSet]          # 类别列表
9.       if classList.count(classList[0]) == len(classList):       # 统计属于类别 classList[0] 的个数
10.         return classList[0]        # 当类别完全相同则停止继续划分
11.      if len(dataSet[0]) ==1:    # 当只有一个特征的时候，遍历所有实例返回出现次数最多的类别
12.         return majorityCnt(classList)   # 返回类别标签
13.      bestFeat = chooseBestFeatureToSplitFunc(dataSet)          # 最佳特征对应的索引
14.      bestFeatLabel = featureName[bestFeat]    # 最佳特征
15.      myTree ={bestFeatLabel:{}}     # map 结构，且 key 为 featureLabel
16.      del (featureName[bestFeat])
17.    # 找到需要分类的特征子集
18.      featValues = [example[bestFeat] for example in dataSet]
19.      uniqueVals = set(featValues)
20.      for value in uniqueVals:
```

```
21.        subLabels = featureName[:]    # 复制操作
22.        myTree[bestFeatLabel][value] = createTree(splitDataSet(dataSet,bestFeat,value),subLabels)
23.    return myTree
```

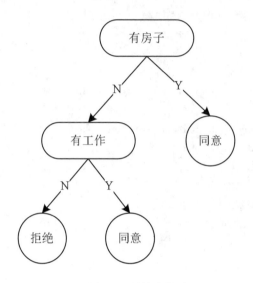

图 7-7　最终决策结果

7.4　算法总结

决策树不仅可以帮助人们理解问题，还可以帮助人们解决实际决策问题，做出最优的决策，决策树方法存在一些优缺点。

（1）决策树算法简单直观，其优点主要有以下几个方面。

1）简单直观，生成的决策树很直观。

2）基本不需要预处理，不需要提前归一化，处理缺失值。

3）既可以处理离散值也可以处理连续值。很多算法只是专注于离散值或者连续值。

4）可以处理多维度输出的分类问题。

5）可以交叉验证的剪枝来选择模型，从而提高泛化能力。

6）对于异常点的容错能力好，健壮性高。

（2）决策树算法还存在的一些缺点，可以采用一些方法来解决这些问题，主要有以下几个方面。

1）决策树算法非常容易过拟合，导致泛化能力不强。可以通过设置节点最少样本数量和限制决策树深度来改进。

2）决策树会因为样本发生一点点的改动（特别是在节点的末梢），导致树结构的剧烈改变。此时，可以通过集成学习等方法来解决。

3）有些比较复杂的关系，决策树很难学习，比如异或关系。在这种情况下，可以尝试使用神经网络分类方法来解决。

4）如果某些特征的样本比例过大，生成决策树容易偏向于这些特征。这个问题可以通过调节样本权重来改善。

7.5 本章习题

1. 请简述决策树算法的优缺点。

2. 请画出决策树的构成图。

3. 试画出某企业库存量监控处理的决策树。

若库存量≤ 0，按缺货处理；若库存量≤库存下限，按下限报警处理；若库存量 > 库存下限，且库存量≤储备定额，则按订货处理；若库存量 > 库存下限，且库存量 > 储备定额，则按正常处理；若库存量≥库存上限，且库存量 > 储备定额，则按上限报警处理。

4. 如果决策树过度拟合训练集，减少 max_depth 是否为一个好主意？

5. 如果决策树对训练集拟合不足，尝试缩放输入特征是否为一个好主意？

第8章 朴素贝叶斯算法

本章导读

朴素贝叶斯算法是一种监督式学习算法，解决的是分类问题，如垃圾邮件过滤、新浪新闻分类、信用等级评定等问题。该算法的优点在于逻辑简单、学习效率高，在某些领域的分类问题中能够与决策树和神经网络相媲美。但由于该算法以自变量之间的独立（条件特征独立）性和连续变量的正态性假设为前提，就会导致算法精度在某种程度上受影响。

本章要点

♀ 朴素贝叶斯理论基础
♀ 朴素贝叶斯算法详解
♀ 朴素贝叶斯应用及实现
♀ 朴素贝叶斯的优缺点

朴素贝叶斯算法及应用

8.1 算法概述

8.1.1 算法简介

朴素贝叶斯算法是以贝叶斯原理和其他相关理论为基础的，它使用概率统计的知识对样本数据集进行分类。基于其坚实的数学基础，贝叶斯分类算法的误判率是很低的。贝叶斯算法的特点是结合先验概率和后验概率，既避免了只使用先验概率的主观偏见，也避免了单独使用样本信息的过拟合现象。贝叶斯分类算法在数据集较大的情况下表现出较高的准确率。下面介绍一下朴素贝叶斯算法的预备知识，便于后续的学习。

8.1.2 理论基础

1. 贝叶斯决策理论

贝叶斯决策理论是主观贝叶斯派归纳理论的重要组成部分。贝叶斯决策就是在不完全情报下，对部分未知的状态用主观概率估计，然后用贝叶斯公式对发生概率进行修正，最后再利用期望值和修正概率做出最优决策。

假设现在有一个数据集，它由两类数据组成，数据分布如图8-1所示。

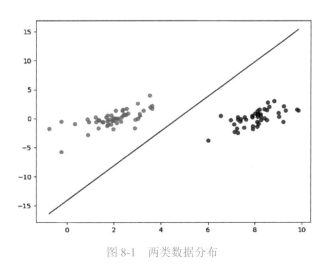

图 8-1　两类数据分布

现在用 $P1(x,y)$ 表示数据点 (x,y) 属于类别 $W1$（图中黄色圆点表示的类别）的概率，用 $P2(x,y)$ 表示数据点 (x,y) 属于类别 $W2$（图中蓝色圆点表示的类别）的概率，那么对于一个新数据点 (x,y)，可以用下面的规则来判断它的类别：

● 如果 $P1(x,y) > P2(x,y)$，那么它的类别为 $W1$。
● 如果 $P1(x,y) < P2(x,y)$，那么它的类别为 $W2$。

也就是说，选择高概率对应的类别。这就是贝叶斯决策理论的核心思想，即选择具有最高概率的决策。现在已经了解了贝叶斯决策理论的核心思想，那么接下来，就该学习如何计算 $P1$ 和 $P2$ 了。

2. 条件概率公式

在学习计算 $P1$ 和 $P2$ 之前，需要知道什么是条件概率。所谓条件概率就是指在事件 B 发生的条件下，事件 A 发生的概率，用 $P(A|B)$ 来表示。条件概率维恩图如图 8-2 所示。

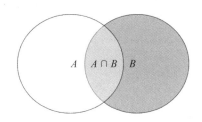

图 8-2　条件概率维恩图

由图 8-2 可以很清楚地看到在事件 B 发生的情况下，事件 A 发生的概率就是 $P(AB)$ 除以 $P(B)$，即

$$P(A \mid B) = \frac{P(AB)}{P(B)} \tag{8-1}$$

因此

$$P(AB) = P(A \mid B)P(B) \tag{8-2}$$

同理可得

$$P(AB) = P(B \mid A)P(A) \tag{8-3}$$

所以

$$P(A \mid B)P(B) = P(B \mid A)P(A) \tag{8-4}$$

即

$$P(A \mid B) = \frac{P(B \mid A)P(A)}{P(B)}$$ (8-5)

这就是条件概率的变形公式，下面就会用到。

3. 贝叶斯定理

对条件概率公式进行变形，可以得到式（8-5）的形式，这就是贝叶斯公式。$P(A)$ 叫作"先验概率"（Prior Probability），即在 B 事件发生之前，对 A 事件概率的一个推断。$P(A|B)$ 称为"后验概率"（Posterior Probability），即在 B 事件发生之后，对 A 事件概率的重新估计。$P(B|A)/P(B)$ 称为"可能性函数"（Likelyhood），它是一个调整因子，使得预估概率更接近真实概率。所以，条件概率也可以理解成下面的式子：

后验概率 = 先验概率 × 调整因子

这就是贝叶斯定理的含义。先预估一个"先验概率"，然后加入实验结果，看这个实验到底是增强还是削弱了"先验概率"，由此得到更接近事实的"后验概率"。在这里，如果"可能性函数"$P(B|A)/P(B)>1$，意味着"先验概率"被增强，事件 A 发生的可能性变大；如果"可能性函数"$=1$，意味着 B 事件无助于判断事件 A 的可能性；如果"可能性函数"<1，意味着"先验概率"被削弱，事件 A 发生的可能性变小。

为了加深对贝叶斯定理的理解，来看一个例子，如图 8-3 所示。

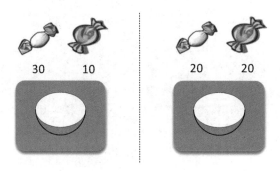

图 8-3   示例图

如图 8-3 所示，有两个一模一样的碗，左边碗里有 30 颗白色的糖和 10 颗黄色的糖，右边碗里有白色糖和黄色糖各 20 颗。现在随机选择一个碗，从中摸出一颗糖，发现是白色糖，请问这颗白色糖来自左边碗的概率有多大。

假定 $W1$ 表示左边的碗，$W2$ 表示右边的碗。由于这两个碗是完全一样的，因此 $P(W1)=P(W2)$，也就是说，在取出白色糖之前，这两个碗被选中的概率是相同的。因此，左边的碗被选中的概率 $P(W1)=0.5$，这个概率就称为"先验概率"，即没有做实验之前，来自左边碗的概率是 0.5。

再假定，X 表示白色糖，所以问题就变成了在已知 X 的情况下，来自左边碗的概率有多大，即求 $P(W1|X)$，这个概率称为"后验概率"，即在事件 X 发生之后，对 $P(W1)$ 的修正。

根据贝叶斯公式，有

$$P(W1 \mid X) = P(W1)\frac{P(X \mid W1)}{P(X)}$$ (8-6)

已知，$P(W1)$ 等于 0.5，$P(X|W1)$ 为从左边碗中取白色糖的概率，等于 $30 \div (30+10) = 0.75$，那么求出 $P(X)$ 就能够得到答案。根据全概率公式，有

$$P(X)=P(X|W1)P(W1)+P(X|W2)P(W2) \tag{8-7}$$

所以

$$P(X)= 0.75 \times 0.5 + 0.5 \times 0.5 = 0.625$$

将 $P(X)$ 的值代入式（8-6），得到

$$P(W1|X)=0.5 \times \frac{0.75}{0.625}=0.6$$

这表明，来自左边碗的概率是 0.6。也就是说，取出白色糖之后，$W1$ 事件发生的可能性得到了增强。

4. 朴素贝叶斯定理

理解了贝叶斯定理，再继续看看朴素贝叶斯定理。贝叶斯和朴素贝叶斯的概念是不同的，区别就在于"朴素"二字，朴素贝叶斯对条件概率分布做了条件独立性的假设。比如下面的公式，假设有 n 个特征：

$$P(W|X)=P(W)\frac{P(X|W)}{P(X)}=\frac{P(X_1,X_2,X_3,\cdots,X_n|W)P(W)}{P(X)} \tag{8-8}$$

由于每个特征都是独立的，可以进一步拆分公式：

$$\begin{aligned} P(W|X) &= \frac{P(X|W)P(W)}{P(X)} \\ &= \frac{[P(X_1|W)P(X_2|W)P(X_3|W) \times \cdots \times P(X_n|W)]P(W)}{P(X)} \end{aligned} \tag{8-9}$$

这样就可以进行计算了。

8.2　算法原理

8.2.1　算法流程

设 $X=(x_1, x_2,\cdots,x_n)$ 表示含有 n 维属性的数据对象。训练集 D 含有 m 个类别，表示为 $Y=(y_1, y_2,\cdots,y_m)$。已知待分类数据对象 X，预测 X 所属类别，算法流程如图 8-4 所示。

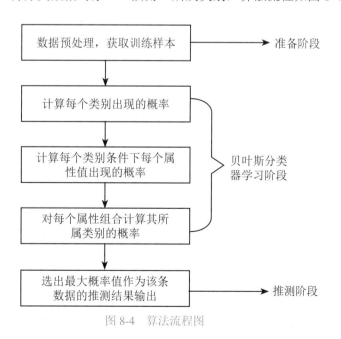

图 8-4　算法流程图

下面对该算法进行详细说明。

（1）在已知训练集类别和待分类数据对象 X 的情况下，预测 X 所属类别，即计算

$$y = \arg\max_{y_k \in y}(P(y_k \mid X)), k = 1, 2, \cdots, m \tag{8-10}$$

所得 y 所对应的 y_k 即为 X 所属类别。上式表示，已知待分类数据对象 X 的情况下，分别计算 X 属于 $y_1, y_2, \cdots, y_m$ 的概率，选取其中概率的最大值，此时所对应的 y_k 即为 X 所属类别。根据贝叶斯定理，$P(y_k \mid X)$ 计算方式如下：

$$P(y_k \mid X) = \frac{P(X \mid y_k)P(y_k)}{P(X)} \tag{8-11}$$

计算过程中，$P(X)$ 对于 $P(y_k \mid X)$，相当于常数。因此，若想得到 $P(y_k \mid X)$ 的最大值，只需计算 $P(X \mid y_k)P(y_k)$ 的最大值即可。

（2）令 D_k 表示训练集 D 中的第 k 类样本组成的集合，$k=1,2,\cdots,m$，假设有充足的独立同分布样本，则可以很容易地计算出各类别的先验概率：

$$P(y_k) = \frac{|D_k|}{|D|} \tag{8-12}$$

（3）根据朴素贝叶斯定理，数据对象 X 的各属性之间相互独立，$P(X \mid y_k)$ 计算方式如下：

$$P(X \mid y_k) = P(x_1 \mid y_k)P(x_2 \mid y_k) \cdots P(x_n \mid y_k) = \prod_{i=1}^{n} P(x_i \mid y_k) \tag{8-13}$$

对于离散属性而言，令 D_{x_i} 表示 D_k 中在第 i 个属性上取值为 x_i 的样本组成的集合，则条件概率 $P(x_i \mid y_k)$ 可估计为

$$P(x_i \mid y_k) = \frac{|D_{x_i}|}{|D_k|} \tag{8-14}$$

对于连续属性可考虑概率密度函数，假定 $x_i \sim N(\mu_{k,i}, \sigma_{k,i}^2)$，$\mu_{k,i}$ 和 $\sigma_{k,i}^2$ 分别是第 k 类样本在第 i 个属性上取值的均值和方差，则有

$$P(x_i \mid y_k) = \frac{1}{\sqrt{2\pi}\sigma_{k,i}} \exp\left(-\frac{(x_i - \mu_{k,i})^2}{2\sigma_{k,i}^2}\right) \tag{8-15}$$

（4）根据上面计算得出的 $P(x_i \mid y_k)$ 和 $P(y_k)$ 即可得出 $P(y_k \mid X)$，选取其中最大的概率值所对应的 y_k（所求的 X 的所属类别）。

8.2.2　实例分析

上面介绍了朴素贝叶斯的算法流程，看上去可能有些晦涩难懂，用下面这个例子来说明。

某个医院早上来了 6 个门诊的病人，他们的情况见表 8-1。

表 8-1　病人情况

症状	职业	疾病
打喷嚏	护士	感冒
打喷嚏	农夫	过敏
头痛	建筑工人	脑震荡

续表

症状	职业	疾病
头痛	建筑工人	感冒
打喷嚏	教师	感冒
头痛	教师	脑震荡

现在又来了第 7 个病人，是一个打喷嚏的建筑工人。请问他有可能患上了哪种疾病？

第一步，对数据进行分析。从表 8-1 可以看出，一共有 3 种疾病——感冒、过敏和脑震荡，即类别。症状有打喷嚏和头痛，职业有护士、农夫、建筑工人和教师，即属性。设 $P_1=P($感冒|打喷嚏,建筑工人$)$、$P_2=P($过敏|打喷嚏,建筑工人$)$ 和 $P_3=P($脑震荡|打喷嚏,建筑工人$)$，只需比较哪个概率大即可。

分析完数据后，就要开始计算了。根据上面的算法流程，第一步要求各类别的先验概率。通过观察表 8-1 可以很明显地得出患感冒的概率为 $P($感冒$)=1/2$，过敏的概率为 $P($过敏$)=1/6$，患脑震荡的概率为 $P($脑震荡$)=1/3$。

第二步，计算每个类别条件下每个属性值出现的概率，即类条件概率。由朴素贝叶斯定理知，各属性间相互独立，可得

$$P(打喷嚏,建筑工人|感冒)=P(打喷嚏|感冒)\times P(建筑工人|感冒) = \frac{2}{3}\times\frac{1}{3} = \frac{2}{9}$$

同理可得：

$$P(打喷嚏,建筑工人|过敏)=P(打喷嚏|过敏)\times P(建筑工人|过敏)=1\times 0=0$$

$$P(打喷嚏,建筑工人|脑震荡)=P(打喷嚏|脑震荡)\times P(建筑工人|脑震荡) = 0\times\frac{1}{2} = 0$$

第三步，计算每个属性组合所属类别的概率。由贝叶斯定理知

$$P(W\,|\,X) = \frac{P(X\,|\,W)P(W)}{P(X)}$$

因为分子对结果没有影响，所以只计算分母即可。将第一步和第二步得出的结果代入上式即可得出 $P_1 = \frac{1}{9}$，$P_2=P_3=0$。

第四步，选出其中概率最大的即可。显然，P_1 最大，即第 7 位病人患了感冒。

通过上面的例子，大家对朴素贝叶斯是不是有了更进一步的理解呢？

下面介绍一个具体应用。

8.3 算法案例：朴素贝叶斯实现舆情判别

8.3.1 朴素贝叶斯分类器

朴素贝叶斯分类器是以贝叶斯定理为基础的一系列简单概率分类器，所谓"朴素"是指采用了特征之间独立性假设。该分类器模型会给问题实例分配用特征值表示的类标签，类标签取自有限集合。它不是训练这种分类器的单一算法，而是一系列基于相同原理的算法。所有朴素贝叶斯分类器都假定样本每个特征与其他特征都不相关。

朴素贝叶斯的一个重要应用就是屏蔽不恰当的言论。在现实生活中，信息过滤是一个

很常见的需求。为了营造健康文明的网络环境，需要对侮辱性的言论进行屏蔽，这时可以通过构建一个言论过滤器来实现。如果某条留言使用了负面或者侮辱性的语言，那么就将该留言标记为内容不当。对此问题设定两个类型：侮辱类和非侮辱类，分别使用 1 和 0 来表示。

8.3.2　核心代码及分析

为了处理方便，把文本看成词条向量，即将句子转换为向量的形式。首先考虑所有文档中出现的单词，然后决定将哪些单词纳入词汇表，再将每一篇文档转换为词汇表上的向量。简单起见，先假设已经将本文切分完毕，存放到列表中，并对词汇向量进行分类标注。代码如下：

```
1.  # 加载数据
2.  def loadDataSet():
3.    postingList=[['my','dog','has','flea','problems','help','please'],
4.      ['maybe', 'not', 'take', 'him', 'to', 'dog', 'park', 'stupid'],
5.      ['my','dalmation', 'is' ,'so', 'cute', 'I', 'love', 'him'],
6.      ['stop', 'posting', 'stupid', 'worthless', 'garbage'],
7.      ['mr', 'licks', 'ate', 'my', 'steak', 'how', 'to', 'stop', 'him'],
8.      ['quit', 'buying', 'worthless', 'dog', 'food', 'stupid']]
9.    classVec = [0,1,0,1,0,1]       # 类别标签向量，1 代表是侮辱性词汇，0 代表不是侮辱性词汇
10.   return postingList,classVec    # 返回样本切分的词条以及类别向量标签
11. if __name__ == '__main__':
12.   postingLIst, classVec = loadDataSet()       # 调用函数
13.   for each in postingLIst:                     # 遍历 postingList 列表
14.     print(each)                                # 打印输出每个词条
15. print(classVec)                                # 打印输出类别标签向量
```

运行结果如图 8-5 所示。

```
E:\Anaconda\python.exe E:/PyCharm/workplace/AI-python/bayes/贝叶斯分类器的实现/01.py
['my', 'dog', 'has', 'flea', 'problems', 'help', 'please']
['maybe', 'not', 'take', 'him', 'to', 'dog', 'park', 'stupid']
['my', 'dalmation', 'is', 'so', 'cute', 'I', 'love', 'him']
['stop', 'posting', 'stupid', 'worthless', 'garbage']
['mr', 'licks', 'ate', 'my', 'steak', 'how', 'to', 'stop', 'him']
['quit', 'buying', 'worthless', 'dog', 'food', 'stupid']
[0, 1, 0, 1, 0, 1]

Process finished with exit code 0
```

图 8-5　词条列表

从运行结果可以得知，已经将切分好的词条放在了 postingList 列表中，classVec 则存放了每个词条所对应的类别，其中有 3 个词条是侮辱类，3 个词条是非侮辱类。

接下来创建一个词汇表，并将切分好的词条转换为词条向量，核心代码如下：

```
1.  def setOfWords2Vec(vocabList, inputSet):        # 将词条转换为向量的函数
2.    returnVec = [0] * len(vocabList)              # 创建一个元素都为 0 的向量
3.    for word in inputSet:                          # 遍历每个词条
4.      if word in vocabList:                        # 如果词条存在于词汇表中，则置 1
5.        returnVec[vocabList.index(word)] = 1
6.      else: print("the word: %s is not in my Vocabulary!" % word)
7.    return returnVec                               # 返回文档向量
```

```
8.   def createVocabList(dataSet):
9.     vocabSet = set([])                              # 创建一个空的不重复列表
10.    for document in dataSet:
11.      vocabSet = vocabSet | set(document)           # 取并集
12.    return list(vocabSet)                           # 返回
13.  trainMat = []                                     # 存放所有词条向量组成的列表
14.    for postinDoc in postingList:                   # 遍历
15.      trainMat.append(setOfWords2Vec(myVocabList, postinDoc)) # 追加
16.    print('trainMat:\n', trainMat)                  # 打印结果
```

运行结果如图 8-6 所示。

图 8-6　词汇表及词条向量

从运行结果可以看出，myVocabList 便是所创建的词汇表，它存储了所有出现过的单词，并且不重复，它的作用就是将词条向量化。如果这个单词在词汇表中出现过一次那么就在相应位置标记 1，如果没有出现就在相应位置标记 0。trainMat 是所有词条向量组成的列表，它里面存放了 myVocabList 向量化的词条向量。

然后就可以通过词条向量来训练朴素贝叶斯分类器了，核心代码如下：

```
1.   def trainNB0(trainMatrix,trainCategory):         # 朴素贝叶斯分类器训练函数
2.     numTrainDocs = len(trainMatrix)                # 计算训练的文档数目
3.     numWords = len(trainMatrix[0])                 # 计算每篇文档的词条数
4.     pAbusive = sum(trainCategory)/float(numTrainDocs) # 文档属于侮辱类的概率
5.     p0Num = np.zeros(numWords); p1Num = np.zeros(numWords) # 创建数组
6.     p0Denom = 0.0; p1Denom = 0.0                   # 初始化
7.     for i in range(numTrainDocs):                  # 遍历
8.       if trainCategory[i] == 1:                    # 统计属于侮辱类的条件概率所需的数据
9.         p1Num += trainMatrix[i]
10.        p1Denom += sum(trainMatrix[i])             # 该词条的总的词数目
11.      else:                                        # 统计属于非侮辱类的条件概率所需的数据
12.        p0Num += trainMatrix[i]
13.        p0Denom += sum(trainMatrix[i])
14.    p1Vect = p1Num/p1Denom
15.    p0Vect = p0Num/p0Denom
16.    return p0Vect,p1Vect,pAbusive                  # 返回属于侮辱类的条件概率数组，属于非侮辱
17.  类的条件概率数组，文档属于侮辱类的概率
```

运行结果如图 8-7 所示，p0V 存放的是每个单词属于类别 0 的概率，即非侮辱类单词的概率。例如 myVocabList 列表中的倒数第 9 个单词是 worthless，观察它在 p0V 中的相应

位置，可以看到这个单词属于非侮辱类的概率为 0。再观察它在 p1V 中的位置，发现概率为 0.105，即是 10.5%，也就是 worthless 这个单词属于侮辱类的概率为 10.5%。worthless 的中文意思是没用的，显而易见，这个单词属于侮辱类。pAb 是所有侮辱类的样本占总样本的概率，即先验概率。从 classVec 中可以看出，一共有 3 个侮辱类，3 个非侮辱类，所以侮辱类的概率就是 0.5。p0V 存放的是各个单词属于非侮辱类的条件概率，p1V 存放的是各个单词属于侮辱类的条件概率。

```
E:\Anaconda\python.exe E:/PyCharm/workplace/AI-python/bayes/贝叶斯分类器的实现/03.py
myVocabList:
 ['love', 'please', 'maybe', 'quit', 'so', 'help', 'problems', 'buying', 'him', 'dalmation', 'park', 'my', 'how',
 'dog', 'has', 'licks', 'posting', 'stop', 'garbage', 'mr', 'steak', 'cute', 'stupid', 'worthless', 'flea', 'ate',
 'not', 'food', 'I', 'is', 'take', 'to']
p0V:
 [0.04166667 0.04166667 0.         0.         0.04166667 0.04166667
 0.04166667 0.         0.08333333 0.04166667 0.         0.125
 0.04166667 0.04166667 0.04166667 0.04166667 0.         0.04166667
 0.         0.04166667 0.04166667 0.04166667 0.         0.
 0.04166667 0.04166667 0.         0.         0.04166667 0.04166667
 0.         0.04166667]
p1V:
 [0.         0.         0.05263158 0.05263158 0.         0.
 0.         0.05263158 0.05263158 0.         0.05263158 0.
 0.         0.10526316 0.         0.         0.05263158 0.05263158
 0.05263158 0.         0.         0.         0.15789474 0.10526316
 0.         0.         0.05263158 0.05263158 0.         0.
 0.05263158 0.05263158]
classVec:
 [0, 1, 0, 1, 0, 1]
pAb:
 0.5

Process finished with exit code 0
```

图 8-7 训练结果图

训练好了分类器，接下来就是使用分类器进行分类，代码如下：

```
def classifyNB(vec2Classify, p0Vec, p1Vec, pClass1):                # 创建朴素贝叶斯分类器
    p1 = sum(vec2Classify * p1Vec) + np.log(pClass1)               # 属于侮辱类的概率
    p0 = sum(vec2Classify * p0Vec) + np.log(1.0 - pClass1)         # 非侮辱类的概率
    if p1 > p0:                                  # 比较两者的大小，返回概率大者
        return 1
    else:
        return 0
def testingNB():                                 # 测试朴素贝叶斯分类器
    listOPosts,listClasses = loadDataSet()       # 创建实验样本
    myVocabList = createVocabList(listOPosts)    # 创建词汇表
    trainMat=[]
    for postinDoc in listOPosts:
        trainMat.append(setOfWords2Vec(myVocabList, postinDoc))        # 样本向量化
    p0V,p1V,pAb = trainNB0(np.array(trainMat),np.array(listClasses))   # 训练
    testEntry = ['love', 'my', 'dalmation']      # 测试样本 1
    thisDoc = np.array(setOfWords2Vec(myVocabList, testEntry)          # 测试样本向量化
    if classifyNB(thisDoc,p0V,p1V,pAb):
        print(testEntry,' 属于侮辱类 ')            # 执行分类并打印分类结果
    else:
        print(testEntry,' 属于非侮辱类 ')          # 执行分类并打印分类结果
    testEntry = ['stupid', 'garbage']            # 测试样本 2
    thisDoc = np.array(setOfWords2Vec(myVocabList, testEntry)          # 测试样本向量化
    if classifyNB(thisDoc,p0V,p1V,pAb):
        print(testEntry,' 属于侮辱类 ')            # 执行分类并打印分类结果
    else:
        print(testEntry,' 属于非侮辱类 ')          # 执行分类并打印分类结果
```

实验测试了两个词条，同样地，在使用朴素贝叶斯分类器之前，已经对词条进行了向量化，然后使用 classifyNB() 函数，用朴素贝叶斯公式，计算向量属于侮辱类和非侮辱类的概率。运行结果如图 8-8 所示。

```
言论过滤器.py .['love', 'my', 'dalmation'] 属于非侮辱类
['stupid', 'garbage'] 属于侮辱类
                                                        [100%]

============================ 1 passed in 0.03s ============================
Process finished with exit code 0
```

图 8-8　测试结果图

从运行结果可以看出，已经将词条进行了正确的分类。

上述实例说明，运用朴素贝叶斯算法能成功地屏蔽侮辱性言论，这对建设文明网络环境有着极其重要的意义。不难看出，朴素贝叶斯算法虽然简单，但它在现实生活中应用广泛，对决策和分类帮助很大。

8.4　算法总结

8.4.1　优点

朴素贝叶斯算法假设了数据集各个属性之间是相互独立的，因此该算法的逻辑性较为简单，并且算法稳定。当数据呈现出不同的特点时，朴素贝叶斯的分类性能往往不会有很大的差异，即朴素贝叶斯算法的健壮性比较好，对于不同类型的数据集不会呈现出太大的差异性。当数据集属性之间的关系相对比较独立时，朴素贝叶斯分类算法会有较好的效果。

8.4.2　缺点

独立性的条件同时也是朴素贝叶斯算法的不足之处。数据集属性的独立性在很多情况下是很难满足的，因为数据集的属性之间往往都存在着相互依赖的关系，如果在分类过程中出现这种问题，会带来一些准确率上的损失。

8.5　本章习题

1．朴素贝叶斯有哪些理论基础？

2．简述朴素贝叶斯算法流程。

3．朴素贝叶斯有哪些应用？

4．朴素贝叶斯的优缺点是什么？

5．给定下面的数据集，见表 8-2，再给定一组新的数据：身高"中"、体重"中"、鞋码"中"。请用朴素贝叶斯算法判断此人是男性还是女性。

表 8-2 数据集

编号	身高	体重	鞋码	性别
1	高	重	大	男
2	中	重	大	男
3	中	中	大	男
4	矮	中	中	男
5	矮	轻	小	女
6	矮	轻	小	女
7	矮	中	小	女
8	中	中	中	女

6. 请编程实现朴素贝叶斯算法识别手写体数字。

第9章　集成学习算法

本章导读

集成学习算法是现在非常流行的机器学习算法。目前，集成学习算法在许多著名的机器学习比赛中取得了很好的成绩。集成学习算法通过组建和联合多个机器学习算法来完成特定学习任务，比如分类、回归问题。业内它常被称为多分类器系统或基于委员会的学习，其常比单一学习器具有显著优越性。

本章主要介绍了集成学习的相关知识，具体介绍了几种集成学习算法，进一步分析了该算法的原理，并对算法进行了一一实现且解释说明。最后，为读者附上该类算法的关键代码及其分析，并展示了实现结果图，以及总结概括。

本章要点

- 集成学习的介绍
- 集成学习的原理
- 算法实现

9.1　算法概述

集成学习算法及应用

所谓集成学习简单理解就是采用多个分类器对数据集进行预测，从而提高整体分类器的泛化能力，有时也称多分类器系统、基于委员会的学习等。集成学习广泛用于分类和回归任务，有时也被笼统地称作提升（Boosting）方法，是通过一定的规则生成多个学习器，再采用某种集成策略进行组合，最后综合判断输出最终结果，如图9-1所示。

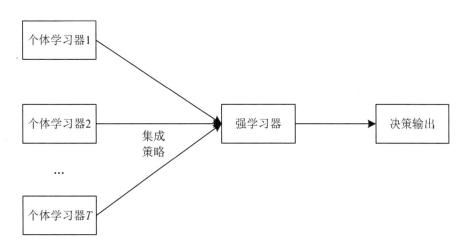

图 9-1　集成学习示意图

图 9-1 中，个体学习器通常是由一个现有的学习算法从训练数据中产生。集成中包含同种类型的个体学习器的称为"同质"集成，如"决策树集成"中全是决策树，"神经网络集成"中全是神经网络；同理，包含不同类型的个体学习器的集成被称为"异质"集成，其与"同质"的区别见表 9-1。在同质集成中，个体学习器也叫作"基学习器"，对应的学习算法称作"基学习算法"。由于异质集成中的个体学习器由不同的学习算法构成，不存在基学习算法。异质集成中个体学习器也不再称为基学习器，而称为"组件学习器"。

表 9-1　同质异质概念区别

类别	同质	异质
区别	个体学习器的类型是相同的	个体学习器的类型是不同的

之所以把多个学习器组合在一起，是因为单个学习器的学习效果不是很好，而多个学习器可以各取所长，使一个学习任务的效果相对较好。把单个学习器称为弱学习器，与之相对的集成学习就是强学习器，如图 9-2 所示。

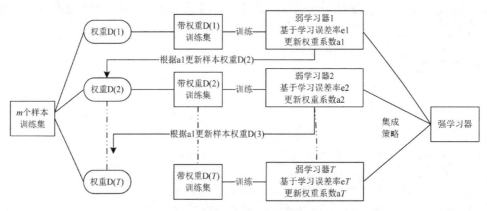

图 9-2　集成学习基本原理图

集成方法将几种机器学习技术组合成一个预测模型，目的是达到减小方差、偏差或改进预测的效果。

集成方法可分为以下两类。

（1）序列集成方法。参与训练的基学习器按照顺序生成（如 AdaBoost）。序列方法的原理是利用基学习器之间的依赖关系。对之前训练中错误标记的样本赋予较高的权重，从而提高整体的预测效果。

（2）并行集成方法。参与训练的基学习器并行生成（如随机森林）。并行方法的原理是利用基学习器之间的独立性，通过平均可以显著降低错误。

9.2　算法原理

所谓弱学习器是指仅比随机猜测好一点点的模型，例如较小的决策树，训练的方式是利用加权的数据，在训练的早期对于错分数据给予较大的权重。

9.2.1　AdaBoost 算法

Boosting 族算法中最著名的代表是 AdaBoost，它是一种迭代算法。每一轮迭代后生成一个新的学习器，然后对样本进行预测。预测对的权重减小，预测错的权重增加。权重越高在下一轮的迭代中占的比例就越大，也就是越难区分的样本在样本中越重要。整个迭代过程会在错误率足够小或者迭代到一定次数时停止。

AdaBoost 算法将基分类器的线性组合作为强分类器，同时给分类错误率较小的基分类器以大的权值，给分类错误率较大的基分类器以小的权值。构建的线性组合为

$$f(x) = \sum_{m=1}^{M} \alpha_m G_m(x) \tag{9-1}$$

式（9-1）中，$G_m(x)$ 表示基分类器，α_m 表示权值。最终分类器是在线性组合的基础上，$f(x)$ 很可能是一个连续的值，如何对连续值进行分类操作呢？这时，可以用 sign 函数进行转换。sign(x) 叫作符号函数，如图 9-3 所示，在数学运算中，其功能是取某个数的符号（正或负）：$x>0$，sign(x)=1；$x=0$，sign(x)=0；$x<0$，sign(x)=-1。

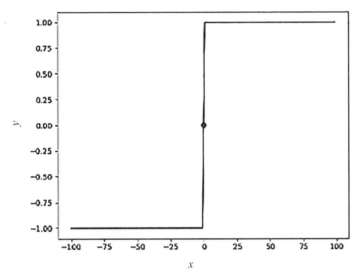

图 9-3　sign 函数

最终的强学习器表示为

$$G(x) = \text{sign}(f(x)) = \text{sign}\left[\sum_{m=1}^{M} \alpha_m G_m(x)\right] \tag{9-2}$$

前面提到 $f(x)$ 可能是连续值，但是经过 sign 函数处理后，最终得到的 $G(x)$ 的取指为 1 或 -1。此时，强学习器 $G(x)$ 的损失函数为

$$\text{loss} = \frac{1}{n} \sum_{i=1}^{n} I(G(x_i) \neq y_i) \tag{9-3}$$

损失函数反映了模型的好坏。考虑单个样本的情况下，当满足 $G(x) \neq y$ 时，说明预测错误取 1。当满足 $G(x)=y$ 时，说明预测正确取 0。最后累加 n 个样本对应的取值，求平均值。

假设有 4 个样本，最后 $|G(x)-y|$ 计算后的值分别为 0,0,1,0，说明其中有 3 个样本预测正确，有 1 个样本预测错误，即 $\text{loss} = \frac{1}{4}$。

上面介绍了取值为非连续值时的损失函数，接下来介绍连续取值的损失函数。首先考虑单个分类器损失情况。注意：下面这个式子是恒成立的，下面一步步来分解该公式。

$$I(G(x_i) \neq y_i) \leq e^{[-y_i f(x_i)]} \tag{9-4}$$

（1）当预测值不等于真实值，即 $G(x) \neq y$ 的时候，说明真实值和预测值是异号的，$yG(x)<0$；又因为 $G(x)=\text{sign}(f(x))$，$f(x)$ 为正值的时候，$G(x)=1$；$f(x)$ 为负值的时候，$G(x)=-1$。因为 $f(x)$ 和 $G(x)$ 是同号的，所以 $yf(x)<0$。

（2）当预测值等于真实值，$G(x)=y$ 时，$yf(x)>0$。

（3）$-yf(x)$ 是 e 指数函数的自变量。

（4）由 e 指数函数可知：

● 当 $x<0$ 时，e^x 的取值为（0,1）。

● 当 $x=0$ 时，$e^x=1$。

● 当 $x>0$ 时，e^x 的取值为 $(1,+\infty)$。

（5）结合式（9-4）可推得，令 $-yG(x)=k$：

当 $G \neq y$ 时，$k>0$，得 e^x 取值 $(1,+\infty)$，此时 $I(G \neq y)=1$。

当 $G=y$ 时，$k<0$，得 e^x 取值 $(0,1)$，此时 $I(G=y)=0$。

无论如何，$I(G \neq y)+I(G=y)=I(G \neq y)<e^k=e^{-yf(x)}$。

最终损失函数为

$$\text{loss} = \frac{1}{n}\sum_{i=1}^{n} I(G(x_i) \neq y_i) \leq \frac{1}{n}\sum_{i=1}^{n} e^{[-y_i f(x_i)]} \tag{9-5}$$

对 AdaBoost 的 k 次迭代描述如下：

第一轮：最初根据样本训练，得到弱学习器①。

$$\alpha_1 \times 弱学习器① = 强学习器①$$

第二轮：上一轮预测错误的样本加大权重，正确的减少权重，训练得到弱学习器②。

$$\alpha_1 \times 弱学习器① + \alpha_2 \times 弱学习器② = 强学习器②$$

……

第 $k-1$ 轮的学习器表示为

$$f_{k-1}(x) = \sum_{j=1}^{k-1} \alpha_i G_j(x) \tag{9-6}$$

第 k 轮的强学习器可以用 $k-1$ 轮的学习器 + 第 k 轮的弱学习器 x 权值来代替：

$$f_k(x) = \sum_{j=1}^{k} \alpha_j G_j(x) \tag{9-7}$$

$$f_k(x) = f_{k-1}(x) + \alpha_k G_k(x) \tag{9-8}$$

将 $f_k(x)$ 代入损失函数：

$$\text{loss} = \frac{1}{n}\sum_{i=1}^{n} e^{[-y_i f(x_i)]} \tag{9-9}$$

由第 m 步（即第 m 轮）生成的弱分类器 G_m 与它的权重 α_m 两个未知量构成的损失函数为

$$\text{loss}(\alpha_m G_m(x)) = \frac{1}{n}\sum_{i=1}^{n} e^{\{-y_i[(f_{m-1}(x)+\alpha_m G_m(x)]\}} \tag{9-10}$$

构建损失函数的目的是让损失函数值最小。也就是说，令式（9-10）得到的损失函数值最小。

当建立第 m 个模型的时候，前面 $m-1$ 个模型必然已经构建完成。所以 $f_{m-1}(x)$ 是已知量，可以将其认为是一个常数，对于损失函数求解最小值没有影响。

$$loss(\alpha_m G_m(x)) = \frac{1}{n}\sum_{i=1}^{n}e^{\{-y_i[f_{m-1}(x)+\alpha_m G_m(x)]\}} = \frac{1}{n}\sum_{i=1}^{n}\overline{\omega_{ml}}e^{[-y_i\alpha_m G_m(x)]} \qquad (9\text{-}11)$$

使上述公式达到最小值即 AdaBoost 算法的最终求解值。其中，G 在这个分类器的训练过程中，就是为了让误差率最小，可以认为 G 越小误差率越小。

$$G_m^*(x) = \arg\min\frac{1}{n}\sum_{i=1}^{n}\overline{\omega_{ml}}I(G_m(x_i) \neq y_i) \qquad (9\text{-}12)$$

$$\varepsilon_m = p(G_m(x) \neq y) = \frac{1}{n}\sum_{i=1}^{n}\overline{\omega_{ml}}I(G_m(x_i) \neq y_i) \qquad (9\text{-}13)$$

对于 α_m 而言，通过求导然后令导数为 0，可以得到公式

$$\alpha_m^* = \frac{1}{2}\ln\left(\frac{1-\varepsilon_m}{\varepsilon_m}\right) \qquad (9\text{-}14)$$

α_m 是第 m 个基学习器的权值，权值和误分率 ε_m 有关。

$\frac{1-\varepsilon_m}{\varepsilon_m}$：误分率越小，这个公式值越大，$\alpha_m$ 的权值也就越大。

在输入样本集 $T=\{(x_1,y_1),(x_2,y_2),\cdots,(x_n,y_n)\}$，输出为 $\{-1,1\}$ 的弱分类器算法中，弱分类器迭代次数为 k，输出为最终的强分类器 $f(x)$。AdaBoost 二分类问题算法伪代码如下：

Input：Data set D=$\{(x_1y_1),(x_2,y_2),\cdots,(x_m,y_m)\}$；Base learning algorithm ξ；Number of learning rounds T.

Output：$H(x) = sign\left(\sum_{t=1}^{T}\alpha_t h_t(x)\right)$

Process：

1：$D_1(x) = \frac{1}{m}$．

2：for t=1,2,$\cdots$,T：

3：$h_t = \xi(D, D_t)$；

4：$\in_t = P_{x\sim D_t}(h_t(x) \neq f(x))$；

5：if $\in_t > 0.5$ then break

6：$\alpha_t = \frac{1}{2}\ln\left(\frac{1-\in_t}{\in_t}\right)$；

7：$D_{t+1}(x) = \frac{D_t(x)}{Z_t} \times \begin{cases} \exp(-\alpha_t), if(h_t(x) = f(x)) \\ \exp(\alpha_t), if(h_t(x) \neq f(x)) \end{cases} = \frac{D_t(x)\exp(-\alpha_t f(x)h_t(x))}{Z_t}$

8：end for

9.2.2　Bagging 算法

Bagging 是 Bootstrap Aggregation 的缩写，是一种被广泛使用的集成学习算法，其主要思路是通过对训练集进行不同的处理，训练得到差异性的分类器。其主要方法是从原始数据集中随机有放回地选取若干个样本构成新的训练集，用分类算法训练成分类器，形成集成分类器。然后用新来的数据对生成分类器的集成进行测试，投票选出分类结果。

Bagging 算法示意如图 9-4 所示。

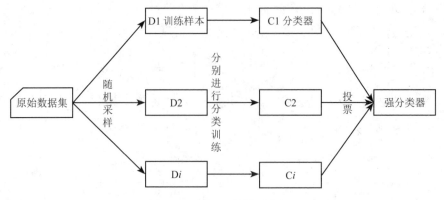

图 9-4　Bagging 算法示意图

Bagging 算法的基本流程可用伪代码表示。

```
Input:
Training data S with correct labels ωᵢℝ = {ω₁,···,ω_c} representing C classes
Weak learning algorithm WeakLearn,
Integer T specifying number of iterations,
Percent (or fraction) F to create bootstrapped training data
Do t=1,···,T
1. Take a bootstrapped replica Sₜ by randomly drawing F percent of S.
2. Call WeakLearn with Sₜ and receive the hypothesis (classifier) hₜ.
3. Add hₜ to the ensemble, ξ.
End
```

9.2.3　随机森林算法

随机森林是 Bagging 的扩展变体，是通过集成学习的思想将多棵树集成的一种算法，它的基本单元是决策树，而它的本质属于机器学习的一大分支——集成学习方法。随机森林名称有两个关键词，"随机"和"森林"。"森林"即包含很多树，表达了随机森林的主要思想——集成思想，接下来介绍"随机"的含义。

随机森林是在以决策树为基学习器构建 Bagging 集成的基础上，进一步在决策树的训练过程中引入了随机特征选择，主要体现在以下 4 个部分。

● 随机选择样本（放回抽样）。

● 随机选择特征。

● 构建决策树。

● 随机森林投票（平均）。

随机选择样本和 Bagging 相同，采用的是 Bootstrap 随机采样法；随机选择特征是指每个节点在分类过程中都是随机选择特征的（区别于每棵树随机选择一批特征）。

这种随机性导致随机森林的偏差会稍微地增加（相比于单棵随机树），但是随机森林的"平均"特性会使得它的方差减小，并补偿了偏差的增大，因此总体而言随机森林是好的模型。随机采样由于引入了两种采样方法，保证了随机性，因此每棵树都最大可能地进行生长，就算不剪枝也不会出现过拟合。

随机森林是基于 Bagging 框架的决策树模型，随机森林包含了很多树，每棵树给出分类结果，每棵树的生成规则如下：

（1）如果训练集大小为 N，对于每棵树而言，随机且有放回地从训练集中抽取 N 个训练样本，作为该树的训练集，重复 K 次，生成 K 组训练样本集。

（2）如果每个特征的样本维度为 M，指定一个常数 $m \ll M$，随机地从 M 个特征中选取 m 个特征。

（3）对每个子数据集构建最优学习模型。

（4）对于新输入的数据，根据 K 个最优学习模型，得到最终结果。

9.3　算法案例：垃圾邮件分类应用

学习该算法的最终目标是能应用它解决实际问题，为了更好地加深对本算法的理解并且能提高代码能力水平，先对本算法的关键代码进行实现。如果代码能力有限，也可借鉴其他人的思路进行代码编写。

本实验采用的是与邮件相关的数据，数据有两个特征，分别是"购买""免费"等类似词出现频率的相关性特征，以及邮件发送人被拉入黑名单个数的相关性特征。数据分类结果为 +1（垃圾邮件）和 -1（非垃圾邮件）两类。利用上述所说数据并结合 AdaBoost 算法进行模型训练。

算法核心代码如下：

```
1.   def adaboost():
2.       # 读取训练数据集
3.       train_x, train_y = load_data()
4.       boundary = cal_boundary(train_x)
5.       # 训练弱分类器的个数
6.       weak_model_count = 10
7.       # 每个弱分类器的权重，用字典存储
8.       weak_model_alpha = {}
9.       # 每一轮得到的新分类器对训练数据的预测值
10.      weak_model_predict = {}
11.      # 每一个弱分类器中的每个数据的权重，用字典存储
12.      weak_model_data_weight = {}
13.      model = {"alpha": [], "left_or_right": [], "dimension": [], "point_index": []}
14.      # 迭代 weak_model_count 次，最多产生 weak_model_count 个弱分类器
15.      for i in range(0, weak_model_count):
16.          # 首个弱分类器的数据权重的选取
17.          if i == 0:
18.              # 如果是 10 个训练集，则 w = [0.1，0.1，后面还有 8 个 0.1]
19.              w = np.array([1.0] * len(train_y)) / len(train_y)
20.              # 存入字典中
21.              weak_model_data_weight[i] = w
22.          else:
23.              # 计算规范化因子
24.              z = np.sum(
25.                  weak_model_data_weight[i - 1] * np.exp(- weak_model_alpha[i - 1] * train_y * weak_
                     model_predict[i - 1]))
26.              # 计算新一轮数据的权重
27.              new_w = (weak_model_data_weight[i - 1] * np.exp(
28.                  - weak_model_alpha[i - 1] * train_y * weak_model_predict[i - 1])) / z
29.              # 存入字典中
30.              weak_model_data_weight[i] = new_w
```

```
31.
32.         # 寻找能使误差最小的临界点的信息
33.         error_value, right_or_left, dimension, point_index = search_point(
34.           weak_model_data_weight[i], train_x, train_y, boundary)
35.
36.         # 求当前分类器的权重
37.         if error_value == 0:  # 误差为 0
38.           weak_model_alpha[i] = 1000
39.         elif error_value == 0.5:  # 误差为 0.5
40.           weak_model_alpha[i] = 0.001
41.         else:
42.           weak_model_alpha[i] = 1 / 2 * np.log((1 - error_value) / error_value)
43.
44.         # 本轮模型存入 model 中
45.         model["alpha"].append(weak_model_alpha[i])
46.         model["left_or_right"].append(right_or_left)
47.         model["dimension"].append(dimension)
48.         model["point_index"].append(point_index)
49.
50.         # 当前分类器结合以前的弱分类器合并成的强分类器的预测值
51.         strong_predict = predict(train_x, model)
52.         weak_model_predict[i] = strong_predict
53.         # 如果进行到某一轮的分类器的准确率为 1，则模型训练结束
54.         if cal_accuracy(train_y, strong_predict) == 1:
55.           # 输出每一轮模型进化的情况
56.           for j in range(i + 1):
57.             print(" 第 {} 个弱分类器的权重：{}".format(j + 1, weak_model_alpha[j]))
58.             print(" 第 {} 轮训练出来的强分类器的准确率：{}".format(j + 1, cal_accuracy(weak_
               model_predict[j], train_y)))
59.           print()
60.           print('-' * 20)
61.           print()
62.           # 可视化显示
63.           draw(model, train_x, train_y)
64.           break
65.   if __name__ == "__main__":
66.     # 启动集成学习算法
67.     adaboost()
```

这段代码中，第 4 行中的 cal_boundary(train_x) 是求边界的函数，用于求每一个样本中每一维数据作为边界的情况。比如现在有一组一维数据 [-3,-2,-1,0,1,2,3]，不管它们的真实标签，如果以 -3 为边界，则需要得到两个列表，因为不知道 -3 的哪一边是哪一类。第 6 行表示训练弱分类器的最大个数，如果训练了一定的弱分类器后，最终训练误差为 0，可以提前跳出。第 13 行中的 model 指的是存储每个弱分类器的信息。alpha 指的是存储分类器的权重，与 weak_model_alpha 一样，只不过前者使用 list，后者使用 dict，本质一样，list 是下标索引，dict 是 key 值索引。left_or_right：如果是 right 则表示大于等于分界点，为 1 类，如果是 left 则表示小于或等于分界点，是 -1 类。dimension 与 point_index 主要是定位到分界点的位置，dimension 表示第几维（即第几个特征，第几列），point_index 表示第几个样本（即第几行）。最终通过 x[point_index][demension] 可以找到分界点的值。第 17 行代码表示首个弱分类器的数据权重，没有前一个弱分类器的数据作参考，则第一次所有

数据的权重均分。第 37 行表示误差为 0，此分类器效果很好，所以给了很大的权重。第 39 行误差为 0.5，如果按后面的公式计算，结果为 0（即此分类器没有用），但是还是给它一个很小的权重。实验代码运行结果如图 9-5 ～图 9-9 所示。

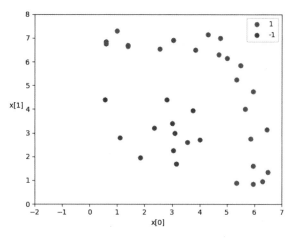

图 9-5　数据真实标签

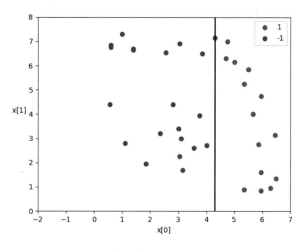

图 9-6　第 1 个弱分类模型分类情况，权重为 0.608

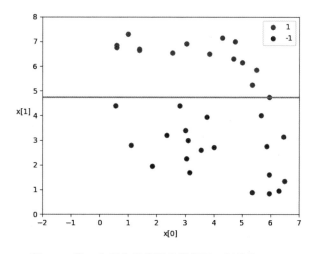

图 9-7　第 2 个弱分类模型分类情况，权重为 0.875

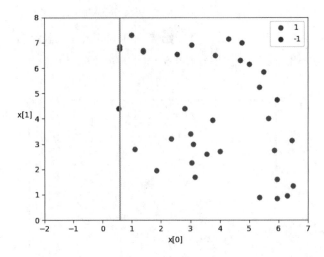

图 9-8　第 3 个弱分类模型分类情况，权重为 0.998

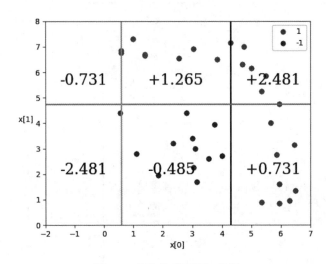

图 9-9　最终模型预测细节图

　　实验通过 AdaBoost 算法对训练数据集进行 3 次迭代训练后就已经接近 1 的预测准确率，图 9-9 经过 3 个弱分类器的结合后，将平面区域分为 6 块，每一块给出了它的预测结果值，值为正号则归为 1 类，为负号则归为 -1 类，数字的绝对值越大说明分类结果越可信。

9.4　算法总结

　　通过本章的学习，掌握了集成学习的概念、基本原理以及算法流程和实现方法。本章主要介绍了集成学习的两种方法 Boosting 和 Bagging，两者有很大的区别。

　　Bagging 中的模型是强模型，偏差低，方差高。其目标是降低方差。在 Bagging 中，每个模型的偏差和方差近似相同，但是互相相关性不太高，因此一般不能降低偏差，而一定程度上能降低方差。典型的 Bagging 是随机森林。

　　Boosting 中每个模型是弱模型，偏差高，方差低。其目标是通过平均降低偏差。Boosting 的基本思想就是用贪心法最小化损失函数，显然能降低偏差，但是通常模型的相关性很强，因此不能显著降低方差。典型的 Boosting 是 AdaBoost，另外一个常用的并行

Boosting 算法是 GBDT（Gradient Boosting Decision Tree）。这一类算法通常不容易出现过拟合。

本章最后以 AdaBoost 算法的一个实验为例，帮助读者更好地理解集成学习加强学习的效果，有助于加深对本章知识的学习理解。

9.5　本章习题

1. 下面能实现跟神经网络中的 Dropout 的类似效果的是（　　）。

    A．Boosting　　　　B．Bagging　　　　C．Stacking　　　　D．Mapping

2. 机器学习算法中，以下不属于集成学习策略的是（　　）。

    A．Boosting　　　　B．Stacking　　　　C．Bagging　　　　D．Marking

3. 关于集成学习以下说法正确的是（　　）。

    A．AdaBoost 相对于单个弱分类器而言通过 Boosting 增大了模型的偏差

    B．随机森林相对于单个决策树而言通过 Bagging 增大了模型的方差

    C．可以借鉴类似 Bagging 的思想对 GBDT 模型进行一定的改进，例如每个分裂节点只考虑某个随机的特征子集或者每棵树只考虑某个随机的样本子集，这两个方案都是可行的

    D．GBDT 模型无法在树维度通过并行提速，因为基于残差的训练方式导致第 i 棵树的训练依赖于前 i-1 棵树的结果，故树与树之间只能串行

4. 试解释为什么 Bagging 难以提升朴素贝叶斯分类器的性能。

5. 试设计一种能提升 K 近邻分类器性能的集成学习算法。

第三部分

无监督式学习算法

第 10 章　主成分分析算法

本章导读

主成分分析作为基础的数学分析方法，其应用十分广泛，比如人口统计学、数量地理学、分子动力学等学科中均有应用，它是一种常用的多变量分析方法。本章将详细为读者介绍主成分分析算法的思想、原理和实现方法，并通过具体案例说明如何使用该算法进行数据降维处理。

本章要点

- 主成分分析算法的介绍
- 主成分分析算法的原理
- 主成分分析算法的实现

主成分分析算法及应用

10.1　算法概述

主成分分析也称主分量分析，旨在利用降维的思想，把多指标转化为少数几个综合指标。在统计学中，主成分分析（Principal Components Analysis，PCA）是一种简化数据集的技术。它是一个线性变换，这个变换把数据变换到一个新的坐标系统中，使得任何数据投影的第一大方差在第一个坐标（称为第一主成分）上，第二大方差在第二个坐标（第二主成分）上，以此类推，主成分分析通常需要减少数据集的维数，同时保留数据集对方差贡献最大的特征。这是通过保留低阶主成分，忽略高阶主成分做到的。低阶主成分往往能够保留数据最重要的方面。但是，这也不是一定的，要视具体应用而定。

假定有 n 个样本，每个样本共有 p 个变量，构成一个 $n \times p$ 阶的数据矩阵。

$$X = \begin{bmatrix} x_{11} & \cdots & x_{1p} \\ \vdots & \ddots & \vdots \\ x_{n1} & \cdots & x_{np} \end{bmatrix} \tag{10-1}$$

当 p 较大时，在 p 维空间中考察问题比较麻烦。为了克服这一困难，就需要进行降维处理，即用较少的几个综合指标代替原来较多的变量指标，而且使这些较少的综合指标既能尽量多地反映原来较多变量指标所反映的信息，同时它们之间又是彼此独立的。

定义：记 $x_1, x_2, \cdots, x_p$ 为原变量指标，$z_1, z_2, \cdots, z_m$（$m < p$）为新变量指标。

$$\begin{cases} z_1 = l_{11}x_1 + l_{12}x_2 + \cdots + l_{1p}x_p \\ z_2 = l_{21}x_1 + l_{22}x_2 + \cdots + l_{2p}x_p \\ \qquad\qquad \cdots \\ z_m = l_{m1}x_1 + l_{m2}x_2 + \cdots + l_{mp}x_p \end{cases} \tag{10-2}$$

$$且\ l_{i1}^{2}+\cdots+l_{ip}^{2}=1$$

上面的定义有以下几点需要注意。

（1）z_i 与 z_j 互相无关。

（2）z_1 是 $x_1,x_2,\cdots,x_p$ 的一切线性组合中方差最大者，z_2 是与 z_1 不相关的，$x_2,\cdots,x_p$ 的所有线性组合中方差最大者；$\cdots$；z_m 是与 $z_1,z_2,\cdots,z_m$（$m<p$）都不相关的 $x_1,x_2,\cdots,x_p$ 的所有线性组合中方差最大者。则新变量指标 $z_1,z_2,\cdots,z_m$（$m<p$）分别称为原变量指标 $x_1,x_2,\cdots,x_p$ 的第 1，第 2，$\cdots$，第 m 主成分。

10.2 算法原理

通过上述主成分分析的基本原理的介绍，可以将主成分分析的算法流程总结为如下步骤。

（1）中心化（均值化），其目的是方便后面求解。

（2）求特征协方差矩阵。

（3）求协方差的特征值和特征向量。

（4）将特征值按照从大到小的顺序排列，选择其中最大的 k 个，然后将其对应的 k 个特征向量分别作为列向量组成特征向量矩阵。

（5）将样本点投影到选取的特征向量上。假设样例数为 m，特征数为 n，减去均值后的样本矩阵为 DataAdjust($m×n$)，协方差矩阵是 $n×n$，选取的 k 个特征向量组成的矩阵为 EigenVectors($n×k$)。投影后的数据为 FinalData = DataAdjust($m×n$)×EigenVectors($n×k$)^{T}.

设有 m 个指标 $X_1,X_2,\cdots,X_m$，欲寻找可以概括这 m 个指标主要信息的综合指标 $Y_1,Y_2,\cdots,Y_m$。从数学上讲，就是寻找一组常数 $a_{i1},a_{i2},\cdots,a_{im}$，使这 m 个指标的线性组合：

$$\begin{cases}Y_1=a_{11}x_1+a_{12}x_2+\cdots+a_{1m}x_m\\Y_2=a_{21}x_1+a_{22}x_2+\cdots+a_{2m}x_m\\\vdots\\Y_m=a_{m1}x_1+a_{m2}x_2+\cdots+a_{mm}x_m\end{cases}$$
$$\Downarrow$$
$$Y=\begin{bmatrix}a_{11}&a_{12}&\cdots&a_{1m}\\a_{21}&a_{22}&\cdots&a_{2m}\\\vdots&\vdots&\vdots&\vdots\\a_{m1}&a_{m2}&\cdots&a_{mm}\end{bmatrix}\begin{bmatrix}X_1\\X_2\\\vdots\\X_m\end{bmatrix}\tag{10-3}$$

满足如下条件。

每个主成分的系数平方和为 1，即

$$a_{i1}^{2}+a_{i2}^{2}+\cdots+a_{ip}^{2}=1\tag{10-4}$$

主成分之间相互独立，无重叠的信息，即

$$\mathrm{Cov}(Y_i,Y_j)=0,i\neq j,i,j=1,2,\cdots,m\tag{10-5}$$

主成分的方差依次递减，重要性依次递减，即

$$\mathrm{Var}(Y_1)>\mathrm{Var}(Y_2)>...>\mathrm{Var}(Y_m)\tag{10-6}$$

假设 m 个原始变量的协方差矩阵为

$$\sum{}_X = \begin{bmatrix} \sigma_{11} & \sigma_{12} & \cdots & \sigma_{1m} \\ \sigma_{21} & \sigma_{22} & \cdots & \sigma_{2m} \\ \vdots & \vdots & & \vdots \\ \sigma_{m1} & \sigma_{m2} & \cdots & \sigma_{mm} \end{bmatrix} \tag{10-7}$$

对角线上的元素 $\sigma_{11},\sigma_{22},\cdots,\sigma_{mm}$ 分别代表 $x_1,x_2,\cdots,x_m$ 的方差；对角线外的元素不全为 0。对角线外的元素不全为 0，意味着原始变量 $x_1,x_2,\cdots,x_p$ 存在相关关系。

如何运用主成分分析将这些具有相关关系的变量转化为没有相关关系的新变量（主成分）呢？实际上，如果新变量之间没有相关关系，则意味着它的协方差为对角矩阵。

$Y_1,\cdots,Y_m$，它们满足：①各 Y_i 是原指标的线性函数；②各 Y_i 互补相关。

$Y_1,\cdots,Y_m$ 提供原指标所含的全部信息，且 Y_1 提供的信息最多，Y_2 次之，$\cdots$，Y_p 最少。称 Y_i 为原指标 $X_1,X_2,\cdots,X_m$ 的第 i 个主成分（$i=1,2,\cdots,m$）。

由于主成分 Y_i 所提供的信息，随着 i 的增大而减少，故实际应用时可用前 p（$p<m$）个主成分替代原来的 m 个指标，达到既减少分析指标个数，又尽量少损失原指标所提供的信息的目的。

根据上面对 PCA 算法的步骤描述，基本上可以清楚地了解数据是如何实现降维的。

10.3 算法案例：数据降维应用

本实验对鸢尾花数据集采用主成分分析方法，使数据降维。数据集中前 4 列数据分别代表它的 4 项特征——花萼长度、花萼宽度、花瓣长度、花瓣宽度，最后一列为标签，共有 150 条数据。该试验的目的是找到样本数据的主成分特征，并将数都投影到主成分特征的方向上，投影后的数据可以很容易地对其进行分类。实验代码如下：

```
1.  from sklearn.datasets import load_iris
2.  # 加载鸢尾花数据集
3.  iris=load_iris()
4.  # 设置样本 x
5.  x=iris['data']
6.  # 设置标签 y
7.  y=iris['target']
8.  #print(x)
9.  #print(y)
10. from sklearn.preprocessing import StandardScaler
11. # 先拟合数据并标准化
12. x=StandardScaler().fit_transform(x)
13. #print(x)
14. # 4 维降到 2 维
15. from sklearn.decomposition import PCA
16. import pandas as pd
17. # 指定降维后的特征维度 2
18. pca=PCA(n_components=2)
19. # 用 x 训练 pca 模型并返回降维后的数据
20. data=pca.fit_transform(x)
21. # 创建以 data 为值，以 pc1、pc2 为行和列的二维表
22. data_df=pd.DataFrame(data=data,columns=['pc1','pc2'])
23. target_df=pd.DataFrame(data=iris.target,columns=['target'])
```

```
24.  final_df=pd.concat([data_df,target_df],axis=1)
25.  print(final_df)
26.  # 对 2D 数据可视化
27.  import matplotlib.pyplot as plt
28.  plt.figure(figsize=(10,10))
29.  plt.xlabel('pc1')
30.  plt.ylabel('pc2')
31.  plt.title("2 components's PCA",size=20)
32.  targets=['Iris-setosa', 'Iris-versicolor', 'Iris-virginica']
33.  colors=['r','g','b']
34.  flower_datas=[final_df[final_df['target']==0],
35.        final_df[final_df['target']==1],
36.        final_df[final_df['target']==2]]
37.  for flower_data,color in zip(flower_datas,colors):
38.      plt.scatter(flower_data.pc1,flower_data.pc2,c=color,s=50)
39.      plt.legend(targets,loc='lower right')
40.      plt.grid()
41.  plt.show()
```

实验代码运行后，实验结果如图 10-1 所示。

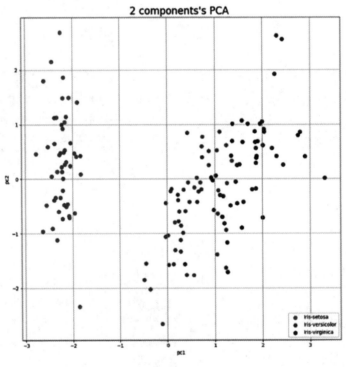

图 10-1　实验结果

实验将主成分的个数指定为 2，即降维后数据的维度，将原本的样本数据向主成分特征的方向上进行投影，得到图 10-1 所示的分类效果。

10.4　算法总结

本章对主成分分析的概念、基本原理以及算法流程和实现方法进行了具体介绍，该算法通过将多项指标转化为少数几项组合指标即主成分，达到对数据"降维"的目的。本章最后以鸢尾花数据作为样本源，进行降维操作，可以帮助读者深入了解本章算法的主要思想和作用。

10.5　本章习题

1．主成分分析是通过适当的变量替换，使新变量成为原变量的＿＿＿＿＿，并寻求＿＿＿＿＿的一种方法。

2．主成分的协方差矩阵为＿＿＿＿＿矩阵。

3．主成分表达式的系数向量是＿＿＿＿＿的特征向量。

4．原始数据经过标准化处理，转化为均值为＿＿＿＿＿，方差为＿＿＿＿＿的标准值，且其＿＿＿＿＿矩阵与相关系数矩阵相等。

5．样本主成分的总方差等于＿＿＿＿＿。

第 11 章 K-Means 算法

本章导读

K-Means 聚类算法是最为经典也是使用最为广泛的一种基于距离的聚类算法。基于距离的聚类算法是指采用距离作为相似性度量的评价指标，也就是说如果两个对象离得近，二者之间的距离比较小，那么它们之间的相似性就比较大。这类算法通常是由距离比较相近的对象组成簇，把得到紧凑而且独立的簇作为最终目标，K-Means 聚类算法是其中比较经典的一种算法。K-Means 聚类算法是数据挖掘的重要分支，也是实际应用中最常用的聚类算法之一。

本章要点

- 📍 K-Means 算法的原理
- 📍 K-Means 算法实现
- 📍 K-Means 算法应用

K-Means 算法及应用

11.1　算法概述

近年来，智能手机和信息技术高速发展，网络成为家家户户每天都会用到的必需品。在网络发展的过程中，为了满足人们空闲时间的娱乐需求，越来越多的娱乐软件顺势而生，比如抖音、bilibili 和今日头条等。这些软件可以将大量的视频以及新闻等内容提供给人们以满足他们的娱乐需求。随着此类软件的兴起，人们使用此类软件的时间越来越长，使用的次数也越来越多。并且随着娱乐软件中内容的逐渐丰富，当人们面对海量的数据时，很难找到适合自己的娱乐内容。那么是否能根据用户的历史浏览记录和年龄阶段来对用户喜欢的内容进行推测并将这些内容推荐到用户的首页呢？在此背景下产生了大量的推荐算法，根据不同用户的不同特征推荐给用户不同的娱乐内容。下面列出某娱乐软件部分用户的年龄和每日使用时长情况，见表 11-1。

表 11-1　某软件部分用户年龄以及使用时长情况表

用户	年龄 / 岁	观看时长 / 分钟
A	14	60
B	16	52
C	18	25
D	21	60
E	35	30
F	46	45
...	...	...

为了更清楚地显示表中数据分布的情况,将数据在分布图中显示出来,如图 11-1 所示。

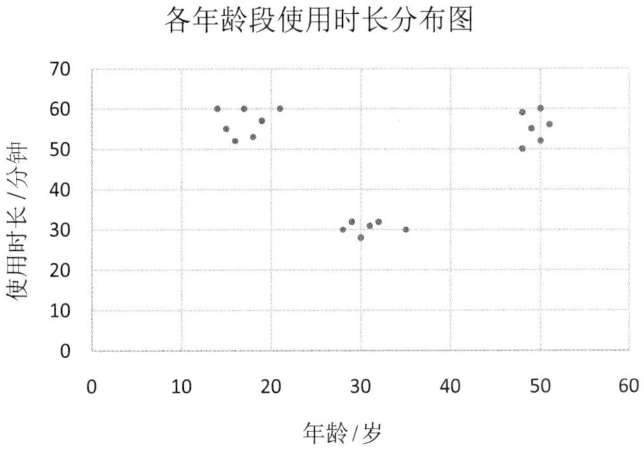

各年龄段使用时长分布图

图 11-1　某软件各年龄段使用时长分布图

因为没有事先已知的标签,所以不能采用分类算法。通过观察发现图中各点的分布有一定规律,若希望将相似人群聚为一类,则可采用 K-Means 算法对数据进行聚类。聚类完成后便可对不同类的用户投放不同类型以及不同时长的娱乐内容。

K-Means 算法是一种聚类算法。提到聚类,首先想到的是一个与之相似的概念,那就是分类。那么分类和聚类是否为同一个概念呢?答案显然是否定的。聚类是指事先没有"标签"而通过某种分析找出事物之间存在聚集性原因的过程,而分类是按照某种标准给对象贴标签,再根据标签来区分归类。通俗地讲,聚类就是将相似的事物放在一起,而分类更像是给事物分配标签。两者之间的具体区别见表 11-2。

表 11-2　聚类和分类的区别

聚类	分类
无监督式学习	监督式学习
并不高度重视训练集	高度重视训练集
只用无标签数据	无标签数据和有标签数据两者皆有
目的是找出数据中的相似之处	目的是确认数据属于哪个类别
只有一步	包含两步
确定边界条件不是最重要的	在操作步骤中,确定边界条件至关重要
通常不涉及预测	涉及预测
不需预先知道类别信息	需要预先知道类别信息
不那么复杂	更复杂些
用于根据数据中的模式进行分组	用于将新样本分配到已知类别中

11.2　算法原理

K-Means 算法是一种基于距离的聚类算法。因为该算法具有分类速度快、分类准确率高等优点,至今仍有许多人使用和改进它,K-Means 算法在聚类算法中始终占据着非常重要的地位。

K-Means 算法中的 K 代表的是 K 个簇，Means 意为均值，即代表着每个簇中都选取各个数据的均值作为该簇的质心，代表着整个簇。该算法的思想就是输入簇数 K 和包含 n 个数据对象的数据集，最终输出结果为 K 个簇，每个簇都满足方差最小标准。划分后的每个簇内各个数据的相似性较高，而不同簇的各个数据之间的相似性较低。

算法的定义如下：给定样本集 $D=\{x_1,x_2,\cdots,x_i,\cdots,x_n\}$，$x_i$ 代表一个数据样本，其中每个数据样本由 m 个属性构成。聚类就是为了将所有样本集划分为一定数量的簇，簇用字母 G 表示，簇的个数用 K 表示。每个簇都有一个中心点即质心，用 μ_k 表示。因此 K-Means 算法的原理就是将 $D=\{x_1,x_2,\cdots,x_i,\cdots,x_n\}$ 通过聚类划分为 $G=\{G_1,G_2,\cdots,G_u,\cdots,G_k\}$ 的过程。

误差平方和（Sum of Squared Error, SSE）是簇内样本相似性大小的代表，划分好的某个簇 G_u 的误差平方和越小，说明该簇内的样本相似性越大；相反，G_u 的误差平方和越大，说明该簇内的样本相似性越小。误差平方和的计算公式如下：

$$SSE = \sum_{i=1}^{k} \sum_{x \in G} \| x - \mu_k \| \tag{11-1}$$

K-Means 算法的几个重要指标如下：

（1）K 值的选择。K 值的选择对聚类结果有很大的影响，目前 K 值的选择主要有以下几种方法。

1）根据经验选择代表点，然后根据问题的性质和数值的分布以直观的方式寻找较为合适的 K 值。

2）手肘法选择合适的 K 值。手肘法的核心指标就是 SSE 的值，这种方法的思想就是逐步增大 K 的值，当 K 值增大时，每个簇内的聚合程度也会大幅度增加，即 SSE 的值会大幅度减少。当 K 值逐渐取接近合适的值时，SSE 值的减小幅度会越来越小，逐渐趋于平缓。所以 SSE 的值和 K 值的关系图是一个手肘的形状，肘部取到最合适的 K 值。如图 11-2 所示，当 K=4 达到"肘部"，K 取到最合适的值。

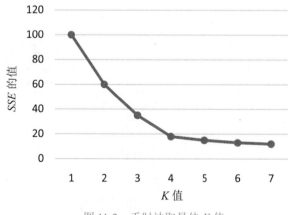

图 11-2　手肘法取最佳 K 值

3）轮廓系数法选择合适的 K 值。该方法的核心是轮廓系数，轮廓系数 S 的定义如下：

$$S = \frac{b-a}{\max(a,b)} \tag{11-2}$$

其中，a 表示样本点与同簇内的其他样本的平均距离，b 表示样本点 X_i 与相距最近的簇中各样本点的距离的平均值，称为分离度。而最近簇的定义如下：

$$C_j = \arg\min_{C_j} \frac{1}{n} \sum_{p \in C_k} \left| p - X_i^2 \right| \tag{11-3}$$

其中，p 是某个簇 C_j 中的样本数量，就是用 X_i 到某个簇所有样本的平均距离作为衡量该点到该簇的距离后，选择离 X_i 最近的一个簇作为最近簇。求出所有样本的轮廓系数后再求平均值就得到了平均轮廓系数。平均轮廓系数越大，聚类效果越好，所以使平均轮廓系数取到最大值的 K 值便是最佳聚类数。如图 11-3 所示，当 $K=2$ 时轮廓系数取到最大值，所以最佳聚类数 $K=2$。

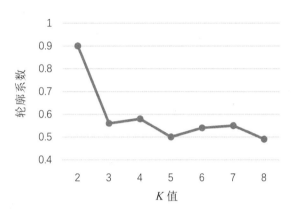

图 11-3　轮廓系数法取最佳 K 值

（2）质心的选择。常见的质心选择方法是随机地选择 K 个初始的质心，但是这样的选择方法导致聚类得到的簇的质量常常很差。

处理这种问题的第一种方法是多次运行，每次运行都使用一组不同的随机样本作为初始质心，然后选择具有最小 SSE 值的簇集。这种初始质心的选择方法较为简单，但是具有不确定性，所以导致聚类的效果可能不好，聚类结果具有较大的随机性。第二种方法是取一个样本，并使用层次聚类方法对其进行聚类。从层次聚类中提取 K 个簇，并用这些簇的质心作为初始的质心，该方法聚类效果通常比较好。但是该方法也有局限性，仅对下面两种情况比较有效。

● 样本数相对较小，样本数过大时，层次聚类方法开销过大，不适合使用此方法。

● K 值相对于样本大小较小。

第三种方法是选择质心的方法，先随机选择一个点，或者取所有点的质心作为第一个质心。然后，每个后继质心都选择离已经选择过的初始质心最远的点。这种方法能够确保选择的初始质心不仅是随机的，而且是散开的。但是这种方法可能会选中离群点，并且求离当前已经选好的初始质心集最远的点时开销较大。

（3）距离的度量。常用的距离度量方法有 3 种，分别是欧氏距离、曼哈顿距离和余弦相似度。

1）欧式距离也称欧几里得距离，是最常见的距离度量，衡量的是多维空间中两个点之间的绝对距离。具体计算公式如下：

$$d(x,y) = \sqrt{(x_1 - y_1)^2 + (x_2 - y_2)^2 + \cdots + (x_n - y_n)^2} = \sqrt{\sum_{i=1}^{n}(x_i - y_i)^2} \tag{11-4}$$

2）曼哈顿距离表示的是两点在南北方向上的距离加上在东西方向上的距离。也就是说，欧氏距离其实就是应用勾股定理计算两个点的直线距离，而曼哈顿距离就是表示两个点在标准坐标系上的绝对轴距之和。曼哈顿距离计算公式如下：

$$d_{12} = \sum_{k=1}^{n} |x_{1k} - x_{2k}| \tag{11-5}$$

3）余弦相似度用向量空间中两个向量夹角的余弦值衡量两个个体间差异的大小。相比距离度量，余弦相似度更加注重两个向量在方向上的差异，而非距离或长度上。余弦相似度计算公式如下：

$$\cos\theta = \frac{\sum_{i=1}^{n}(A_i \times B_i)}{\sqrt{\sum_{i=1}^{n}(A_i)^2} \times \sqrt{\sum_{i=1}^{n}(B_i)^2}} = \frac{A \cdot B}{|A| \times |B|} \tag{11-6}$$

欧氏距离会受指标不同单位刻度（量纲不同）的影响，所以一般需要先进行标准化，同时距离越大，个体间差异越大；空间向量余弦夹角的相似度度量不会受指标刻度的影响，余弦值落于区间 [-1,1]，值越大，差异越小。

（4）收敛条件。常用到的收敛条件包括两种，一种是如果 SSE 的前后变化小于某一阈值则判定为收敛，另一种则是如果质心的前后变化小于某一阈值则判定收敛。但是值得注意的是阈值的设定不能过小，否则就会导致迭代次数过长、运行过慢。避免迭代次数过长的方法除了设置合理的阈值之外还能设置最大迭代次数。

（5）空聚类的处理。如果所有的点在指派步骤都未分配到某个簇，就会得到空簇。如果这种情况发生，则需要某种策略来选择一个替补质心，否则，平方误差将会偏大。替补质心的选择有如下两种思路。

1）选择一个距离当前任何质心最远的点，这将消除当前对总平方误差影响最大的点。

2）从具有最大 SSE 的簇中选择一个替补的质心，这将分裂簇并降低聚类的总 SSE。如果有多个空簇，则该过程重复多次。

（6）算法调优。如图 11-4 所示，当观察聚类的结果图时，发现聚类的效果没有那么好。显然，这种情况的原因是，算法收敛到了局部最小值，而并不是全局最小值，局部最小值显然没有全局最小值的结果好。这也就体现了 K-Means 算法的一大缺点，那就是只能取得局部最优。

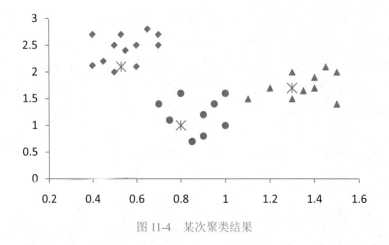

图 11-4　某次聚类结果

那么，当算法陷入局部最优解的情况时，如何才能够进一步提升 K-Means 算法的聚类效果？

SSE 是一种度量聚类效果的指标，是所有簇中的全部数据点到簇中心的距离的平方之和。如果 SSE 的值越小，说明聚类效果越好。因此，对距离去平方后，就会更加重视那些离质心较远的点。显然，降低 SSE 的值便可以改善聚类效果，那么如何在保持 K 值不变的情况下提升聚类效果呢？

可以将 SSE 最大的簇划分为两个簇，因为 SSE 最大的簇在一般情况下意味着簇内的数据点距离簇中心较远。具体来说，可以对选取出来的 SSE 最大的簇重新使用 K-Means 算法进行聚类，并将其中 K 值设置为 2。

因为把 SSE 最大的簇分为了两个簇，所以为了保证簇数不变，需要合并两个簇。那么选择哪两个簇进行合并呢？

第一种方法是合并两个质心相距最近的簇，即计算所有质心之间的距离，将质心之间距离最小的两个簇进行合并。

第二种方法是合并两个 SSE 增幅最小的簇。显然，合并两个簇之后 SSE 的值会有所上升，为了得到最好的聚类效果，应该尽可能使总的 SSE 值变小。所以，将合并后 SSE 的值涨幅最小的两个簇进行合并。换句话说，就是计算任意两个簇合并之后的 SSE，选取合并后该值涨幅最小的两个簇合并。这样，就可以满足簇的数目不变。

这就是 K-Means 算法进行优化的方法，该方法能够在不改变 K 值的情况下使聚类效果有一定的改善。

11.2.1　算法流程

给定样本集 $D=\{x_1,x_2,\cdots,x_n\}$，要分得的簇数用字母 K 表示，K-Means 的算法流程如下：

（1）选择合适的 K 值。

（2）在样本集 D 中随机地选择 K 个数据点，作为 K 个簇各自的质心。

（3）计算 D 中每个样本到步骤（2）中选取的各个质心的距离，选出每个样本和所有质心的距离中的最小值，并将该样本归类到该质心所代表的簇中去。

（4）根据步骤（3）中所得的聚类结果，重新计算 K 个簇各自的质心，计算方法是计算每个簇中所有元素的平均值。

（5）比较前后两次 SSE 的差值和设定的阈值，若大于阈值，则重复步骤（3）和步骤（4）。

（6）如果前后两次的 SSE 的差值小于设定的阈值，则说明聚类完成。

11.2.2　算法描述

输入：样本集 $D=\{x_1,x_2,\cdots,x_n\}$，最后要分得的簇数 K，阈值 μ
输出：划分好的 K 个簇
过程
　　在样本集 D 中随机选择 K 个点作为 K 个簇的质心 λ_k
　　当 $SSE'-SSE<\mu$ 时
　　　　令 G_i 为空集
　　　　for i in range(n):
　　　　　　计算 x_i 和 λ_j 之间的距离，如果 x_i 和 λ_j 之间的距离最近，则将 x_i 归类到 λ_j 中去
　　　　　　for j in range(k):
　　　　　　　　计算出新的质心 λ'_j 和当前的误差平方和 SSE'
　　　　　　　　if $SSE'-SSE>\mu$

$$将当前质心更新为 \lambda'_j = \frac{1}{|G_j|} \sum_{x \in G_j} x$$

      else

         保持不变

  结束

11.2.3　核心代码

1. 计算距离

距离通常使用欧氏距离来衡量。

```
1.  def distEclud(vecA, vecB):
2.      return sqrt(sum(power(vecA - vecB, 2)))
```

2. 初始化质心

```
1.  def randCent(dataMat, k):
2.      n = shape(dataMat)[1]                              # 列的数量
3.      centroids = mat(zeros((k, n)))                     # 创建 k 个质心矩阵
4.      for j in range(n):                                 # 创建随机簇质心，并且在每一维的边界内
5.          minJ = min(dataMat[:, j])                      # 最小值
6.          rangeJ = float(max(dataMat[:, j]) - minJ)      # 范围 = 最大值 - 最小值
7.          centroids[:, j] = mat(minJ + rangeJ * random.rand(k, 1))    # 随机生成
8.      return centroids
```

3. K-Means 算法实现过程

```
1.  def kMeans(dataMat, k, distMeas=distEclud, createCent=randCent):
2.      m = shape(dataMat)[0]                    # 行数
3.      clusterAssment = mat(zeros((m, 2)))      # 创建一个与 dataMat 行数一样，但是有两列的矩
                                                   阵，用来保存簇分配结果
4.      centroids = createCent(dataMat, k)   # 创建质心，随机 k 个质心
5.      clusterChanged = True
6.      while clusterChanged:
7.          clusterChanged = False
8.          for i in range(m):                   # 循环每一个数据点并分配到最近的质心中去
9.              minDist = inf
10.             minIndex = -1
11.             for j in range(k):
12.                 distJI = distMeas(centroids[j, :], dataMat[i, :])    # 计算数据点到质心的距离
13.                 if distJI < minDist:         # 如果距离比 minDist（最小距离）还小更新 minDist（最小
                                                   距离）和最小质心的 index（索引）
14.                     minDist = distJI
15.                     minIndex = j
16.             if clusterAssment[i, 0] != minIndex:    # 簇分配结果改变
17.                 clusterChanged = True               # 簇改变
18.                 clusterAssment[i, :] = minIndex, minDist**2    # 更新簇分配结果为最小质心的 index（索
                                                                    引），minDist（最小距离）的平方
19.         print(centroids)
20.         for cent in range(k):                      # 更新质心
21.             ptsInClust = dataMat[nonzero(
22.                 clusterAssment[:, 0].A == cent)[0]]          # 获取该簇中的所有点
23.             centroids[cent, :] = mean(ptsInClust, axis=0)    # 将质心修改为簇中所有点的平均值，
```

　　　　　　　　　　　　　　　mean 就是求平均值的

```
24.    return centroids, clusterAssment
```

4. 二分 K-Means 聚类算法

　　在 K-Means 的函数测试中，可能偶尔会陷入局部最小值，即局部最优的结果，但不是全局最优的结果。所以为了解决 K-Means 算法收敛于局部最小值的问题，就提出了另一个称为二分 K-Means 聚类的算法。

　　二分 K-Means 聚类算法的思想是，先将所有样本点作为一个簇，再将该簇一分为二，然后选择其中一个簇进行继续划分，该簇的选择取决于对其划分时能够最大限度地降低 SSE 的值。将上述过程不断重复，直至得到指定数目的簇数为止。二分 K-Means 聚类的代码如下：

```
1.    def biKMeans(dataMat, k, distMeas=distEclud):
2.      m = shape(dataMat)[0]
3.      clusterAssment = mat(zeros((m, 2)))          # 保存每个数据点的簇分配结果和平方误差
4.      centroid0 = mean(dataMat, axis=0).tolist()[0]  # 质心初始化为所有数据点的均值
5.      centList = [centroid0]                       # 初始化只有 1 个质心的 list
6.      for j in range(m):                           # 计算所有数据点到初始质心的距离平方误差
7.        clusterAssment[j, 1] = distMeas(mat(centroid0), dataMat[j, :])**2
8.      while (len(centList) < k):                   # 当质心数量小于 k 时
9.        lowestSSE = inf
10.       for i in range(len(centList)):             # 对每一个质心
11.         ptsInCurrCluster = dataMat[nonzero(
12.           clusterAssment[:, 0].A == i)[0], :]    # 获取当前簇 i 下的所有数据点
13.         centroidMat, splitClustAss = kMeans( ptsInCurrCluster, 2, distMeas)
14.   # 将当前簇 i 进行二分 K-Means 处理
15.         sseSplit = sum(splitClustAss[:, 1])  # 将二分 K-Means 结果中的平方和的距离进行求和
16.         sseNotSplit = sum(
17.           clusterAssment[nonzero(clusterAssment[:, 0].A != i)[0], 1])
18.   # 将未参与二分 K-Means 分配结果中的平方和的距离进行求和
19.         print("sseSplit, and notSplit: ", sseSplit, sseNotSplit)
20.         if (sseSplit + sseNotSplit) < lowestSSE:
21.           bestCentToSplit = i
22.           bestNewCents = centroidMat
23.           bestClustAss = splitClustAss.copy()
24.           lowestSSE = sseSplit + sseNotSplit
25.       # 找出最好的簇分配结果
26.       bestClustAss[nonzero(bestClustAss[:, 0].A == 1)[0], 0] = len(centList)
27.   # 调用二分 K-Means 的结果，默认簇是 0,1. 当然也可以改成其他的数字
28.       bestClustAss[nonzero(bestClustAss[:, 0].A == 0)[0],
29.             0] = bestCentToSplit                  # 更新为最佳质心
30.       print('the bestCentToSplit is: ', bestCentToSplit)
31.       print('the len of bestClustAss is: ', len(bestClustAss))
32.       # 更新质心列表
33.       centList[bestCentToSplit] = bestNewCents[0, :].tolist()[0]
34.   # 更新原质心 list 中的第 i 个质心为使用二分 K-Means 后 bestNewCents 的第一个质心
35.       centList.append(bestNewCents[1, :].tolist()[0])          # 添加 bestNewCents 的第二个质心
36.       clusterAssment[nonzero(clusterAssment[:, 0].A == bestCentToSplit)[0], :] = bestClustAss
37.   # 重新分配最好簇下的数据（质心）以及 SSE
38.     return mat(centList), clusterAssment
```

11.3　算法案例：鸢尾花聚类分析

11.3.1　鸢尾花卉数据集

本实验采用的数据集来自 Python 的 sklearn 包中自带的 Iris 数据集。Iris 数据集是常用的分类实验数据集，由 Fisher，1936 收集整理。Iris 也称鸢尾花卉数据集，是一类多重变量分析的数据集。数据集包含 150 个数据样本，分为 3 类，每类 50 个数据，每个数据包含 4 个属性。可通过花萼长度、花萼宽度、花瓣长度、花瓣宽度 4 个属性预测鸢尾花卉属于 3 个种类（Setosa、Versicolour、Virginica）中的哪一类。数据集导入的代码如下：

```
1. Iris = sklearn.datasets.load_iris()
```

Iris 数据集中部分数据如图 11-5 所示。

	SepalLengthCm	SepalWidthCm	PetalLengthCm	PetalWidthCm	Species
0	5.1	3.5	1.4	0.2	Iris-setosa
1	4.9	3.0	1.4	0.2	Iris-setosa
2	4.7	3.2	1.3	0.2	Iris-setosa
3	4.6	3.1	1.5	0.2	Iris-setosa
4	5.0	3.6	1.4	0.2	Iris-setosa

图 11-5　Iris 数据集中部分数据

11.3.2　聚类结果可视化

聚类结果的可视化代码如下：

```
1. plt.figure()
2. plt.scatter(data_X[:,0].flatten(),data_X[:,1].flatten(),c="b",marker="o")    # 添加中心点
3. plt.scatter(centroids[:,0].flatten(),centroids[:,1].flatten(),c='r',marker="+")    # 添加数据点
4. plt.show()    # 显示
```

分别添加中心点和数据点之后，得到聚类之后的结果，如图 11-6 所示。此次聚类过程中 K 值设定为 4，并且初始质心为随机选择。

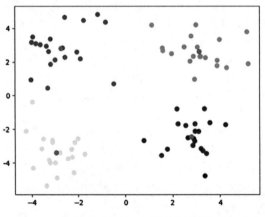

图 11-6　K-Means 聚类结果图

　　观察图 11-6 可以看到聚类效果明显。当聚类效果不佳时，可以通过改变 K 值的选取方式，如手肘法、轮廓系数法等，或者改变初始质心的选择方式来使聚类效果更佳，也可以使用二分 K-Means 聚类算法来加强聚类效果。

11.4　算法总结

　　K-Means 算法有着原理简单、容易实现、分类速度快和分类准确率高等优点，但同时该算法也有如下缺点。

　　（1）K 值很难确定。通常需要靠经验来估计一个大概的 K 值，K 值的选择直接决定了聚类的结果。

　　（2）对噪声和异常点敏感。K-Means 算法很容易受到噪声以及孤立点的影响，导致下一步的聚类中心偏离原先的轨道，直接导致最终的聚类结果不够准确。

　　（3）算法的时间复杂度比较高。算法执行过程中需要不断更新簇的中心来达到将数据样本划分到更为合适的簇当中去的目的，因此当数据集中样本数量较多时，大量的数据将增加算法的时间复杂度。

　　（4）结果不一定是全局最优，只能保证局部最优。它对数据的类型比较敏感，一般对数值类型的数据进行聚类，该算法只适合凸型的数据集。

　　（5）聚类效果依赖于聚类中心的初始化。不同聚类中心的选择导致聚类结果的不同，聚类中心选择得当则聚类结果较为理想；但如果聚类中心选择不当，很大可能会导致聚类效果不理想或者聚类完全不成功。

　　在本章中，学习了 K-Means 算法的基本原理和实现方法。同时本章还介绍了 K-Means 算法实现的方法和技巧，比如 K 值的选取、初始质心的选取和算法调优等问题，并且扩展了一个解决局部最优问题的方法——二分 K-Means 算法。希望读者们学完本章之后能够充分掌握 K-Means 算法的相关知识并付诸实践。

11.5　本章习题

　　1．K-Means 算法是聚类算法还是分类算法？

　　2．K-Means 算法属于监督学习还是无监督学习？

　　3．K-Means 算法中 K 值的选取方法包含哪些？

　　4．聚类和分类的区别是什么？

　　5．常用的距离度量方法有哪些？

　　6．请简述 K-Means 算法流程。

　　7．请简述二分 K-Means 算法的思想。

第 12 章　EM 算法

作为数据挖掘十大算法之一的 EM 算法，由于其具有广泛的适用性和良好的性质，受到许多学者的关注。EM 算法本质上是一种迭代优化策略，由于它的算法步骤中每一次迭代都包含期望步（E 步）和最大化步（M 步），因此被称为 EM 算法，该算法是为了解决数据标签缺失情况下的概率模型参数估计问题。在各类科学研究以及实际生产应用中，虽然数据量越来越大，却经常存在数据缺失或不可用的情况。EM 算法不仅能够很好地解决此类问题，而且由于它步骤简单，具有良好的可操作性和保证收敛的特性，在近几十年得到迅速的发展与广泛应用。

本章要点

- 最大似然法与 EM 算法的区别和联系
- EM 算法的理论推导与算法步骤
- 利用 EM 算法求解 GMM 参数的典型案例

EM 算法及应用

12.1　算法概述

EM（Expectation-Maximum）算法也称期望最大化算法，作为一种无监督的聚类分析算法，被广泛地应用在模式识别、图像处理、信息检索等领域。同时，它也是一种当观测数据不完整时求解最大似然估计的迭代算法。相比于最大似然法，EM 算法能够在不知道样本类别信息的情况下求出概率模型参数的最大似然值，因此 EM 算法比最大似然法有着更为广泛的应用条件。

本章首先介绍最大似然法，即在已知样本类别信息时，如何求解概率模型参数值。然后通过引入隐变量，建立在样本类别信息未知时的最大似然函数模型，并给出了 EM 算法的基本思想：通过初始化模型未知参数，再计算出各个样本所属类别的概率，得出样本的隐变量值，并根据求出的隐变量值再次更新模型参数值，反复迭代，最终得出模型参数值。通过数学推导对该算法的原理进行介绍，证明迭代计算的正确性和可行性。最后对该算法进行总结，介绍算法的特点、不足及其改进的相关研究。

12.1.1　最大似然法

在统计学中，参数估计是指已知某个随机样本满足某种概率分布，但是其中具体的参数不清楚，通过若干次试验，观察其结果，利用结果推出参数的估计值。例如：某地区为对居民男性和女性的身高分布情况进行分析，从男性居民和女性居民中分别随机抽取了

100 个样本，即 $X_1=\{x^{(1)},x^{(2)},\cdots,x^{(100)}\}$，$X_2=\{x^{(1)},x^{(2)},\cdots,x^{(100)}\}$。$X_1$、$X_2$ 分别代表男性和女性身高的随机变量，假设男性和女性身高均服从正态分布，即有 $X_k \sim N(\mu_k,\sigma_k)$, $k=1,2$。那么如何对男性和女性的身高分布参数进行估计呢？简单来讲，已知 100 个男性样本身高和 100 个女性样本身高，如何从两类样本中得出该地区男性身高和女性身高的均值和方差？从概率论与数理统计的角度来讲，该问题是一种典型的概率模型参数估计问题。

在统计学领域，有两种对立的思想学派——贝叶斯学派和经典学派（也称频率学派），它们之间的区别就是如何看待被估计的未知参数。贝叶斯学派的观点是将其看成已知分布的随机变量，即未知参数具备某种先验分布形式，在已知观测数据的基础上，利用贝叶斯公式来推导后验概率分布。而经典学派的观点是将其看成未知的待估计的常量。

最大似然估计法（Maximum Likelihood Estimation，MLE）是一种概率论在统计学的应用，作为经典学派对未知参数进行估计的一种典型的方法，已经在许多统计问题中得到了广泛的应用。该方法首先由德国数学家高斯（Gauss）提出，但是这个方法通常被归功于英国的统计学家费希尔（Fisher），他在 1922 年的一篇论文中再次提到了这个思想，并且首先探讨了这种方法的一些性质。这一方法的名称也是费希尔给的。该方法的基本思想是，一个随机试验如有若干个可能的结果 A，B，C，$\cdots$，若在一次试验中，结果 A 出现了，那么可以认为实验条件对 A 的出现有利，也即出现的概率 $P(A)$ 较大。已知某个参数能使这个样本出现的概率最大，就不会再去选择其他小概率的样本，所以干脆就把这个参数作为估计的真实值。

例如：有甲、乙两个袋子，每个袋子里面都装了 100 个球，其中甲装了 90 红球，10 个黑球，乙装了 60 个红球，40 个黑球，如果有一个人从袋子里面取出了一个球，发现是红球，试问这个球是从哪个袋子里面取出来的？很明显更有可能是从甲袋子中取出来的。

下面再回到刚才关于身高分布的例子，来对最大似然法进行理论推导与应用。

想研究某地区男性的身高分布情况，在全体样本中，随机地抽取了 100 个样本，组成样本集 X，通过样本集 X 来估计出未知参数 θ。假设男性身高的概率密度函数形式 $p(x|\theta)$ 服从正态分布 $X \sim N(\mu,\sigma)$，则未知参数 $\theta=[\mu,\sigma]$，即需要根据男性身高样本值估计出该地区男性身高分布的均值和方差。

设抽到的样本集是 $X=\{x^{(1)},x^{(2)},\cdots,x^{(100)}\}$，其中 $x^{(i)}$ 表示抽到的第 i 个人的身高，由于每个样本都是独立地从 $p(x|\theta)$ 中抽取的，说明这些样本在整体中出现的概率较高，将抽取到这 100 个男性视为一次事件，抽到每一个男性的事件是独立同分布的，则抽取到这 100 个男性的事件用联合概率计算公式可得

$$L(\theta) = L(x^{(1)}, x^{(2)}, \cdots, x^{(n)}; \theta) = \prod_{i=1}^{n} p(x^{(i)}; \theta), \theta \in \Theta \tag{12-1}$$

这个概率反映了，概率密度函数的参数是 θ 时，得到 X 这组样本的概率。因为这里 X 是已知的，而 θ 是未知的，则抽到这 100 个男性这个事件的概率 $L(\theta)$ 是 θ 的函数。该函数反映的是在不同的参数 θ 取值下，取得当前这个样本集的可能性，因此称该函数为参数 θ 相对于样本集 X 的似然函数，记为 $L(\theta)$。

最大似然法的目的是在已经得到了一组样本 X 的条件下，估计参数 θ 的值。其基本思想是在全体样本中，抽到一组样本，说明这一组样本在整体中占比较大，即样本被抽中的概率最大，这是样本集 X 中各个样本的联合概率。只需要确定一个 θ，该参数使得似然函数，

即样本 X 的联合概率最大即可，即：$\hat{\theta} = \arg\max L(\theta)$

一般情况下，似然函数 $L(\theta)$ 是连乘的，为了便于分析，定义对数似然函数，将其变成连加的形式：

$$H(\theta) = \ln L(\theta) = \ln \prod_{i=1}^{n} p(x^{(i)};\theta) = \sum_{i=1}^{n} \ln p(x^{(i)};\theta) \tag{12-2}$$

若要最大化似然函数 $L(\theta)$，可以对似然函数 $L(\theta)$ 进行求导，令导数为 0，解方程即可得到所求参数 θ 值，当 θ 是一个包含多个参数的向量时，求 $L(\theta)$ 对所有参数的偏导数，n 个未知参数可以得到 n 个方程，方程组的解就是似然函数的极值点，就可以得到这 n 个参数了。

因此，求最大似然函数估计值的一般步骤如下：

（1）写出似然函数。

（2）对似然函数取对数，并整理。

（3）求导数，令导数为 0，得到似然方程。

（4）解似然方程，得到的参数即为所求。

12.1.2　含有隐变量的参数估计问题

最大似然估计法是已经知道了抽样结果，然后寻求使该结果出现的可能性最大的条件，以此作为估计值。该方法用以解决已知样本数据和样本类别及各类别服从的概率分布，估计各个样本类别分布的概率模型参数的问题。

然而，在实际生产生活中，许多采样数据由于各种各样的客观情况，导致数据具有不完备性，可能不知道样本的类别信息，例如：假设某地区为对居民男性和女性的身高分布情况进行分析，从人群中采用随机抽样的方法抽取了 100 个样本，样本的类别信息和各个类别的样本数量都是未知的，即我们并不知道 100 个样本中某个样本是男性身高样本还是女性身高样本。假设两种类别的身高都服从正态分布，用 X 表示随机抽样获得的样本值，即 $X = \{x^{(1)}, x^{(2)}, \cdots, x^{(100)}\}$，此时如何对男性和女性的身高分布参数进行估计？

最大似然法求解分布参数要求样本的分布和样本类别都是已知的。在这种情况下，我们只知道样本分布（正态分布），但是由于不同分布（类别）的样本混在一起了，我们并不知道各个样本所属的类别。只有知道了每个样本是男性样本还是女性样本之后，我们才能用最大似然法对这个分布的参数做出靠谱的预测。同样，只有当我们对这两个分布的参数做出了准确的估计之后，才能根据样本分布函数得出各个样本所属分布的概率。此时样本类别和分布参数是两个相互依赖的未知量，主要问题成为两个未知量的循环依赖问题。采用最大似然法对本例进行解答，过程如下所述。

假设男性身高和女性身高都服从正态分布。抽取到某个身高样本 $x^{(i)}$ 的概率为 $p(x^{(i)} | z^{(i)} = j; \mu, \sigma) p(z^{(i)} = j; \phi), j = 1, 2$。其中，$p(x^{(i)} | z^{(i)} = j)$ 表示样本 $x^{(i)}$ 抽取自第 j 个正态分布的概率，那么似然函数如下：

$$\begin{aligned} l(\phi, \mu, \sigma) &= \prod_{i=1}^{100} p(x^{(i)}, \phi, \mu, \sigma) \\ &= \prod_{i=1}^{100} \prod_{z^{(i)}=1}^{2} p(x^{(i)} | z^{(i)}; \mu, \sigma) p(z^{(i)}; \phi) \end{aligned} \tag{12-3}$$

其中，$z^{(i)}$ 为隐含变量，即对于每个样本 $x^{(i)}$ 所属类别并不清楚。在这种情况下对似然函数

取对数可得

$$\log l(\theta) = \sum_{i=1}^{100} \log \sum_{z^{(i)}=1}^{2} p(x^{(i)} \mid z^{(i)}; \mu, \sigma) p(z^{(i)}; \phi) \tag{12-4}$$

很明显，由于 $z^{(i)}$ 未知，我们无法对未知参数进行估计。

12.1.3　EM 算法的引入

当概率模型中存在隐含变量（无法直接观测得到的变量）时，利用最大似然法估计样本概率分布参数的方法是无法求解的。简单来讲，当每一个样本类别未知时，即每个样本都不知道是从哪个分布抽取的，此时对于每一个样本，需要确定的不仅仅只是分布参数，还需要对样本类别进行估计（隐变量），即每一个样本服从哪个具体的分布。此时就到了 EM 算法大显身手的时候了。

EM 算法，全称为期望 - 最大化（Expectation-Maximization）算法。该算法是由 Dempster 于 1977 年提出的一种迭代算法，用于含有隐含变量的概率模型参数的最大似然估计或最大后验估计问题。该算法的基本思想是首先根据已有观测数据初始化模型参数的值，再根据初始化的模型参数值估计缺失数据（隐变量）的值，再根据估计出的隐变量值以及观测数据样本值重新对模型参数进行估计，然后反复迭代，直到最后收敛。简单来讲，EM 算法就是在已知各个类别所服从的概率分布函数形式的情况下，输入观测数据以及类别总数，就可以得到观测数据所服从的概率模型参数估计值，进而完成样本的聚类。

例如：为研究我国不同纬度地区的男性身高分布差异，假设从人口信息数据库中高纬度地区、中纬度地区和低纬度地区 3 个地区中随机抽取 100 个样本，共获得 300 个样本，但每个样本所属地区并不清楚，在这种情况下如何对 3 个地区男性身高所服从的分布参数进行估计？

假设每个地区的男性身高都服从正态分布，采用 EM 算法求解该问题，输入为 300 个样本的身高值，类别总数为 3，则算法输出为 3 个地区男性身高分布的参数值，并能根据获得的 3 个已知正态分布函数获得各个样本所属地区的概率，将每一个样本归类为类别概率最大的分布中。

12.2　算法原理

在 EM 算法中，我们往往随机初始化一个未知量，并通过迭代的方式进行求解，然而如何保证迭代的方向是正确的？或者说新的未知量是否一定比原来的好？为什么通过两个未知量的相互迭代更新就可以求得正确的估计值呢？算法是否一定收敛？算法有没有失效的时候？什么情况下算法不会收敛呢？通过数学分析与推导，以上问题可以得到完整的证明或者得出结论。在进行 EM 算法推导之前，首先介绍推导过程中用到的一些重要的数学基础：

- 凸函数与严格凸函数：若 $f(x)$ 为定义域为实数的函数，且对于所有 x，有 $f''(X) \geqslant 0$（$x \in \mathbf{R}$），那么 f 为凸函数。如果 $f''(X) \geqslant 0$，那么 f 为严格凸函数。
- Jensen 不等式：若 $f(x)$ 为凸函数，X 为随机变量，则有 $E(f(X)) \geqslant f(E(X))$。

特别地，若 f 为严格凸函数，那么 $E(f(x)) = f(E(X))$，当且仅当 $f(X = E(X)) = 1$ 时成立。

假设对于一个估计问题，其样本集合为 $\{x^{(1)},x^{(2)},\cdots,x^{(n)}\}$，且样本间相互独立。那么我们需要找到每个样本的隐含类别 z，以使得 $p(x,z)$ 取得最大值，其似然函数为 $l(\theta)=\prod_{i=1}^{n}p(x^{(i)};\theta)$，取对数可得 $\log l(\theta)=\sum_{i}\log\sum_{z^{(i)}}p(x^{(i)},z^{(i)};\theta)$

原始问题转化为对数似然函数的极大化问题，然而由于隐变量 $z^{(i)}$ 的存在，无法直接极大化该函数，在这种情况下，EM 算法给出一种通过极大化似然函数下界的方式解决原始问题。

首先，对于每一个样本 $x^{(i)}$，$G_i(z)$ 表示该样本隐含变量 z 的某种分布 $\left(\sum_{z}G_i(z)=1,G_i(z)\geq 0\right)$，则对数似然函数可转化为

$$\log l(x^{(i)};\theta)=\sum_{i}\log\sum_{z^{(i)}}G_i(z^{(i)})\frac{p(x^{(i)},z^{(i)};\theta)}{G_i(z^{(i)})} \tag{12-5}$$

根据 Jensen 不等式可知

$$\sum_{i}\log\sum_{z^{(i)}}G_i(z^{(i)})\frac{p(x^{(i)},z^{(i)};\theta)}{G_i(z^{(i)})}\geq\sum_{i}\sum_{z^{(i)}}G_i(z^{(i)})\log\frac{p(x^{(i)},z^{(i)};\theta)}{G_i(z^{(i)})} \tag{12-6}$$

其中 $f(x)=\log x$ 为凹函数（$f''(x)=-1/x^2<0,x\in\mathbf{R}$），此时 Jensen 不等式中的不等号反向，$\frac{p(x^{(i)},z^{(i)};\theta)}{G_i(z^{(i)})}$ 相当于 X，而 $\sum_{z^{(i)}}G_i(z^{(i)})\log\frac{p(x^{(i)},z^{(i)};\theta)}{G_i(z^{(i)})}$ 相当于 $\frac{p(x^{(i)},z^{(i)};\theta)}{G_i(z^{(i)})}$ 的期望 $E(X)$。

为使式（12-6）中等号成立，以获取似然函数下界，根据 Jensen 不等式，需满足条件 $P(X=E(X))=1$，即

$$P\left(\frac{p(x^{(i)},z^{(i)};\theta)}{G_i(z^{(i)})}=\sum_{z^{(i)}}G_i(z^{(i)})\log\frac{p(x^{(i)},z^{(i)};\theta)}{G_i(z^{(i)})}\right)=1 \tag{12-7}$$

根据式（12-7）可得 $\frac{p(x^{(i)},z^{(i)};\theta)}{G_i(z^{(i)})}=c$，即随机变量 X 为常量。

已知 $\sum_{z}G_i(z^{(i)})=1$，则 $\sum_{z}p(x^{(i)},z^{(i)};\theta)=c$，则有

$$G_i(z^{(i)})=\frac{p(x^{(i)},z^{(i)};\theta)}{\sum_{z}p(x^{(i)},z^{(i)};\theta)}=p(z^i|x^{(i)};\theta) \tag{12-8}$$

至此，我们得到似然函数的下界，原始问题转化为对似然函数的下界求极大值，EM算法是通过不断进行下界的极大化来进行对数似然函数极大化的算法：

$$\theta:=\arg\max_{\theta}\sum_{i}\sum_{z^{(i)}}G_i(z^{(i)})\log\frac{p(x^{(i)},z^{(i)};\theta)}{G_i(z^{(i)})} \tag{12-9}$$

EM 算法具体表述为以下 4 个步骤，如图 12-1 所示。

（1）随机初始化各个类别的分布参数。

（2）E 步：根据某个类别的分布参数，计算每个样本所属某一类别的概率，并将样本归属为类别概率较大的类别。即对于每个 i，求得

$$G_i(z^{(i)})=p(z^i|x^{(i)};\theta) \tag{12-10}$$

（3）M 步：利用最大似然法，根据 E 步得到的各个样本的类别，计算某一类别的分布参数，见式 12-9。

（4）重复 E、M 步骤，直至收敛。

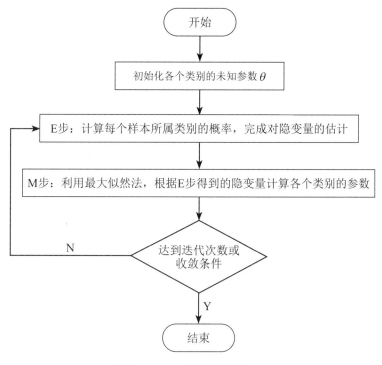

图 12-1　EM 算法流程图

12.2.1　EM-GMM 推导

为了更好地认识 EM 算法，我们采用该算法对高斯混合模型（Gaussian Mixture Model，GMM）中的参数进行求解。

GMM 从理论上讲，可以拟合出任意类型的分布，通常用于处理同一集合下的数据包含多个不同分布的情况，这里的不同分布包括两种情况，一种是分布类型不同，另一种是分布类型相同，但参数不同。

假定 GMM 由 k 个正态分布线性叠加而成，即概率密度函数为

$$p(x) = \sum_{k=1}^{K} \phi_k N(x \mid \mu_k, \sigma_k) \tag{12-11}$$

模型参数为 μ、ϕ 以及 σ，均为向量。先写出 GMM 的对数似然函数：

$$l(\phi, \mu, \sigma) = \sum_{i=1}^{N} \log\left(\sum_{k=1}^{K} \phi_k N(x^{(i)} \mid \mu_k, \sigma_k) \right) \tag{12-12}$$

按照 EM 算法对其进行求解。

（1）初始化 3 个参数值，并计算对数似然函数值。

（2）E 步：对样本的隐含变量 $z^{(i)}$ 进行猜测，即对每一个样本 i 和分布类别 k，计算其后验概率：

$$\begin{aligned} \omega_j^{(i)} &= G_i(z^{(i)} = j) \\ &= p(z^{(i)} = j \mid x^{(i)}; \phi_i, \mu_i, \sigma_i) \end{aligned} \tag{12-13}$$

通过条件概率公式，可以推导出后验概率 $\omega_j^{(i)}$ 的表达式为

$$\omega_j^{(i)} = \frac{\phi_k N_k(x\,|\,\mu_k, \sigma_k)}{\sum_{j=1}^{K} \phi_j N_j(x\,|\,\mu_j, \sigma_j)} \tag{12-14}$$

（3）M 步：最大化似然函数，即在已知样本 $x^{(i)}$ 和类别 $z^{(i)}$ 的条件下，更新均值和方差，分别对均值和方差求偏导，并利用对数函数性质以及拉格朗日乘子，可以求出 GMM 的参数表达式，这里直接给出参数表达式：

$$\mu_j := \frac{\sum_{i=1}^{m} \omega_j^{(i)} x^{(i)}}{\sum_{i=1}^{m} \omega_j^{(i)}} \tag{12-15}$$

$$\sigma_j := \frac{\sum_{i=1}^{m} \omega_j^{(i)} (x^{(i)} - \mu_j)(x^{(i)} - \mu_j)^{\mathrm{T}}}{\sum_{i=1}^{m} \omega_j^{(i)}} \tag{12-16}$$

$$\phi_j := \frac{1}{m} \sum_{i=1}^{m} \omega_j^{(i)} \tag{12-17}$$

（4）计算对数似然函数。

（5）检查参数是否收敛或对数似然函数是否收敛，若不收敛，则返回 E 步。

对于算法是否收敛的问题。一般以参数变化量进行是否收敛的判别，当参数更新前后变化较小则退出迭代。利用 EM 算法求解二维高斯混合模型算法伪代码如下：

```
EM 算法
输入：观测数据 X={x^(1),x^(2),⋯,x^(m)}、已知数据分布的类别个数 k
输出：参数 Y={(μ₁,σ₁),(μ₂,σ₂),⋯,(μ_k,σ_k)}，参数 φ={φ₁,φ₂,⋯,φ_k}
1. 根据观测数据初始化 φ₁,φ₂,⋯,φ_k；μ₁,μ₂,⋯,μ_k 和 σ₁,σ₂,⋯,σ_k
2. repeat
3.    for j=1,2,⋯,k
4.      for i=1,2,⋯,k
5.        根据式（12-14）更新各样本来自不同正态分布的后验概率 ω_j^(i)
6.      end for
7.    end for
8.    for j=1,2,⋯,k
9.      根据未知参数表达式更新参数 φ_j，μ_j，σ_j。
10.   end for
11. until φ_j，μ_j，σ_j 更新前后变化小于收敛阈值
```

12.2.2　EM 算法求解一维高斯混合模型参数

为了验证 EM 算法是否能够求解含有隐变量的概率模型参数估计问题，本节将利用 Python 实现 EM 算法求解一维高斯混合模型和二维高斯混合模型。对于一维高斯混合模型，实验数据采取随机生成的方法，共 1000 个数据点，这些数据点由两个一维高斯模型生成，两个子模型的参数和比例见表 12-1。

表 12-1　生成正态分布的参数

变量类别	ϕ	μ	σ
1	0.3	-2	0.5
2	0.7	0.5	1

np.random.normal 方法可用于生成具有指定形状和分布参数的正态分布样本点（参考：https://numpy.org/doc/stable/reference/random/generated/numpy.random.normal.html?highlight=np%20random%20normal）。通过该方法生成两个具有不同参数的数据集，并将两者组合，即可得到混合模型的样本点。

```
1.   # 功能：根据指定的一维高斯模型参数生成高斯混合模型数据集
2.   # 参数：mu0、mu1 为两个子模型的均值，sigma0、sigma1 为子模型的标准差，alpha0、alpha1
       为子模型的类别数量权重
3.   # 其他说明：length 指定生成数据点的数量
4.   def loadData(mu0, sigma0, mu1, sigma1, alpha0, alpha1):
5.       length = 1000
6.       data0 = np.random.normal(mu0, sigma0, int(length * alpha0))
7.       data1 = np.random.normal(mu1, sigma1, int(length * alpha1))
8.       dataSet = []
9.       dataSet.extend(data0)
10.      dataSet.extend(data1)
11.      random.shuffle(dataSet)
12.      return dataSet
```

现在我们得到了混合模型的样本数据集，也知道了混合模型由两个高斯模型混合而成，先设定混合模型参数的初始值，然后按照公式（12-15）～公式（12-17）迭代更新模型参数即可，首先定义某个样本点属于特定高斯模型的概率函数。

```
13.  # 功能：计算 dataSetArr 数据集中每个样本点在高斯模型中出现的概率
14.  # 参数：dataSetArr 为输入数据集，mu 和 sigmod 为高斯模型的均值和方差
15.  # 其他说明：无
16.  def calcGauss(dataSetArr, mu, sigmod):
17.      result = (1 / (math.sqrt(2*math.pi*sigmod**2)) * np.exp(-1 * (dataSetArr-mu) * (dataSetArr-mu) /
           (2*sigmod**2))
18.       return result
```

定义该函数的目的是更方便地计算每个样本在特定模型参数下出现的概率，即 EM 算法中的 E 步骤（期望步骤），E 步骤还需要计算在样本点属于混合模型中的样本点的条件下，属于各个子模型的概率，某些参考文献中也叫模型的响应度，E 步骤的参考代码如下：

```
1.   # 功能：定义 E 步骤，计算 dataSetArr 中每个样本点是两个子模型中的样本点的概率
2.   # 参数：dataSetArr 为输入数据集，其余参数为两个子模型的参数
3.   # 其他说明：无
4.   def E_step(dataSetArr, alpha0, mu0, sigmod0, alpha1, mu1, sigmod1):
5.       gamma0 = alpha0 * calcGauss(dataSetArr, mu0, sigmod0)
6.       gamma1 = alpha1 * calcGauss(dataSetArr, mu1, sigmod1)
7.       sum = gamma0 + gamma1
8.       gamma0 = gamma0 / sum
9.       gamma1 = gamma1 / sum
10.      return gamma0, gamma1
```

E 步骤得到每个样本点属于各个子模型的概率之后，按照概率更新子模型的参数，即 M 步骤，参考代码如下：

```
11.  # 功能：定义 M 步骤，对模型参数进行更新，返回更新后的模型参数（mu、sigmod 和 alpha）
12.  # 参数：mu0、mu1 为当前两个子模型的均值参数，gamma0、gamma1 为 E 步骤得到的每个样
     本点属于两个子模型的概率矩阵
13.  # 其他说明：无
14.  def M_step(mu0, mu1, gamma0, gamma1, dataSetArr):   #M 步
15.    mu0_new = np.dot(gamma0, dataSetArr) / np.sum(gamma0)
16.    mu1_new = np.dot(gamma1, dataSetArr) / np.sum(gamma1)
17.    sigmod0_new = math.sqrt(np.dot(gamma0, (dataSetArr - muo)**2) / np.sum(gamma0))
18.    sigmod1_new = math.sqrt(np.dot(gamma1, (dataSetArr - mu1)**2) / np.sum(gamma1))
19.    alpha0_new = np.sum(gamma0) / len(gamma0)
20.    alpha1_new = np.sum(gamma1) / len(gamma1)
21.    return mu0_new, mu1_new, sigmod0_new, sigmod1_new, alpha0_new, alpha1_new
```

接下来定义 EM 算法的核心代码，其中需要设定迭代的初始值和迭代终止条件，为了直观地观察迭代过程，将某一模型参数的变化情况存储在一个数组 dataSetList 中。

```
22.  # 功能：定义 EM 算法的训练过程，返回 EM 算法求得的模型参数
23.  # 参数：dataSetList 为输入的数据集，iter 为迭代次数
24.  # 其他说明：无
25.  def EM_Train(dataSetList, iter=50):
26.    dataSetArr = np.array(dataSetList)
27.    # 设定模型的初始化参数值
28.    alpha0 = 0.5
29.    mu0 = 0
30.    sigmod0 = 1
31.    alpha1 = 0.5
32.    mu1 = 1
33.    sigmod1 = 1
34.    #alpha_history 存储迭代过程中 alpha0 的更新过程
35.    alpha_history=np.array([alpha0])
36.    step = 0
37.    while (step < iter):
38.      step += 1
39.      gamma0, gamma1 = E_step(dataSetArr, alpha0, mu0, sigmod0, alpha1, mu1, sigmod1)
40.        mu0, mu1, sigmod0, sigmod1, alpha0, alpha1 = M_step(mu0, mu1, gamma0, gamma1, dataSetArr)
41.      alpha_history=np.append(alpha_history,alpha0)
42.    return alpha0, mu0, sigmod0, alpha1, mu1, sigmod1,alpha_history
```

在完成主要函数的定义之后，即可进行 EM 算法的实验，定义算法开始迭代的初始值，见表 12-2。

表 12-2　参数初始值

变量类别	ϕ	μ	σ
1	0.5	0	1
2	0.5	1	1

定义迭代次数为 50 次，观察类别 1 的均值 u 的迭代更新变化情况，可知算法在 20 次之后基本收敛（图 12-2），因此在确定迭代次数时，不妨通过多次实验，观察参数的变化情况。

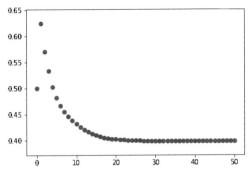

图 12-2 迭代过程中均值的变化

EM 算法迭代结束之后，即可得到一维高斯混合模型中各个子模型的估计参数，笔者进行的一次实验结果见表 12-3，注意，由于数据是随机生成的，因此具体值可能有所不同，但变化不大。

表 12-3 算法输出结果

变量类别	ϕ	μ	σ
1	0.3989	-1.7669	0.6982
2	0.6010	0.7433	0.8486

12.3 算法案例：求解男性身高和女性身高的分布参数

针对二维高斯混合模型参数的求解，我们用一个具有特定数据集的问题来进行探讨。这部分的代码设计思路同样可以用于更高维数和具有更多不同分布的概率模型的混合模型参数求解。

为了了解某地区男性和女性居民的身高体重概率分布特点，可以通过随机采样的方法获得样本点并进行统计计算，然而由于某种原因，这些数据点只有身高和对应的体重信息，即二维样本数据集。本书提供了一个具有 1000 个样本点的示例数据集。要得到该地区男性和女性居民的身高体重概率密度函数，假设该地区居民的身高和体重分布服从正态分布并用 EM 算法求出男性和女性的身高 - 体重二维分布参数。

首先将数据点用 matplotlib 库中的 scatter 方法，画出数据分布，如图 12-3 所示。

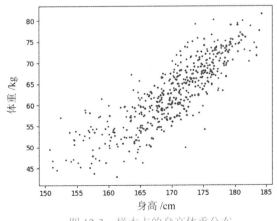

图 12-3 样本点的身高体重分布

参考一维 EM-GMM 的代码，首先定义高斯概率密度函数，这里的定义方法与上一个例子稍显不同，本质是一样的，有兴趣的读者可以比较一下两者的区别。当子模型不是正态分布时，例如泊松分布或二项式分布，可以按照对应的概率密度函数公式进行定义。

```
1.  # 功能：定义高斯函数，返回值为 x 的取值概率
2.  # 参数：x 为样本点，mu 为样本均值向量，Sigma 为协方差矩阵
3.  # 其他说明：无
4.  def gaussion(x,mu,Sigma):
5.      dim=len(x)
6.      constant=(2*np.pi)**(-dim/2) * det(Sigma)**(-0.5)
7.      return constant * np.exp(-0.5*(x-mu).dot(inv(Sigma)).dot(x-mu))
```

定义 EM 算法中的 E 步骤函数，这里的 E_step 输入参数包括多维样本点数据集，同样地，也需要对应的均值和协方差矩阵，并且要求和输入数据维度一致，即满足高斯模型的定义。

```
8.  # 功能：一次 E 步骤，返回一个矩阵，该矩阵存储某一个样本点属于某一类别的概率值
9.  # 参数：X 为样本点集合，Pi、mu、Sigma 为当前估计的模型参数值，第一次迭代输入初始化值
10. # 其他说明：无
11. def E_step(X, Pi, mu, Sigma):
12.     N = len(X); K = len(Pi)    #N 为样本点个数，K 为子模型的个数
13.     gamma = np.zeros((N, K))
14.     for n in range(N):
15.         p_xn = 0
16.         for k in range(K):
17.             t = Pi[k]*gaussion(X[n], mu[k], Sigma[k])
18.             p_xn += t
19.             gamma[n, k] = t    #gamma 是一个矩阵，存储的是第 n 个样本属于第 k 个子模型的概率
20.         gamma[n] /= p_xn    # 更新 gamma，此时存储的是在已知样本 x 为高斯混合模型中的样本时，分别属于各个子模型的概率。
21.     return gamma
```

接下来定义 M 步骤。这里的 M 步骤输入参数和 E 步骤相比，只多了一个 gama，这个参数就是 E 步骤的返回值，表明 E 步骤的输出是 M 步骤的输入。

```
22. # 功能：M 步骤，返回更新的模型参数值
23. # 参数：X、Pi、mu、Sigma 同上，gama 为 E 步骤得到的概率矩阵
24. # 其他说明：无
25. def M_step(X, Pi, mu, Sigma,gama):
26.     N= len(X); K = len(Pi)
27.     for k in range(K):    # 定义 mu、Sigma 和 N_k 的维数
28.         _mu = np.zeros(mu[k].shape)
29.         _Sigma = np.zeros(Sigma[k].shape)
30.         N_k = np.sum(gama[:,k])
31.         # 更新均值
32.         for n in range(N):
33.             _mu += gama[n,k]*X[n]    # 均值的计算方法
34.         mu[k] = _mu / N_k    # 计算第 k 个子模型的均值
35.         # 更新方差
36.         for n in range(N):
37.             delta = np.matrix(X[n]- mu[k]).T
38.             _Sigma += gama[n, k]*np.array( delta.dot(delta.T) )
39.         Sigma[k] = _Sigma / N_k
40.         # 更新权重
41.         Pi[k] = N_k / N
42.     return Pi, mu, Sigma
```

为了直观地观察每次迭代后各个样本按照当前模型参数被分到哪个子模型中，定义如下两个函数。classify 函数对每一个样本点都按照当前模型参数下概率最大的类别进行分类，并将不同类别放在不同的数组中，plot_classify 函数将不同类别的数据点绘制在同一个散点图中，进行可视化展示。

```
43.  # 功能：分类函数，返回 3 个数组
44.  # 参数：X 为数据集，Pi、mu、Sigma 为当前模型参数集
45.  # 其他说明：当子模型的个数为其他时，需要不同数量的数组以存储不同类别的样本
46.  def classify(X, Pi, mu, Sigma):
47.      N = len(X); K = len(Pi)
48.      gama = np.zeros((N, K))
49.      gama=E_step(X, Pi, mu, Sigma)
50.      cl=np.zeros(len(X),dtype=int)     # 生成样本点对应的列表存储类别索引
51.      for n in range(N):
52.          t=gama[n].tolist().index(np.max(gama[n]))     # 取得每一行中最大概率值的索引号（类别号）
53.          cl[n]=t
54.      cl_div=np.c_[X,cl]
55.      x1=[]
56.      x2=[]
57.
58.      for sa in cl_div:
59.          if sa[2]==0:
60.              x1.extend(sa)
61.          elif sa[2]==1:
62.              x2.extend(sa)
63.
64.      x1=np.array(x1).reshape((int(len(x1)/3),3))
65.      x2=np.array(x2).reshape((int(len(x2)/3),3))
66.      return  x1,x2
67.  # 功能：将多维数组的第 0 列、第 1 列数值画在散点图上
68.  # 参数：arr1、arr2 两个二维数组
69.  # 其他说明：可通过调节 scatter 函数的参数设置不同的显示效果
70.  def  plot_classify(arr1,arr2,arr3):
71.      plt.scatter(arr1[:,0],arr1[:,1],c='r',s=10,marker='.')
72.      plt.scatter(arr2[:,0],arr2[:,1],c='g',s=10,marker='x')
73.      plt.scatter(arr3[:,0],arr3[:,1],c='b',s=10,marker='o')
74.      plt.xlabel("height",fontsize=10)
75.      plt.ylabel("weight",fontsize=10)
76.      return plt.show()
```

接下来利用已定义好的函数来对示例数据集的参数进行估计。设定迭代开始时的两个模型参数初始化值如图 12-4 所示。

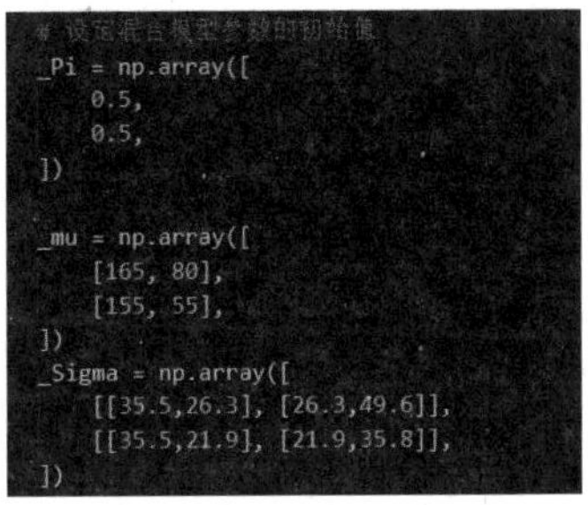

图 12-4　两个子模型参数的初始化值

为了确定最优的迭代次数，将算法迭代过程中男性身高的均值变化情况画成散点图，当该参数不再发生变化时，可以认为算法已经收敛，如图 12-5 所示，男性身高均值在 30 次之后基本不再变化，因此可设定迭代次数为 30。

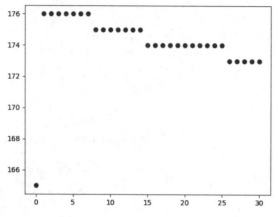

图 12-5　迭代过程中男性身高均值的收敛情况

EM 算法迭代过程中的 E 步骤按照当前分布参数值，对隐变量进行估计，每个样本点按照最大类别概率得到隐变量，即类别信息，EM 算法对隐变量进行迭代的情况如图 12-6 所示。其中浅灰色代表女性，深灰色代表男性。

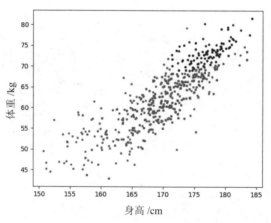

（a）迭代 2 次时的样本点分类情况

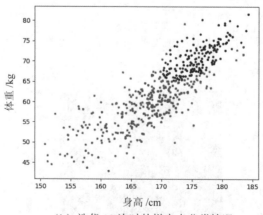

（b）迭代 10 次时的样本点分类情况

图 12-6　迭代过程中样本点类别隐变量的变化情况

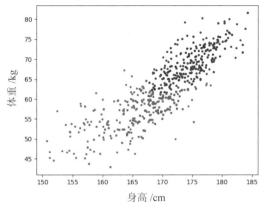

（c）迭代 20 次时的样本点分类情况

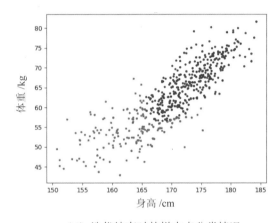

（d）迭代结束时的样本点分类情况

图 12-6 迭代过程中样本点类别隐变量的变化情况（续图）

实验的最终结果如图 12-7 所示，数组中的第一个参数和第二个参数分别为男性和女性类别的模型参数。

```
类别权重为： [0.68360084 0.31639916]
均值为： [[173  66]
 [165  56]]
标准差为： [[[20.36366964 22.33744815]
 [22.33744815 35.83492454]]

 [[32.49277639 19.18217103]
 [19.18217103 26.36247559]]]
```

图 12-7 迭代过程中样本点类别隐变量的变化情况

12.4 算法总结

作为常见的隐变量模型参数估计算法，EM 算法除了应用于对 GMM 进行参数估计，还可用于 K-Means 聚类以及隐马尔科夫模型的非监督学习。然而，该算法也存在一些缺点，已有相关学者对其进行改进，具体如下：

（1）在缺失数据较多的情况下，收敛速度比较慢，相关的改进有：初始 EM 迭代后转到 Newton 一步的方法、Lange 坡度 EM 算法以及加速 EM 算法等。

（2）对应某些特殊的模型，要计算其中的 M 步，即对似然函数的估计是比较困难的，相关的改进有：ECM 算法、ECME 算法、PX-EM 算法等。

（3）在某些情况下，获得 E 步骤中的期望显然是比较困难的，相关的改进有 Monte Carlo EM 算法等。

上一节中的实验主要针对 GMM 进行参数估计，通过生成不同样本数据并多次运行发现，样本数据各分布的方差相同情况下，期望相差越小则未知参数估计值与真实值相差越大；期望相差越大，实验效果越好。在期望不变的情况下，方差越大实验效果越差；方差越小实验效果越好。也就是说，观测数据分布越集中，算法表现越差；观测数据分布越分散，算法效果越好。

值得注意的是，EM 算法收敛速度比较慢，并且对初始值敏感，因此在算法赋予初始值时需要对观测数据有一定的直观了解，多次赋值取得最佳估计结果。此外，相关理论与定理证明，EM 算法可以保证参数估计序列收敛到对数似然函数序列的稳定点，但不能保证收敛到极大值点，即有可能陷入局部最优，不能得到全局最优解。因此 EM 算法初值选择十分重要，针对 EM 算法的参数初始化方法，包括随机中心、层次聚类、K-Means、Binning 初始化等方法。通常的做法是选取几个不同的初值进行迭代，然后比较得到的各个参数估计值，从中选择最优的估计值。

12.5　本章习题

1．EM 算法可以认为是一种 _____ （有监督 \ 无监督）的 _____ （聚类 \ 分类 \ 回归）算法。

2．应用 EM 算法的前提是需要知道 _____ 、 _____ 和 _____ 。

3．EM 算法的结果与 _____ 、 _____ 和 _____ 有关，在 GMM 中，各个分量的均值相差越 _____ ，方差越 _____ ，算法求解的模型参数越接近真实值。

4．最大似然估计法和 EM 算法求解模型参数有什么区别？

5．EM 算法是否一定收敛？是否一定能收敛到全局最优解？在什么情况下可以收敛到全局最优解？

第四部分

深度学习算法

第 13 章　BP 神经网络

　　人工神经网络非常强大，其算法也妙不可言，绝大部分的神经网络模型都采用 BP 神经网络及其变化形式。BP 神经网络就是一个万能的通用模型，将每次训练得到的结果与预想结果进行误差分析，一步一步修改权值和阈值，得到和预想结果一致的模型。这就是 BP 神经网络的核心。

　　BP 神经网络在网络理论和性能方面已比较成熟。其突出优点就是具有很强的非线性映射能力和柔性的网络结构。网络的中间层数、各层的神经元个数可根据具体情况任意设定，并且随着结构的差异其性能也有所不同。

本章要点

- 神经网络基础知识
- BP 神经网络概述
- BP 神经网络算法基本原理
- BP 网络输入与输出关系

BP 神经网络算法及应用

13.1　算法概述

13.1.1　人工神经网络

　　人在思考或与他人交流的时候，每一个想法或话语并不是在大脑中从零开始的。比如，当你看一篇文章，你对文章中每句话的理解程度都是基于之前所学习知识的积累。我们不会丢掉之前学到的知识，不用重新开始思考，这体现了人类的智慧，也是人类与其他动物的最大差异。那么如何让机器也拥有智慧，实现上述过程呢？在人工智能领域，有一个方法叫循环神经网络（RNN）。

　　人工神经网络（Artificial Neural Network，ANN）又称神经网络（Neural Network，NN）或全连接神经网络等，是模仿生物神经网络（动物中枢神经系统）的结构和功能来估计或近似函数的数学模型或计算模型。

　　神经网络主要由输入层、隐藏层和输出层组成。当这个神经网络只有一个隐藏层时，这个神经网络为两层，因为输入层没有发生改变，所以不能将输入层视为单独的一层。实际上，输入层的每个神经元都代表着这个网络的一个特质。输出层的个数代表着网络分类标签个数。隐藏层的层数和隐藏层的神经元都是人为设定的。一个基本的三层神经网络如图 13-1 所示。

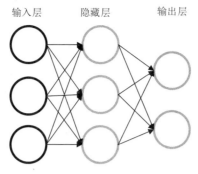

图 13-1　三层神经网络

神经元是神经网络最基本的构成元素，也就是由 Kohonen 定义的简单单元。在生物课本中了解到，人大脑中有成千上亿个神经元构成神经网络，在生物神经网络中，各个网络是相互连接的，通过神经递质相互传递信息。如果某个神经元接收到了足够的神经递质，那么其位点就会因为接收到的神经递质不断积累而达到一个程度，从而超过某个阈值。一旦超过这个阈值，这个神经元就被激活了，这样兴奋就会被传递到下一个神经元。

例如 1943 年，McCulloch 和 Pitts 将生物神经网络工作的原理抽象成了一个简单的机器学习模型——MP 神经元模型，如图 13-2 所示。

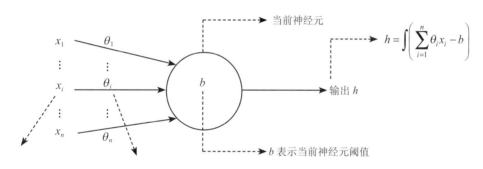

图 13-2　MP 神经元模型

MP 神经元模型接收来自 n 个其他神经元传递过来的输入神经信号（$x_1 \sim x_n$），输入信号经过权重（θ 或 w 来表示权重，图 13-2 采用 θ）的连接来进行传递，然后神经元接收传递过来的全部输入，该神经元会将全部输入值与阈值进行比较，并由激活函数（Activation Function，又称响应函数）处理之后才能决定神经元的输出。

13.1.2　BP 神经网络

BP（Back Propagation）神经网络是 1986 年由以 Rinehart 和 McClelland 为首的科学家小组提出，是一种按误差逆传播算法训练的多层前馈神经网络，是目前应用最广泛的神经网络模型之一。BP 神经网络能学习和存储大量的输入 - 输出模式映射关系，而无须事前揭示描述这种映射关系的数学方程。它的学习规则是使用最速下降法，通过反向传播来不断调整网络的权值和阈值，使网络的误差平方和最小。

BP 神经网络是一种简化的生物模型。每层神经网络都是由神经元构成的，单独的每个神经元相当于一个感知器。输入层是单层结构，输出层也是单层结构，而隐藏层可以有多层，也可以是单层的。输入层、隐藏层、输出层之间的神经元都是相互连接，为全连接。总体来说，BP 神经网络结构就是，输入层得到刺激后传给隐藏层，隐藏层则会根据神经元相互联系的权重并根据规则把这个刺激传给输出层，输出层对比结果，如果不对则返回调整神经元相互联系的权值。这样就可以进行训练并最终学会，这就是 BP 神经网络模型。BP 神经网络模型拓扑结构包括输入层（Input）、隐藏层（Hide Layer）和输出层（Output Layer），如图 13-3 所示。

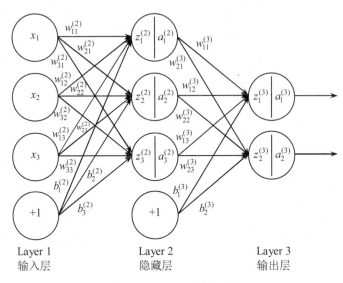

图 13-3　三层 BP 神经网络

BP 神经网络是一种多层的前馈神经网络，其主要的特点是，信号是前向传播的，而误差是反向传播的。神经网络的基本组成单元是神经元，常用的激活函数有阈值函数、Sigmoid 函数和双曲正切函数。

神经网络是将多个神经元按一定规则连接在一起而形成的网络，如图 13-4 所示。BP 算法由数据流的前向计算（正向传播）和误差信号的反向传播两个过程构成。正向传播时，传播方向为输入层→隐藏层→输出层，每层神经元的状态只影响下一层神经元。若在输出层得不到期望的输出，则转向误差信号的反向传播流程。通过这两个过程的交替进行，在权向量空间执行误差函数梯度下降策略，动态迭代搜索一组权向量，使网络误差函数达到最小值，从而完成信息提取和记忆过程。

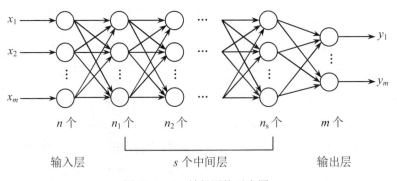

图 13-4　BP 神经网络示意图

从图 13-4 可以看出，一个神经网络包括输入层、隐藏层（中间层）和输出层。输入层神经元个数与输入数据的维数相同，输出层神经元个数与需要拟合的数据个数相同，隐藏层神经元个数与层数就需要设计者自己根据一些规则和目标来设定。在深度学习出现之前，隐藏层的层数通常为一层，即通常使用的神经网络是三层网络。

13.2　算法原理

13.2.1　正向传播

设 BP 神经网络的输入层有 n 个节点，隐藏层有 q 个节点，输出层有 m 个节点，输入层与隐藏层之间的权值为 v_{ki}，隐藏层与输出层之间的权值为 w_{jk}。隐藏层的传递函数为 $f_1(\cdot)$，输出层的传递函数为 $f_2(\cdot)$，则隐藏层节点的输出为（将阈值写入求和项中）

$$z_k = f_1\left(\sum_{i=0}^{n} v_{ki}x_i\right) \quad k=1,2,\cdots,q \tag{13-1}$$

输出层节点的输出为

$$y_j = f_2\left(\sum_{k=0}^{q} \omega_{jk}z_k\right) \quad j=1,2,\cdots,m \tag{13-2}$$

至此 BP 网络就完成了 n 维空间向量对 m 维空间的近似映射

13.2.2　反向传播

反向传播是"误差反向传播"的简称，是一种与最优化方法（如梯度下降法）结合使用的，用来训练人工神经网络的常见方法。该方法对网络中所有权重计算损失函数的梯度。这个梯度会反馈给最优化方法，用来更新权值以最小化损失函数。

（1）误差函数。输入 p 个学习样本，用 $x1,x2,\cdots,x_p$ 来表示。第 p 个样本输入网络后得到输出 y_j^p $(j=1,2,\cdots,m)$。采用平方误差函数，于是得到第 p 个样本的误差 E_p 为

$$E_p = \frac{1}{2}\sum_{j=1}^{m}(t_j^p - y_j^p)^2 \tag{13-3}$$

其中，t_j^p 为期望输出。对于 p 个样本，全局误差为

$$E = \frac{1}{2}\sum_{p=1}^{p}\sum_{j=1}^{m}(t_j^p - y_j^p) = \sum_{p=1}^{p}E_p \tag{13-4}$$

（2）输出层权值的变化。采用累计误差 BP 算法调整 w_{jk}，使全局误差 E 变小，即

$$\Delta w_{jk} = -\eta\frac{\partial E}{\partial w_{jk}} = -\eta\frac{\partial}{\partial w_{jk}}\left(\sum_{p=1}^{p}E_p\right) = \sum_{p=1}^{p}\left(-\eta\frac{\partial E_p}{\partial w_{jk}}\right) \tag{13-5}$$

式中，η 为学习率。定义误差信号为

$$\delta_{xj} = -\frac{\partial E_p}{\partial S_j} = -\frac{\partial E_p}{\partial y_j}\cdot\frac{\partial y_j}{\partial S_j} \tag{13-6}$$

其中第一项

$$\frac{\partial E_p}{\partial y_j} = \frac{\partial}{\partial y_j}\left[\frac{1}{2}\sum_{j=1}^{m}(t_j^p - y_j^p)^2\right] = -\sum_{j=1}^{m}(t_j^p - y_j^p) \tag{13-7}$$

第二项

$$\frac{\partial y_j}{\partial S_j} = f_2'(S_j) \tag{13-8}$$

是输出层传递函数的偏微分，于是

$$\delta_{xj} = \sum_{j=1}^{m} (t_j^p - y_j^p) f_2'(S_j) \tag{13-9}$$

由链式法则得

$$\frac{\partial E_p}{\partial w_{jk}} = \frac{\partial E_p}{\partial S_j} \cdot \frac{\partial S_j}{\partial w_{jk}} = -\delta_{xj} z_k = -\sum_{j=1}^{m} (t_j^p - y_j^p) f_2'(S_j) z_k \tag{13-10}$$

于是输出层各神经元的权值调整公式为

$$\Delta w_{jk} = \sum_{p=1}^{p} \sum_{j=1}^{m} \eta (t_j^p - y_j^p) f_2'(S_j) z_k \tag{13-11}$$

（3）隐藏层权值的变化。

$$\Delta v_{ki} = -\eta \frac{\partial E}{\partial v_{ki}} = -\eta \frac{\partial}{\partial v_{ki}} \left(\sum_{p=1}^{p} E_p \right) = \sum_{p=1}^{p} \left(-\eta \frac{\partial E_p}{\partial v_{ki}} \right) \tag{13-12}$$

定义误差信号为

$$\delta_{zk} = -\frac{\partial E_p}{\partial S_k} = -\frac{\partial E_p}{\partial z_k} \cdot \frac{\partial z_k}{\partial S_k} \tag{13-13}$$

其中第一项

$$\frac{\partial E_p}{\partial z_k} = \frac{\partial}{\partial z_k} \left[\frac{1}{2} \sum_{j=1}^{m} (t_j^p - y_j^p)^2 \right] = -\sum_{j=1}^{m} (t_j^p - y_j^p) \frac{\partial y_j}{\partial z_k} \tag{13-14}$$

依链式法则有

$$\frac{\partial y_j}{\partial z_k} = \frac{\partial y_j}{\partial S_j} \cdot \frac{\partial S_j}{\partial z_k} = f_2'(S_j) w_{jk} \tag{13-15}$$

第二项：

$$\frac{\partial z_k}{\partial S_k} = f_1'(S_k) \tag{13-16}$$

是隐藏层传递函数的偏微分，于是

$$\delta_{zk} = \sum_{j=1}^{m} (t_j^p - y_j^p) f_2'(S_j) w_{jk} f_1'(S_k) \tag{13-17}$$

由链式法则得

$$\frac{\partial E_p}{\partial v_{ki}} = \frac{\partial E_p}{\partial S_k} \cdot \frac{\partial S_k}{\partial v_{ki}} = -\delta_{zk} x_i = -\sum_{j=1}^{m} (t_j^p - y_j^p) f_2'(S_j) w_{jk} f_1'(S_k) x_i \tag{13-18}$$

从而得到隐藏层各神经元的权值调整公式为

$$\Delta v_{ki} = \sum_{p=1}^{p} \sum_{j=1}^{m} \eta (t_j^p - y_j^p) f_2'(S_j) w_{jk} f_1'(S_k) x_i \tag{13-19}$$

13.2.3 Sigmoid 函数

BP 网络采用的传递函数是非线性变换函数——Sigmoid 函数（又称 S 函数）。其特点是函数本身及其导数都是连续的，因而在处理上十分方便。在信息科学中，由于其单增以及反函数单增等性质，Sigmoid 函数常被用作神经网络的激活函数，将变量映射到 0 ～ 1

之间。S 函数有单极性 S 型函数和双极性 S 型函数两种，单极性 S 型函数定义如下：

$$\sigma(z) = \frac{1}{1 + e^{-z}} \tag{13-20}$$

其函数曲线如图 13-5 所示。

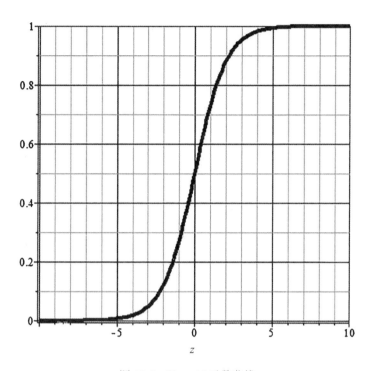

图 13-5　Sigmoid 函数曲线

可以看到在趋于正无穷或负无穷时，函数趋近平滑状态，因为 Sigmoid 函数输出范围为（0,1），所以二分类的概率常常用这个函数。

13.2.4　BP 神经网络具体步骤

BP 神经网络已广泛应用于非线性建模、函数逼近、系统辨识等方面，但对实际问题，其模型结构需由实验确定，无规律可循。大多数通用的神经网络都预先设定了网络的层数，而 BP 神经网络可以包含不同的隐藏层。但理论上已经证明，在不限制隐含节点数的情况下，两层（只有一个隐藏层）的 BP 神经网络可以实现任意非线性映射。在模式样本相对较少的情况下，较少的隐藏层节点可以实现模式样本空间的超平面划分，此时，选择两层 BP 神经网络就可以了。当模式样本数很多时，为了减小网络规模，增加一个隐藏层是有必要的，但是 BP 神经网络的隐藏层一般不超过两层。具体步骤如下：

（1）将训练集数据输入神经网络的输入层，经过隐藏层，最后到达输出层并输出结果，这是前向传播过程。

（2）由于输出结果与实际结果有误差，则计算估计值与实际值之间的误差，并将该误差从输出层向隐藏层反向传播，直至传播到输入层。

（3）在反向传播的过程中，根据误差调整各种参数的值；不断迭代上述过程，直至收敛。BP 神经网络流程图如图 13-6 所示。

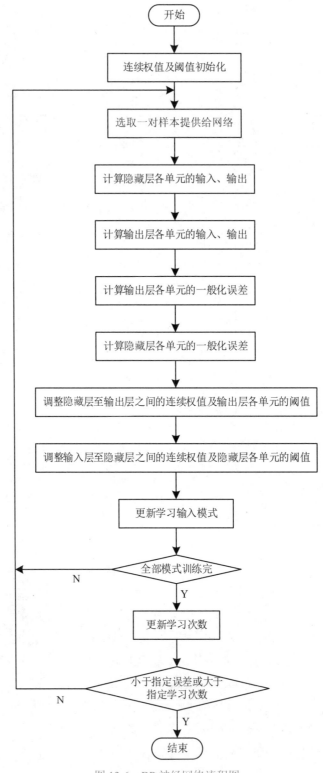

图 13-6　BP 神经网络流程图

13.2.5　三层 BP 神经网络算法实现

通过数学原理可以看出，在 BP 学习算法中，输入层、输出层和隐藏层的权值调整方式都是一样的，由 3 个条件决定，它们分别是学习率、各层误差信号和各层输入信号。其中最为重要的是输出层误差信号，它直接意味着和实际期望结果的差异，代表着与预期结果的差距，而前面各层的误差都是从后往前传递的。

（1）三层反向传播神经网络的 Python 代码如下：

```python
1.  import math
2.  import random
3.  import string
4.  random.seed(0)
5.  # 生成区间 (a, b) 内的随机数
6.  def rand(a, b):
7.   return (b-a)*random.random() + a
8.  # 生成 I×J 的矩阵，默认零矩阵（当然，亦可用 NumPy 提速）
9.  def makeMatrix(I, J, fill=0.0):
10.  m = []
11.  for i in range(I):
12.   m.append([fill]*J)
13.  return m
14. # 函数 sigmoid，这里采用 tanh
15. def sigmoid(x):
16.  return math.tanh(x)
17. # 函数 sigmoid 的派生函数，为了得到输出（即 y）
18. def dsigmoid(y):
19.  return 1.0 - y**2
20. class NN:
21. ''' 三层反向传播神经网络 '''
22.  def __init__(self, ni, nh, no):
23.   # 输入层、隐藏层、输出层的节点（数）
24.   self.ni = ni+1    # 增加一个偏差节点
25.   self.nh = nh
26.   self.no = no
27.   # 激活神经网络的所有节点（向量）
28.   self.ai = [1.0]*self.ni
29.   self.ah = [1.0]*self.nh
30.   self.ao = [1.0]*self.no
31.   # 建立权重（矩阵）
32.   self.wi = makeMatrix(self.ni, self.nh)
33.   self.wo = makeMatrix(self.nh, self.no)
34.   # 设为随机值
35.   for i in range(self.ni):
36.    for j in range(self.nh):
37.     self.wi[i][j] = rand(-0.2, 0.2)
38.   for j in range(self.nh):
39.    for k in range(self.no):
40.     self.wo[j][k] = rand(-2.0, 2.0)
41.   # 最后建立动量因子（矩阵）
42.   self.ci = makeMatrix(self.ni, self.nh)
43.   self.co = makeMatrix(self.nh, self.no)
44.  def update(self, inputs):
45.   if len(inputs) != self.ni-1:
46.    raise ValueError(' 与输入层节点数不符！')
47.   # 激活输入层
48.   for i in range(self.ni-1):
```

```
49.    #self.ai[i] = sigmoid(inputs[i])
50.    self.ai[i] = inputs[i]
51.  # 激活隐藏层
52.  for j in range(self.nh):
53.    sum = 0.0
54.    for i in range(self.ni):
55.      sum = sum + self.ai[i] * self.wi[i][j]
56.    self.ah[j] = sigmoid(sum)
57.  # 激活输出层
58.  for k in range(self.no):
59.    sum = 0.0
60.    for j in range(self.nh):
61.      sum = sum + self.ah[j] * self.wo[j][k]
62.    self.ao[k] = sigmoid(sum)
63.  return self.ao[:]
64.  def backPropagate(self, targets, N, M):
65.  ''' 反向传播 '''
66.  if len(targets) != self.no:
67.    raise ValueError(' 与输出层节点数不符！ ')
68.  # 计算输出层的误差
69.  output_deltas = [0.0] * self.no
70.  for k in range(self.no):
71.    error = targets[k]-self.ao[k]
72.    output_deltas[k] = dsigmoid(self.ao[k]) * error
73.  # 计算隐藏层的误差
74.  hidden_deltas = [0.0] * self.nh
75.  for j in range(self.nh):
76.    error = 0.0
77.    for k in range(self.no):
78.      error = error + output_deltas[k]*self.wo[j][k]
79.    hidden_deltas[j] = dsigmoid(self.ah[j]) * error
80.  # 更新输出层权重
81.  for j in range(self.nh):
82.    for k in range(self.no):
83.      change = output_deltas[k]*self.ah[j]
84.      self.wo[j][k] = self.wo[j][k] + N*change + M*self.co[j][k]
85.      self.co[j][k] = change
86.      #print(N*change, M*self.co[j][k])
87.  # 更新输入层权重
88.  for i in range(self.ni):
89.    for j in range(self.nh):
90.      change = hidden_deltas[j]*self.ai[i]
91.      self.wi[i][j] = self.wi[i][j] + N*change + M*self.ci[i][j]
92.      self.ci[i][j] = change
93.  # 计算误差
94.  error = 0.0
95.  for k in range(len(targets)):
96.    error = error + 0.5*(targets[k]-self.ao[k])**2
97.  return error
98.  def test(self, patterns):
99.    for p in patterns:
100.      print(p[0], '->', self.update(p[0]))
```

```
101.    def weights(self):
102.      print(' 输入层权重：')
103.      for i in range(self.ni):
104.        print(self.wi[i])
105.      print()
106.      print(' 输出层权重：')
107.      for j in range(self.nh):
108.        print(self.wo[j])
109.    def train(self, patterns, iterations=1000, N=0.5, M=0.1):
110.      # N：学习速率 (learning rate)
111.      # M：动量因子 (momentum factor)
112.      for i in range(iterations):
113.        error = 0.0
114.        for p in patterns:
115.          inputs = p[0]
116.          targets = p[1]
117.          self.update(inputs)
118.          error = error + self.backPropagate(targets, N, M)
119.        if i % 100 == 0:
120.          print(' 误差 %-.5f' % error)
121.    def demo():                          # 一个实例演示
122.      pat = [ [[0,0], [0]], [[0,1], [1]],   [[1,0], [1]], [[1,1], [0]] ]
123.      # 创建一个神经网络：输入层有两个节点、隐藏层有两个节点、输出层有一个节点
124.      n = NN(2, 2, 1)
125.      n.train(pat)                       # 用一些模式训练它
126.      n.test(pat)                        # 测试训练的成果
127.      n.weights()                        # 训练好的权重（可以考虑把训练好的权重持久化）
128.    if __name__ == '__main__':
129. demo()
```

（2）预测效果如图 13-7 所示。

图 13-7　预测效果

由图 13-7 可知，当训练次数为 1000 次时，其预测结果已经非常的精确了，实践发现，通过调整隐藏层的结构和增加训练的次数都可以提升预测的准确率，但要在准确率和预测时间之间取一个最优解，既要准确率也要训练和预测效率。

13.3 算法案例：天气温度预测

13.3.1 项目描述

给定山东某地区 2016 年 4 月，共 30×24 小时温度数据。选择 1—20 日（20×24 小时）的数据为训练数据集，21—30 日（10×24 小时）的数据为测试数据集。对山东某地区历史温度数据进行 BP 神经网络训练，通过前 3 小时温度数据，预测第 4 小时温度值。

13.3.2 代码实现

1. 定义神经网络结构及参数

```
1.  d=3                    #输入节点个数
2.  l=1                    #输出节点个数
3.  q=2*d+1                #隐藏层个数，采用经验公式 2d+1
4.  train_num=480          #训练数据个数
5.  test_num=240           #测试数据个数
6.  eta=0.5                #学习率
7.  error=0.002            #精度
```

2. 初始化权值和阈值

```
1.  w1= tf.Variable(tf.random_normal([d, q], stddev=1, seed=1))   #seed 设定随机种子，保证每次
                                                                    初始化相同数据
2.  b1=tf.Variable(tf.constant(0.0,shape=[q]))
3.  w2= tf.Variable(tf.random_normal([q, l], stddev=1, seed=1))
4.  b2=tf.Variable(tf.constant(0.0,shape=[l]))
```

3. 构建图

```
1.  # 输入占位
2.  x = tf.placeholder(tf.float32, shape=(None, d))
3.  y_ = tf.placeholder(tf.float32, shape=(None, l))
4.
5.  # 构建图：前向传播
6.  a=tf.nn.sigmoid(tf.matmul(x,w1)+b1)            #sigmoid 激活函数
7.  y=tf.nn.sigmoid(tf.matmul(a,w2)+b2)
8.  mse = tf.reduce_mean(tf.square(y_ - y))        # 损失函数采用均方误差
9.  train_step = tf.train.AdamOptimizer(eta).minimize(mse)   #Adam 算法
```

4. 读取温度数据

```
1.   dataset = pd.read_csv('tem.csv', delimiter=",")
2.   dataset=np.array(dataset)
3.   m,n=np.shape(dataset)
4.   totalX=np.zeros((m-d,d))
5.   totalY=np.zeros((m-d,l))
6.   for i in range(m-d):              # 分组：前 3 个值输入，第 4 个值输出
7.      totalX[i][0]=dataset[i][0]
8.      totalX[i][1]=dataset[i+1][0]
9.      totalX[i][2]=dataset[i+2][0]
10.     totalY[i][0]=dataset[i+3][0]
```

5. 数据归一化

```
1.  Normal_totalX=np.zeros((m-d,d))
2.  Normal_totalY=np.zeros((m-d,l))
3.  nummin=np.min(dataset)
4.  nummax=np.max(dataset)
5.  dif=nummax-nummin
6.  for i in range(m-d):
7.     for j in range(d):
8.        Normal_totalX[i][j]=(totalX[i][j]-nummin)/dif
9.     Normal_totalY[i][0]=(totalY[i][0]-nummin)/dif
10. # 截取训练数据
11. X=Normal_totalX[:train_num-d,:]
12. Y=Normal_totalY[:train_num-d,:]
13. testX=Normal_totalX[train_num:,:]
14. testY=totalY[train_num:,:]
```

6. 创建会话执行图，训练神经网络

```
1.  with tf.Session() as sess:
2.     init_op = tf.global_variables_initializer()       # 初始化节点
3.     sess.run(init_op)
4.
5.     STEPS=0
6.     while True:
7.        sess.run(train_step, feed_dict={x: X, y_: Y})
8.        STEPS+=1
9.        train_mse= sess.run(mse, feed_dict={x: X, y_: Y})
10.       if STEPS % 10 == 0:              # 每训练 10 次，输出损失函数
11.          print(" 第 %d 次训练后，训练集损失函数为：%g" % (STEPS, train_mse))
12.       if train_mse<error:
13.          break
14.    print(" 总训练次数： ",STEPS)
15.    end = time.clock()
16.    print(" 运行耗时（s）： ",end-start)
```

7. 测试

```
1.  Normal_y= sess.run(y, feed_dict={x: testX})          # 求得测试集下的 y 计算值
2.  DeNormal_y=Normal_y*dif+nummin                       # 将 y 反归一化
3.  test_mse= sess.run(mse, feed_dict={y: DeNormal_y, y_: testY})   # 计算均方误差
4.  print(" 测试集均方误差为： ",test_mse)
```

8. 预测

```
1.  XX=tf.constant([[18.3,17.4,16.7]])
2.  XX=(XX-nummin)/dif                                   # 归一化
3.  a=tf.nn.sigmoid(tf.matmul(XX,w1)+b1)
4.  y=tf.nn.sigmoid(tf.matmul(a,w2)+b2)
5.  y=y*dif+nummin                                       # 反归一化
6.  print("[18.3,17.4,16.7] 输入下，预测气温为： ",sess.run(y))
```

预测效果如图 13-8 所示。

```
第 10 次训练后,训练集损失函数为: 0.0378929
第 20 次训练后,训练集损失函数为: 0.0401947
第 30 次训练后,训练集损失函数为: 0.030946
第 40 次训练后,训练集损失函数为: 0.0165325
第 50 次训练后,训练集损失函数为: 0.00616452
第 60 次训练后,训练集损失函数为: 0.00285201
第 70 次训练后,训练集损失函数为: 0.00215333
第 80 次训练后,训练集损失函数为: 0.00214208
第 90 次训练后,训练集损失函数为: 0.00199366
总训练次数: 90
运行耗时(s): 0.15959199999999996
测试集均方误差为: 0.9018882

[18.3,17.4,16.7]输入下,预测气温为: [[15.770103]]
```

图 13-8 预测效果

13.4 算法总结

（1）BP 神经网络具有如下优点：

1）非线性映射能力：BP 神经网络实质上实现了一个从输入到输出的映射功能，数学理论证明三层的神经网络就能够以任意精度逼近任何非线性连续函数。这使得其特别适合求解内部机制复杂的问题，即 BP 神经网络具有较强的非线性映射能力。

2）自学习和自适应能力：BP 神经网络在训练时，能够通过学习自动提取输出、输出数据间的"合理规则"，并自适应地将学习内容记忆于网络的权值中。即 BP 神经网络具有高度自学习和自适应的能力。

3）泛化能力：所谓泛化能力是指在设计模式分类器时，既要考虑网络对分类对象进行正确分类，还要关心网络在经过训练后，能否对未见过的模式或有噪声污染的模式，进行正确的分类。即 BP 神经网络具有将学习成果应用于新知识的能力。

4）容错能力：BP 神经网络在其局部的或者部分的神经元受到破坏后对全局的训练结果不会造成很大的影响，也就是说系统在受到局部损伤时还可以正常工作。即 BP 神经网络具有一定的容错能力。

（2）鉴于 BP 神经网络的这些优点，国内外不少研究学者都对其进行了研究，并运用该网络解决了不少应用问题。但是随着应用范围的逐步扩大，BP 神经网络也暴露出了越来越多的缺点和不足，具体如下：

1）局部极小化问题：从数学角度看，传统的 BP 神经网络为一种局部搜索的优化方法，它要解决的是一个复杂非线性化问题，网络的权值是沿局部改善的方向逐渐进行调整的，这样会使算法陷入局部极值，权值收敛到局部极小点，从而导致网络训练失败。加上 BP 神经网络对初始网络权重非常敏感，以不同的权重初始化网络，其往往会收敛于不同的局部极小点，这也是很多学者每次训练得到不同结果的根本原因。

2）BP 神经网络算法的收敛速度慢：由于 BP 神经网络算法本质上为梯度下降法，它所要优化的目标函数是非常复杂的，因此，必然会出现"锯齿形现象"，这使得 BP 算法低效；又由于优化的目标函数很复杂，它必然会在神经元输出接近 0 或 1 的情况下，出现一些平坦区，在这些区域内，权值误差改变很小，使训练过程几乎停顿；BP 神经网络模型中，为了使网络执行 BP 算法，不能使用传统的一维搜索法求每次迭代的步长，而必须把步长的更新规则预先赋予网络，这种方法也会引起算法低效。以上种种，导致了 BP 神经网络算法收敛速度慢的现象。

3）BP 神经网络结构选择不一：BP 神经网络结构的选择至今尚无一种统一而完整的理论指导，一般只能由经验选定。网络结构选择过大，训练中效率不高，可能出现过拟合现象，造成网络性能低，容错性下降，若选择过小，则又会造成网络可能不收敛。而网络的结构直接影响网络的逼近能力及推广能力。因此，应用中如何选择合适的网络结构是一个重要的问题。

4）应用实例与网络规模的矛盾问题：BP 神经网络难以解决应用问题的实例规模和网络规模间的矛盾问题，其涉及网络容量的可能性与可行性的关系问题，即学习复杂性问题。

5）BP 神经网络预测能力和训练能力的矛盾问题：预测能力也称泛化能力或者推广能力，而训练能力也称逼近能力或者学习能力。一般情况下，训练能力差时，预测能力也差，并且一定程度上，随着训练能力的提高，预测能力会得到提高。但这种趋势不是固定的，其有一个极限，当达到此极限时，随着训练能力的提高，预测能力反而会下降，也即出现所谓"过拟合"现象。出现该现象的原因是网络学习了过多的样本细节，学习出的模型已不能反映样本内含的规律，所以如何把握好学习的度，解决网络预测能力和训练能力间的矛盾问题也是 BP 神经网络的重要研究内容。

6）BP 神经网络样本依赖性问题：网络模型的逼近和推广能力与学习样本的典型性密切相关，而从问题中选取典型样本实例组成训练集是一个很困难的问题。

通过本章的学习，我们已经了解到 BP 神经网络的基本思想以及其实现的思路和方法。最小二乘法、梯度下降等方法，也是其他人工智能算法在减小误差时经常使用的方法，所以读者要弄懂这两种降低误差的方法，有利于接下来其他人工智能算法的学习。

13.5　本章习题

1. 画出 MP 神经元模型并列出模型的输入输出。
2. BP 神经网络模型拓扑结构包括什么？
3. BP 神经网络的主要特点是什么？
4. 请简述 BP 神经网络的流程。

第 14 章 循环神经网络

本章导读

循环神经网络（Recurrent Neural Network，RNN）是一类以序列数据为输入，在处理数据的方向上不断地进行递归处理，并且所有的处理节点（循环神经元）按链式连接的递归神经网络。

循环神经网络起源于 20 世纪 80—90 年代，并作为一种神经网络的算法之一。长短时记忆网络（Long Short-Term Memory Networks，LSTM）和双向循环神经网络（Bidirectional RNN，Bi-RNN）是常见的循环神经网络。循环神经网络的特点是具有记忆性、参数共享和图灵完备，在处理、学习非线性的特征数据时具有一定的优势。循环神经网络常用的领域是自然语言处理，如语音识别、机器翻译和语言建模等相关领域的应用，也可以应用于时间序列的预报。

本章要点

- 循环神经网络的定义
- 循环神经网络的核心技术：模型、处理方式、变体
- 循环神经网络的典型应用

循环神经网络
算法及应用

14.1 算法概述

循环神经网络（Recurrent Neural Network，RNN）是神经网络结构的一种，它的实现是根据"人的认知是基于过往经验和记忆"，它不仅仅考虑了前一个时刻的输入，而且还赋予了该网络对于前面提出的内容的记忆功能。

RNN 之所以被称为循环神经网络，是因为一个序列的输出与前面的输出也有关，表现形式为网络会对前面传递的信息进行记忆并将其作用到当前输出和后续的计算中，即隐藏层之间的节点是存在连接的，所以以在隐藏层的输入不仅包括输入层的输出，还包括上一个隐藏层的输出。

RNN 应用领域非常广泛，可用于处理各类与时间先后顺序有关的序列数据。较为常见的应用场景包括：自然语言处理，视频处理、语言框架、图像处理；机器翻译；语音识别；图像描述生成；文本相似度计算；广告推荐，音乐推荐、商品推荐、YouTube 视频推荐等新的应用领域。

14.2　算法原理

14.2.1　循环神经网络结构

一个简单的循环神经网络可以由一个输入层、一个隐藏层和一个输出层组成，如图
14-1 所示。

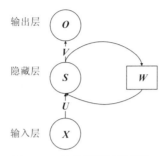

图 14-1　简单循环神经网络

如果将图 14-1 中与 W 相关的输入和输出去掉，该网络则变成了最普通的全连接神经
网络。在该网络中 X 和 S 分别代表一个向量，表示输入层和隐藏层的值，且 X 与 S 向量
的维数相同。U 表示的是输入层到隐藏层的权重，V 表示的是隐藏层到输出层的权重。O
表示的是输出的值，也是一个向量。那么 W 是什么呢？因为循环神经网络的隐藏层 S 不
仅仅取决于当前输入层的输入 X，还受上一隐藏层 S 的影响，所以 W 就是一个权重矩阵，
也就是隐藏层上一层的值对这一层的输入影响的权重。将抽象图转换为更具体的结构图（图
14-2），可以发现 U、W、V 在每个时刻都相等。

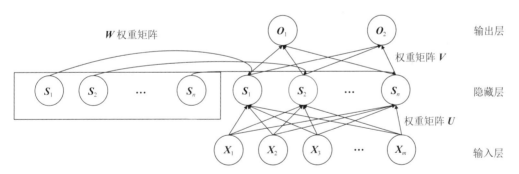

图 14-2　循环神经网络结构图

将上述简单神经网络按照时间线展开，如图 14-3 所示。

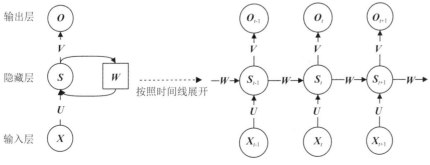

图 14-3　循环神经网络按照时间线展开图

从图 14-3 可以清晰地看到：在 t 时刻神经网络接收到输入 X_t 后，隐藏层的值为 S_t，该时刻的输出值为 O_t。要注意的是，S_t 取值不单单是取决于 X_t，还受到 S_{t-1} 的影响。将循环神经网络的每一步总结为一个公式可表达为

$$O_t=g（VS_t）$$

$$S_t=f（UX_t+WS_{t-1}）$$

在 $t=1$ 时刻，一般初始化输入 $S_0=0$，随机初始化 W、U、V，用下面的公式计算：

$$h_1=Ux_1+WS_0$$

$$S_1=f(h_1)$$

$$O_1=g(VS_1)$$

其中，f 和 g 均为激活函数。其中 f 可以是 tanh、ReLU、Sigmoid 等激活函数，g 通常是 softmax，也可以是其他。随着时间向前推进，此时的状态 S_1 作为 $t=1$ 时刻的记忆状态将参与下一个时刻的预测活动，也就是：

$$h_2=Ux_2+WS_1$$

$$S_2=f(h_2)$$

$$O_2=g(VS_2)$$

以此类推，可以得到最终的输出值为

$$h_t=Ux_t+WS_{t-1}$$

$$S_t=f(h_t)$$

$$O_t=g(VS_t)$$

14.2.2　RNN 结构变体

1. N vs 1 结构

有些时候我们处理的问题是输入一连串的序列，然后输出一个单独的值，如图 14-4 所示。通常这样的模型用来处理序列分类问题：如输入一段视频要求你判断视频属于哪个类别。

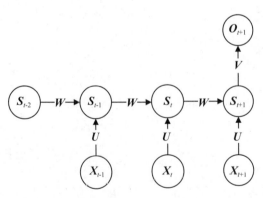

图 14-4　N vs 1 结构

2. 1 vs N 结构

1 vs N 结构的 RNN 模型如图 14-5 所示，该模型可以处理的问题有，输入一个图片，然后将图片中的信息转化为文字。此时输入的是图片的特征，输出的是一段句子。

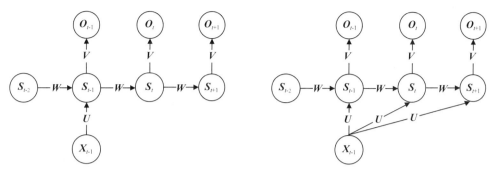

图 14-5 1 vs N 结构

3. N vs M 结构

N vs M 结构又叫 Encoder-Decoder（编码 - 解码）模型，也可以叫 Seq2Seq 模型。在基本的 N vs M 的 RNN 模型中，要求输入输出是等长的。然而在现实生活中我们能遇到的问题几乎都是不等长的，例如机器翻译，原始的语言和翻译语言的句子长度往往是不同的。

如图 14-6 所示，Encoder-Decoder 模型先将输入的数据编码成一个向量 C。得到 C 的方式很多，最简单的方法就是把 Encoder 最后隐藏层的状态赋值给 C，还可以将最后隐藏层的状态进行变换得到 C。在得到 C 之后，另一个 RNN 模型将其进行解码，所以这一部分 RNN 被称为 Decoder。

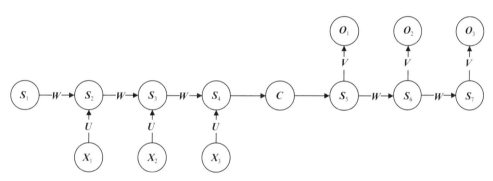

图 14-6 N vs M 结构

由于这种 Encoder-Decoder 结构不限制输入和输出的序列长度，因此应用的范围非常广泛。Encoder-Decoder 的最经典应用如下所述。文本摘要：输入是一段文本序列，输出是这段文本序列的摘要序列。阅读理解：将输入的文章和问题分别编码，再对其进行解码得到问题的答案。语音识别：输入是语音信号序列，输出是文字序列。

14.3 算法案例：数据走势与飞机乘客预测

14.3.1 数据走势预测案例

使用 RNN 的主要目的是预测下一阶段信息数据走向，RNN 先利用已经存在的数据即数据集进行训练，在得到模型之后，使用模型并进入下一阶段的信息数据预测中。

在这里，数据是通过一个函数来产生的，为了数据的真实性，在原有的数据基础上再加上了微小的噪声数据以保证数据符合现实数据状态。最后使用了 SimpleRNN 和 DeepRNN 预测数据的走势，并以图的形式展示出来。

1. 产生时间数据

```
1.  def generate_time_series(batch_size, n_steps):
2.      freq1, freq2, offsets1, offsets2 = np.random.rand(4, batch_size, 1) # 产生 4 个 batch_size×1 的 list
3.      time = np.linspace(0, 1, n_steps)
4.      series = 0.5 * np.sin((time - offsets1) * (freq1 * 10 + 10))        # 产生第一个序列 series1
5.      series += 0.2 * np.sin((time - offsets2) * (freq2 * 20 + 20))       # 在第一个序列 series1+ 第二个
                                                                              序列 series2
6.      series += 0.1 * (np.random.rand(batch_size, n_steps) - 0.5)         # + series+ 噪声
7.      return series[..., np.newaxis].astype(np.float32)
8.  np.random.seed(42)
9.  n_steps = 50
10. series = generate_time_series(10000, n_steps + 1)     #series 的格式是 10000×51×1 的 list
11. X_train, y_train = series[:7000, :n_steps], series[:7000, -1]
12. # X_train 取得是三维 list 中前 7000 前 50 二维 list，y_train 是取得三维 list 中前 7000 最后一个
    二维 list
13. X_valid, y_valid = series[7000:9000, :n_steps], series[7000:9000, -1]
14. # X_valid 取得是三维 list 中 7000 ～ 8999 前 50 二维 list，y_valid 是取得三维 list 中 7000 ～ 8999
    最后一个二维 list
15. X_test, y_test = series[9000:, :n_steps], series[9000:, -1]
16. # X_test 取得是三维 list 中 9000 ～ 10000 前 50 二维 list，y_test 是取得三维 list 中 9000 ～ 10000
    最后一个二维 list
```

3 个预测的时间序列如图 14-7 所示，使用曲线表示已经产生的时间序列数据，在 $t=50$ 时，有一个即将要预测的数，实际的函数值用符号 × 来表示。

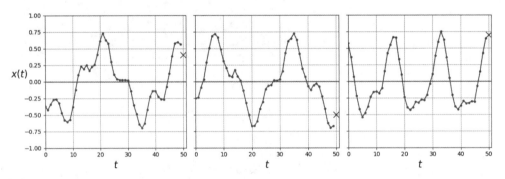

图 14-7　随机时间数据

使用 SimpleRNN 预测的结果如图 14-8 所示。

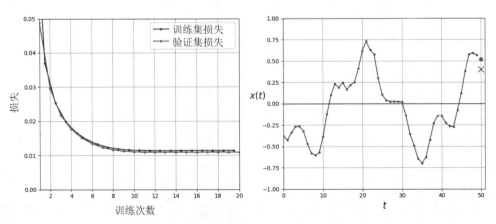

图 14-8　loss 函数与 SimpleRNN 预测

Python 程序代码如下：

```
1.  np.random.seed(42)          #产生随机种子
2.  tf.random.set_seed(42)       #产生随机种子
3.  model = tf.keras.Sequential([
4.    tf.keras.layers.SimpleRNN(1, input_shape=[None, 1])
5.    # 使用的模型是 SimpleRNN，1 表示只有一个神经元，input_shape 表示输出的模型
6.  ])
7.  model.compile(loss="mse", optimizer=tf.keras.optimizers.Adam(lr=0.005))    # 编译模型
8.  history = model.fit(X_train, y_train, epochs=20, validation_data=(X_valid, y_valid))
9.  #fit 函数返回一个 history 的对象，其 history.history 属性记录了损失函数和其他指标的数值
    随 epochs 变化的情况
10. # 如果有验证集，也包含了验证集的这些指标变化情况
11. model.evaluate(X_valid, y_valid)     # 损失值和选定的指标值
12. plt.figure(figsize=(12, 5))
13. plt.subplot(121) #subplot 121 其实就是 subplot [1,2,1]，表示在本区域里显示 1 行 2 列个图像
14. plot_learning_curves(history.history["loss"], history.history["val_loss"])     # 画 loss 函数图像
15. plt.subplot(122)
16. y_pred = model.predict(X_valid)     # 根据 X_valid 预测 y_pred
17. plot_series(X_valid[0, :, 0], y_valid[0, 0], y_pred[0, 0])     #将图像和预测值画出来
18. plt.tight_layout()
19. plt.show()
```

如图 14-8 所示的输出结果，该 RNN 只有一层，且只有一个神经元，共有 3 个参数 W_x、W_y 和 b。由于 RNN 能够处理任意长度的序列，因此不需要指定输入长度。SimpleRNN 层默认使用 tanh 激活函数。Keras 中循环网络层默认只输出最终的结果，如果想保留中间结果，请指定参数：return_sequences=True。

2. 使用 DeepRNN 预测

使用 DeepRNN 预测的结果如图 14-9 所示。

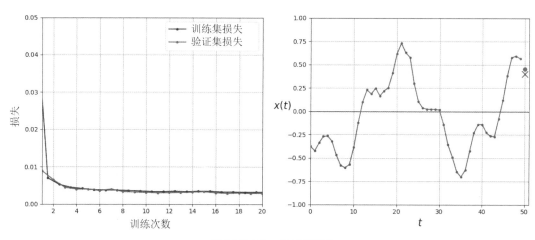

图 14-9　DeepRNN 预测

如图 14-9 所示，当深度加深后，RNN 的预测效果变好很多，比起 Simple RNN，预测的结果更加接近真实值。

```
1.  np.random.seed(42)
2.  tf.random.set_seed(42)
3.  model = tf.keras.Sequential([
4.    tf.keras.layers.SimpleRNN(20, return_sequences=True, input_shape=[None, 1]),
```

```
5.      tf.keras.layers.SimpleRNN(20, return_sequences=True),
6.      # 与 simpleRNN 不一样的地方就是当前的神经元的结果与前面的 20 神经元相关
7.   tf.keras.layers.SimpleRNN(1)
8.   ])
9.   model.compile(loss="mse", optimizer="adam")
10.  history = model.fit(X_train, y_train, epochs=50, validation_data=(X_valid, y_valid))
11.  model.evaluate(X_valid, y_valid)
12.  plt.figure(figsize=(12, 5))
13.  plt.subplot(121)
14.  plot_learning_curves(history.history["loss"], history.history["val_loss"])
15.  plt.subplot(122)
16.  y_pred = model.predict(X_valid)
17.  plot_series(X_valid[0, :, 0], y_valid[0, 0], y_pred[0, 0])
18.  plt.tight_layout()
19.  plt.show()
```

14.3.2 飞机乘客预测案例

该案例使用的数据集为 airline-passengers.csv，该数据集记录了从 1949 年 1 月到 1960 年 12 月期间美国航空每月的乘客数量，总数据为 144 条。下面列举了数据的前 10 项，见表 14-1。

表 14-1 案例数据（部分）

月份	乘客人数 / 千人
1949/1/1	112
1949/2/1	118
1949/3/1	132
1949/4/1	129
1949/5/1	121
1949/6/1	135
1949/7/1	148
1949/8/1	136
1949/9/1	119
1949/10/1	115

在使用循环神经网络进行预测的时候，我们使用前面 100 条作为训练数据，后面 44 条用来验证，然后使用训练的模型来预测 30 ～ 144 的数据。

该预测的模型可用如下代码定义。

```
1.   model = keras.Sequential([
2.      layers.SimpleRNN(80, return_sequences = True),
3.      layers.Dropout(0.2),
4.      layers.SimpleRNN(100),
5.      layers.Dropout(0.2),
6.      layers.Dense(1)
7.   ])
8.   model.build(input_shape = (None, 30, 1))
9.   model.compile(optimizer = 'adam',
```

```
10.          loss = 'mean_squared_error')
11.  history = model.fit(train_db, epochs=100, validation_data=test_db, validation_freq=5)
12.  # 对验证集输入模型数据的预测，然后进行对比
13.  predicted = model.predict(x_val)
```

最后将预测的数据和真实数据进行对比，如图 14-10 所示。

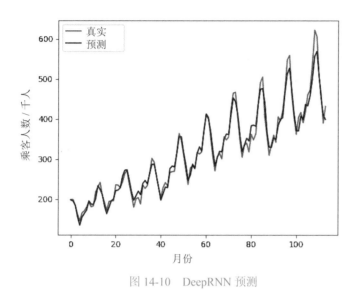

图 14-10   DeepRNN 预测

14.4   算法总结

通过本章的学习，我们已经了解到循环神经网络的基本思想以及其实现的思路和方法。了解循环神经网络可以帮助我们解决预测和分类等问题，选择适当的方法则可以事半功倍。虽然循环神经网络处理时间序列问题的效果很好，但是仍然存在着一些问题，其中较为严重的是容易出现梯度消失或者梯度爆炸的问题。此外，循环神经网络还有一些改进的模型，这些模型各有千秋，适用于不同的预测任务。

14.4.1   双向 RNN

在某些电影里面，你要预测一个角色的身份，当你使用前面的影片信息预测不到你想要的内容时，则需要使用这个影片该时段后面的信息来预测，这就是双向 RNN。双向 RNN 的结构如图 14-11 所示。

从前到后：

$$\overrightarrow{S_t^1} = f(\overrightarrow{U_t^1} X_t + \overrightarrow{W^1} S_{t-1} + \overrightarrow{b^1}) \tag{14-1}$$

从后往前：

$$\overleftarrow{S_t^2} = f(\overleftarrow{U_t^2} X_t + \overleftarrow{W^1} S_{t-1} + \overleftarrow{b^2}) \tag{14-2}$$

输出：

$$O_t = \text{softmax}(V\left[\overrightarrow{S_t^1}; \overleftarrow{S_t^2}\right]) \tag{14-3}$$

需要注意的是，$\left[\overrightarrow{S_t^1}; \overleftarrow{S_t^2}\right]$ 在这里使用了向量的拼接，因为双向 RNN 需要的内存是单向 RNN 的两倍，在同一时刻，双向 RNN 需要保存两个方向的权值。

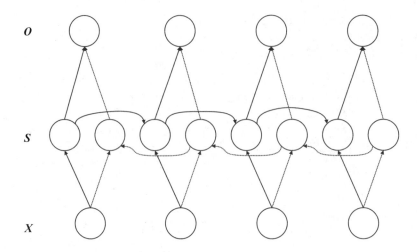

图 14-11 双向 RNN 结构示意图

14.4.2 深层双向 RNN

深层双向 RNN 与双向 RNN 的不同之处在于，深层双向 RNN 多了几个隐藏层。深层双向 RNN 就类似背英语单词的过程，当我们背单词时看了一遍很难就记住所有的单词，而是需要在每次记忆的时候，将前一次背过的单词复习一遍，然后再背一部分新的单词。双向 RNN 就是基于这样一个思想，隐藏层输入有两个来源：一个是前一时刻隐藏层传过来的信息 $\overrightarrow{h_{t-1}^i}$，另一个是当前时刻上一个神经元传过来的信息 $h_{t-1}^i = \left[\overrightarrow{h_t^{i-1}}; \overleftarrow{h_t^{i-1}}\right]$。深层双向 RNN 结构如图 14-12 所示。

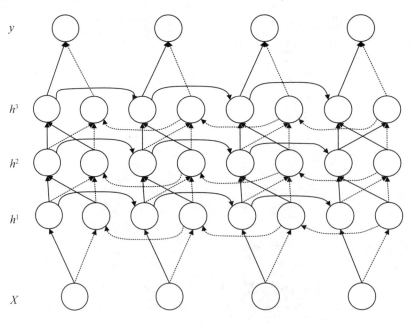

图 14-12 深层双向 RNN 结构示意图

图 14-12 中的模型可以用公式表示为

$$\overrightarrow{h_t^i} = f(\overrightarrow{W^i h_t^{i-1}} + \overrightarrow{V^i h_{t-1}^i} + \overrightarrow{b^i}) \tag{14-4}$$

$$\overleftarrow{h_t^i} = f(\overleftarrow{W^i h_t^{i-1}} + \overleftarrow{V^i h_{t-1}^i} + \overleftarrow{b^i}) \tag{14-5}$$

然后再利用最后一层进行分类，分类公式如下：

$$y_t = g(Uh_t + c) = g(U\left[\overrightarrow{h_t^{i-1}}; \overleftarrow{h_t^{i-1}}\right] + c) \tag{14-6}$$

14.4.3　金字塔 RNN（Pyramidal RNN）

Pyramidal RNN 的原理是，有一个输入序列 $x_1,x_2,\cdots,x_t$，第一层（最低层）是双向 RNN。如图 14-13 所示，这个模型可以直接用于 Encoder-Decoder 的语音识别。在这个模型中，第一层是双向 RNN，第二层是将若干个第一层的输出整合起来作为输出结果，是双向 RNN，这样的目的是可以将后续的序列缩短。后面一直这样下去，这样的结构比单纯的双向 RNN 更加容易实现训练。在第二层的模块中虽然需要处理若干个第一层模块的输出，但是这样做有利于计算机的并行加速。RNN 很难实现并行计算，因为下一个节点必须等待上一个节点的输出才能进行下一个操作，但是在 Pyramidal RNN 的高层模块中，串行变短了，虽然在处理过程中每个模块的计算量很大，但是是可以实现并行运算加速的。

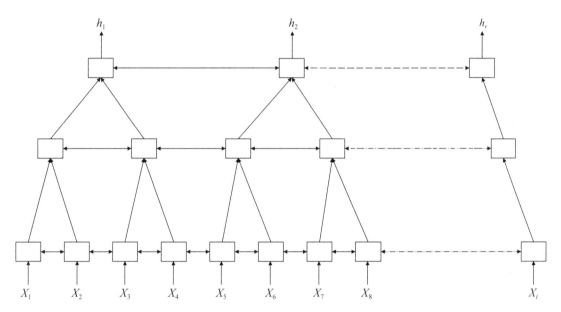

图 14-13　Pyramidal RNN 结构示意图

14.5　本章习题

1．在循环神经网络中其参数 U、V、W 是否是共用的？

2．举出几种循环神经网络的结构。

第 15 章　卷积神经网络

卷积神经网络
算法及应用

15.1　算法概述

15.1.1　卷积神经网络的起源与应用

　　神经网络的结构组成灵感来源于人类的神经元与神经系统，随着计算机技术的飞速发展和交叉学科的不断普及，学术界将此引入人工智能领域，作为一种工具用于解决学术上的问题。卷积神经网络由一个或多个卷积层和顶端的全连通层（对应经典的神经网络）组成，同时也包括关联权重和池化层（Pooling Layer）。这一结构使得卷积神经网络能够利用输入数据的二维结构。与其他深度学习结构相比，卷积神经网络在图像和语音识别方面能够给出更好的结果。这一模型也可以使用反向传播算法进行训练。相比较其他深度、前馈神经网络，卷积神经网络需要考量的参数更少，因此成为一种颇具吸引力的深度学习结构。

　　卷积神经网络的发展最早可以追溯到 1962 年，20 世纪 60 年代初，David Hubel 和 Torsten Wiesel 等提出了感受场（Receptive Fields）的概念，因他们在视觉系统中信息处理方面的杰出贡献，在 1981 年获得了诺贝尔生理学或医学奖；1980 年，日本科学家福岛邦彦提出了一个包含卷积层、池化层的神经网络结构，并提出卷积神经网络的认知控制（Neurocognition）概念和深度学习中的注意力（Attention）网络概念；1998 年，Yann Lecun 提出了 LeNet-5 模型，将 BP 算法应用到神经网络结构的训练上，形成了当代卷积神经网络的雏形；2012 年，ImageNet 图像识别大赛中，Hinton 组提出的 Alexnet 引入了全新的深层结构和 Dropout 方法，将错误率由 25% 以上降到了 15%。

2013 年，Lecun 等提出一个 Dropconnect，把错误率降低到了 11%，同时颜水成等则提出了 Network in Network（NIN），NIN 的思想是 CNN 原来的结构是完全可变的，然后加入了一个 1×1conv 层，其应用在 2014 年 Imagine 获得了图像检测的冠军。同年，Inception 和 VGG 在 2014 年把网络加深到了 20 层左右，图像识别的错误率也大幅降低到 6.7%，接近人类的 5.1%；2015 年，MSRA 的任少卿、何凯明、孙剑等，尝试把 Identity 加入到神经网络中。最简单的 Identity 却出人意料地有效，直接使 CNN 能够深化到 152 层、1202 层等，错误率也降到了 3.6%。后来，ResNeXt、Residual-Attention、DenseNet、SENet 等也各有贡献，各自引入了 Group convolution、Attention、Dense connection、channelwise-attention 等，最终 ImageNet 上错误率降到了 2.2%。现在，即使是手机上的神经网络，也能达到超过人类的水平。由于 CNN 结构越来越复杂，谷歌提出了 Nasnet 来自动用 Reinforcement Learning 去寻找一个优化的结构。Nas 是目前 CV 界一个主流的方向，自动寻找最好的结构，以及给定参数数量 / 运算量下最好的结构，便于应用于移动终端等小型设备。

随后，卷积神经网络的模型和参数调优便随着人工智能的火速发展而不断进化和更新，逐渐应用到我们的生活，尤其是医疗、自然语言处理以及计算机视觉等领域。目前一维卷积一般用于序列模型、自然语言处理模型，二维卷积一般用于计算机视觉、图像处理领域，三维卷积一般用于医学领域、视频处理领域（检测动作或用户行为）。

介绍卷积神经网络之前，先介绍一些预备知识，这样能够加深读者对神经网络的认识和理解，便于后续的改进和搭建简易的神经网络模型。

15.1.2　卷积神经网络结构特点

卷积神经网络具有以下 3 个特点：局部连接、权重共享和下采样。正是由于这些特征，卷积神经网络相比于全连接网络能够有效减少网络参数，加快训练速度，下面分别对这 3 个特点和形成原理进行介绍。

1. 局部连接

卷积神经网络的结构体现了局部连接特性，尤其是在进行图像识别的时候不需要对整个图像进行处理，只需要关注图像中某些特殊的区域。全连接神经网络与卷积神经网络的神经元接收信息情况如图 15-1 所示。

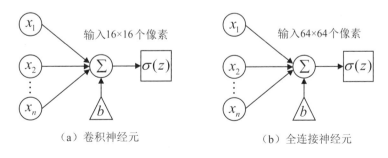

图 15-1　神经元信息输入对比图

2. 权重共享

卷积神经网络的部分神经元参数权重相同，都为相同的 $w_1,w_2,\cdots,w_n$，这也是卷积神经网络模型训练速度较快的原因。权值共享详细说明就是当给一张输入图片时，用一个 filter

去扫这张图，而 filter 里面的数就叫权重，由于这张图每个位置是被同样的 filter 扫的，因此每次扫的时候权重是一样的，也就是权重共享。

3. 下采样

在卷积神经网络处理图像时，对图像像素进行下采样，并不会对物体进行改变，虽然下采样之后的图像尺寸变小了，但是并不影响对图像中物体的识别。

使用卷积神经网络的目的：特征提取，降低过拟合。

15.1.3　卷积神经网络核心概念

1. 卷积计算

卷积神经网络的计算过程如图 15-2 所示，通过一个 3×3 的矩阵对应输入图像进行卷积运算，即对矩阵内积的结果进行相加，最后对应得到一个输出，以此类推。

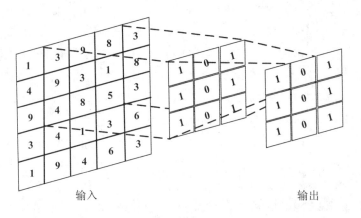

输入　　　　　　　　　　　　　　输出

图 15-2　卷积计算过程

如图 15-2 所示，其具体计算过程为，每次卷积计算的结果会作为输出特征图像的一个点，而特征图像在进行卷积后输出新的特征图像。卷积矩阵会对应在输入的特征图像上进行滑动，其滑动的大小称为步数，一般是沿着从左到右、从上到下这样的次序。

2. 感受野

感受野（Receptive Field）：卷积神经网络各输出特征图像中的每个像素点，在原始输入图像上映射区域的大小。图 15-3 所示是一个微型的 CNN 结构，它表示的是两个 3×3 的卷积核进行卷积成为了一个 5×5 的卷积核。

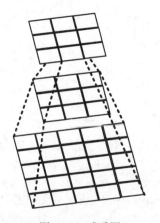

图 15-3　感受野

如图 15-3 所示，其中第 2 层左下角的值，是第 1 层左下 3×3 区域的值经过卷积，也就是乘加运算计算出来的，即第 2 层左下角位置的感受野是第 1 层左下区域。第 3 层唯一值，是第 2 层所有 3×3 区域卷积得到的，即第 3 层唯一位置的感受野是第 2 层所有 3×3 区域。第 3 层唯一值，是第 1 层所有 5×5 区域经过两层卷积得到的，即第 3 层唯一位置的感受野是第 1 层所有 5×5 区域经过三层卷积得到的。

3. 全零填充

全零填充是指在进行卷积计算时，卷积核较大导致感受野几乎覆盖图像，难以进行更多的卷积运算，因此使用全零填充即在图像处理的区域进行扩张，对边缘扩张的像素点进行 0 填充，如图 15-4 所示。

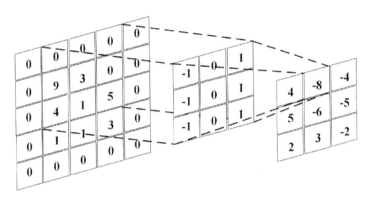

图 15-4 全零填充图

4. 批标准化（Batch Normalization，BN）

标准化：使数据符合均值为 0，标准差为 1 的分布。批标准化：对一小批数据（Batch），做标准化处理。批标准化后，第 k 个卷积核的输出特征图像（Feature Map）中第 i 个像素点为

$$H'^k_i = \frac{H^k_i - \mu^k_{\text{batch}}}{\sigma^k_{\text{batch}}} \tag{15-1}$$

其中，H^k_i 表示批标准化前，第 k 个卷积核，输出特征图像中第 i 个像素点；σ^k_{batch} 表示批标准化前，第 k 个卷积核，batch 张输出特征图像中所有像素点的平均值；μ^k_{batch} 表示批标准化前，第 k 个卷积核，batch 张输出特征图像中所有像素点的标准差。

5. 池化（Pooling）

池化用于减少特征数据量，最大池化可提取图片纹理，均值池化可保留背景特征。对卷积结果进行池化，分为两种形式即最大池化和均值池化，如图 15-5 所示。

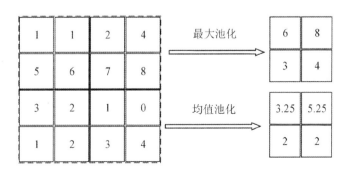

图 15-5 池化过程图

6. 舍弃（Dropout）

在神经网络训练时，将一部分神经元按照一定概率从神经网络中暂时舍弃。神经网络使用时，被舍弃的神经元恢复连接。这一过程读者可自行选择是否使用，因为当构建网络模型存在过拟合的风险时，需要对其进行正则化的相关操作。过拟合现象通常是在网络模型太大，训练时间过长，或者没有足够多的数据时发生。Dropout 技术确实提升了模型的性能，一般是添加到卷积神经网络模型的全连接层中，如图 15-6 所示。

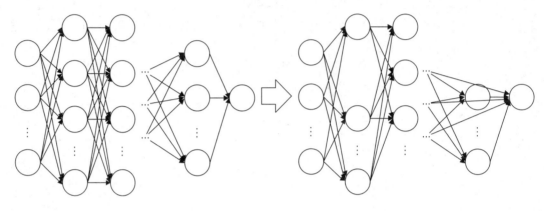

图 15-6　舍弃过程图

15.2　算法原理

15.2.1　选择激活函数

使用激活函数作为最终输出的裁定，其原因在于：①增强网络的表达能力，需要激活函数将线性函数转化为非线性函数；②非线性激活函数连续可导，可以通过最优化方法求解。几种常见的激活函数实例见表 15-1，对于激活函数的选择，推荐新手使用 ReLU 激活函数。

表 15-1　激活函数实例对比图

激活函数名称	激活函数图像	原函数	导函数
Logistics		$f(x) = \dfrac{1}{1+e^{-x}}$	$f'(x) = f(x)[1-f(x)]$
tanh		$f(x) = \tanh(x) = \dfrac{2}{1+e^{-2x}} - 1$	$f'(x) = 1 - [f(x)]^2$
arctan		$f(x) = \tan^{-1}(x)$	$f'(x) = \dfrac{1}{x^2 + 1}$

续表

激活函数名称	激活函数图像	原函数	导函数
ReLU		$f(x)=\begin{cases}0, & x<0 \\ x, & x\geqslant 0\end{cases}$	$f'(x)=\begin{cases}0, & x<0 \\ x, & x\geqslant 0\end{cases}$
PReLU		$f(x)=\begin{cases}\alpha x, & x<0 \\ x, & x\geqslant 0\end{cases}$	$f'(x)=\begin{cases}\alpha x, & x<0 \\ x, & x\geqslant 0\end{cases}$

15.2.2　比较损失函数

损失函数（loss）：用以计算预测值与真实值之间的差距，模型训练的过程就是通过不断对神经网络进行优化使得损失函数减小，损失函数越小则与预测结果越相近，效果越好。损失函数用来评价模型的预测值和真实值不一样的程度，损失函数越好，通常模型的性能越好。在这里介绍较为常用的几种损失函数。

1. 0-1 损失函数

0-1 损失是指预测值和真实值不相等时为 1，否则为 0。该损失函数的计算方式如式（15-2）所示。

$$L(Y, f(X))=\begin{cases}1, & Y\neq f(x) \\ 0, & Y=f(x)\end{cases} \tag{15-2}$$

0-1 损失函数直接对应分类判断错误的个数，但是它是一个非凸函数，不太适用；感知机就是用的这种损失函数，但是由于条件太过严格，因此放宽条件，即 $|Y-f(x)|<T$ 时认为相等，如式（15-3）所示。

$$L(Y, f(x))=\begin{cases}1, |Y-f(x)|\geqslant T \\ 0, |Y-f(X)<T\end{cases} \tag{15-3}$$

2. 绝对值损失函数

绝对值损失函数是计算预测值与真实值的差的绝对值，如式（15-4）所示。

$$L(Y, f(x))=|Y-f(x)| \tag{15-4}$$

3. log 对数损失函数

log 对数损失函数的标准形式如式（15-5）所示。

$$L(Y, P(Y\,|\,X))=-\log P(Y\,|\,X) \tag{15-5}$$

log 对数损失函数能非常好地表征概率，尤其是在多分类场景下，求解置信度问题上非常合适；但其健壮性不强，相比 Hinge 损失函数对噪声更敏感。逻辑回归的损失函数就是 log 对数损失函数。

4. 平方损失函数

平方损失函数的标准形式如式（15-6）所示，经常应用于回归问题。

$$L(Y\,|\,f(X))=\sum_{N}[Y-f(X)]^{2} \tag{15-6}$$

5. 指数损失函数

指数损失函数的特点是对离群点、噪声比较敏感，经常应用于 AdaBoost 算法中，其标准形式为

$$L(Y \mid f(X)) = \exp[yf(x)] \tag{15-7}$$

6. Hinge 损失函数

Hinge 损失函数标准形式为

$$L(y \mid f(x)) = \max(0, 1 - yf(x)) \tag{15-8}$$

其特点是，Hinge 损失函数表示如果被分类正确，损失为 0，否则就为 1-$yf(x)$，SVM 就是使用这个损失函数；一般的 $f(x)$ 是预测值，在 -1 到 1 之间，y 是目标值（-1 或 1）。其含义是，$f(x)$ 的值在 -1 和 +1 之间就可以了，并不鼓励 $f(x)>1$，即并不鼓励分类器过度自信，让某个正确分类的样本离分割线超过 1 并不会有任何奖励，从而使分类器可以更专注于整体的误差。

7. 感知损失函数

感知损失函数是 Hinge 损失函数的一个变种，Hinge 损失函数对判定边界附近的点（正确端）惩罚力度很高。而感知损失函数只要样本的判定类别正确，它就满意，不管其判定边界的距离。它比 Hinge 损失函数简单，因其不考虑最大边界样本点的处理问题，所以模型的泛化能力没 Hinge 损失函数强，其标准形式为

$$L(y \mid f(x)) = \max(0, -f(x)) \tag{15-9}$$

8. 交叉熵损失函数

交叉熵损失函数本质上也是一种对数似然函数，可用于二分类和多分类任务中。其具有"误差大的时候，权重更新快；误差小的时候，权重更新慢"的良好性质。当使用 Sigmoid 作为激活函数的时候，常用交叉熵损失函数而不用均方误差损失函数，因为它可以完美解决平方损失函数权重更新过慢的问题。其公式为

$$C = -\frac{1}{n} \sum_{x} [y \ln a + (1-y) \ln(1-a)] \tag{15-10}$$

其中，x 表示样本，y 表示实际的标签，a 表示预测的输出，n 表示样本总数量。当应用于二分类问题中时，loss 函数（输入数据是 softmax 或者 Sigmoid 函数的输出）为

$$\text{loss} = -\frac{1}{n} \sum_{x} [y \ln a + (1-y) \ln(1-a)] \tag{15-11}$$

当应用于多分类问题中时，loss 函数（输入数据是 softmax 或者 Sigmoid 函数的输出）为

$$\text{loss} = -\frac{1}{n} \sum_{x} y_i \ln a_i \tag{15-12}$$

Tip：

（1）对数损失函数和交叉熵损失函数是互通的，它们的桥梁就是最大似然估计，有的说法是最大似然损失函数。

（2）交叉熵函数与似然函数的区别与联系。区别：交叉熵函数用来描述模型预测值和真实值的差距大小，越大代表越不相近；似然函数的本质就是衡量在某个参数下，整体的估计和真实的情况一样的概率，越大代表越相近。联系：交叉熵函数可以由最大似然函数在伯努利分布的条件下推导出来，或者说最小化交叉熵函数的本质就是对数似然函数的最大化。

15.2.3　训练参数调优

通过损失函数计算出真实值与预测值之间的差距之后，便需要对网络模型进行调整，最终目标是实现预测数据与真实数据的贴近。而实现计算结果与真实数据相近的关键是通过对网络模型初始化的参数进行调整，使得总损失最小。因此选择一种较快而又有效的调整方法是实现模型快速训练的重要前提。本节将简单介绍两种参数学习方法：梯度下降与反向传播算法。

1. 梯度下降算法

梯度下降算法的原理如图 15-7 所示，在网络初始化时会自动生成随机的权重 w 与偏置 b，根据损失函数计算得到损失值，调节神经网络内的参数 $\theta=\{w_1,w_2,\cdots;b_1,b_2,\cdots\}$ 的取值使得总损失值越来越小。首先计算梯度值 $\partial L/\partial w$，若梯度值为负则增加 w，反之减小 w：$w \to w-\eta\dfrac{\partial L}{\partial w}$。

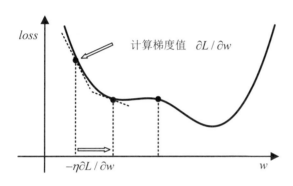

图 15-7　梯度下降算法原理图

如图 15-8 所示，其中 η 代表"学习率"，学习率设置过大有可能会跳过总损失最小点，若是过小则可能停留在局域内损失最小点，因此可先设置较大的学习率，后设置较小的学习率进行调整。

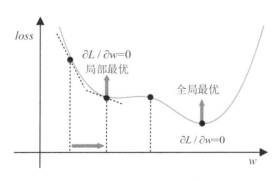

图 15-8　学习率调参影响图

2. 反向传播算法

反向传播顾名思义是从模型结尾倒着反馈到前端，其过程大致如图 15-9 所示，从后向前实现参数的不断更新。

其过程遵循链式法则，具体的示例如图 15-10 所示，按图 15-10 所示计算 $e=(a+b)(b+1)$，求解出 $\dfrac{\partial e}{\partial a}$、$\dfrac{\partial e}{\partial b}$。

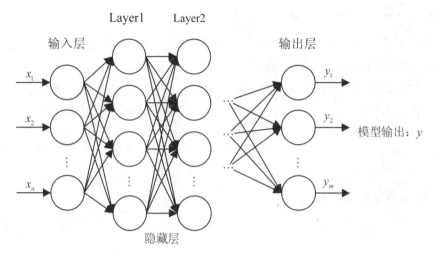

图 15-9　反向传播过程

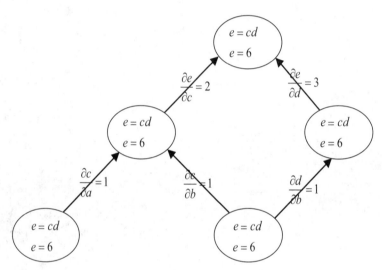

图 15-10　反向传播举例

$\dfrac{\partial e}{\partial a}=\dfrac{\partial e}{\partial c}\cdot\dfrac{\partial c}{\partial a}$，图中 $\dfrac{\partial e}{\partial a}$ 的值等于从 a 到 e 的路径上的偏导值的乘积。

$\dfrac{\partial e}{\partial b}=\dfrac{\partial e}{\partial c}\cdot\dfrac{\partial c}{\partial b}+\dfrac{\partial e}{\partial d}\cdot\dfrac{\partial d}{\partial b}$，图 15-10 中 $\dfrac{\partial e}{\partial b}$ 的值等于从 b 到 e 的路径（b-c-e）上的偏导值的乘积加上路径（b-d-e）上的偏导值的乘积。

若自下而上求解，很多路径被重复访问。比如图 15-10 中，求 $\dfrac{\partial e}{\partial a}$ 需要计算路径 a-c-e，求 $\dfrac{\partial e}{\partial b}$ 需要计算路径 b-c-e 和 b-d-e，路径 c-e 被访问了两次。

自上而下：从最上层的节点 e 开始，对于 e 的下一层的所有子节点，将 e 的值（e 是最顶点，值 =1）乘到某个节点路径上的偏导值，并将结果发送到该子节点。该子节点的值被设为"发送过来的值"，继使此过程向下传播。

第一层：节点 e 初始值为 1。

第二层：节点 e 向节点 c 发送 1×2，节点 e 向节点得 d 发送 1×3，节点 c 值为 2，节点 d 值为 3。

第三层：节点 c 向 a 发送 2×1，节点 c 向 b 发送 2×1，节点 d 向 b 发送 3×1，节点 a 值为 2，节点 b 值为 2×1+3×1=5。

即顶点 e 对 a 的偏导数为 2，顶点 e 对 b 的偏导数为 5。

15.3 算法案例：对 Cifar10 数据集图像分类

卷积神经网络模型的实现在本书主要是基于 Python 环境，采用 TensorFlow 深度学习框架进行搭建，主要实现流程如图 15-11 所示。

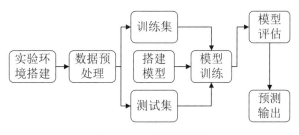

图 15-11 算法流程图

15.3.1 Cifar10 数据集使用

本次使用的数据集为 Cifar10 数据集，其提供 5 万张 32×32 像素点的十分类彩色图片和标签用于训练；提供 1 万张 32×32 像素点的十分类彩色图片和标签用于测试。Cifar10 数据集的加载和使用方法可通过如下代码实现。

```
1.  cifar10 = tf.keras.datasets.cifar10                              # 加载数据集
2.  # 加载测试集和训练集
3.  (x_train, y_train), (x_test, y_test) = cifar10.load_data()
4.  # 可视化训练集输入特征的第一个元素
5.  plt.imshow(x_train[0])                                           # 绘制图片
6.  plt.show()                                                       # 对图片进行展示
7.  # 打印训练集相关信息
8.  print("x_train[0]:\n", x_train[0])                               # 打印第一个训练集图片信息
9.  print("y_train[0]:\n", y_train[0])                               # 打印第一个训练集图片信息
10. print("x_train.shape:\n", x_train.shape)                         # 打印训练集的维度
```

15.3.2 卷积神经网络模型训练

实现图片分类的神经网络模型的主要代码如下，通过代码注释读者可以理解整个模型搭建和训练的过程。

```
1.  cifar10 = tf.keras.datasets.cifar10                              # 加载数据集
2.  (x_train, y_train), (x_test, y_test) = cifar10.load_data()       # 加载训练集测试集
3.  x_train, x_test = x_train / 255.0, x_test / 255.0                # 处理像素值
4.  # 构建卷积神经网络处理模型
5.  class Baseline(Model):                                           # 定义模型结构
6.      def __init__(self):                                          # 模型初始化
7.          super(Baseline, self).__init__()                         # 调用父类函数
```

```
8.    # 定义卷积层窗口，滤波器数量为 6，卷积核大小为 5×5，填充采用 same 类型
9.        self.c1 = Conv2D(filters=6, kernel_size=(5, 5), padding='same')
10.       self.b1 = BatchNormalization()                    # 批量标准化层
11.       self.a1 = Activation('relu')                      # 激活层 relu
12.   # 池化层的大小为 2×2，步长为 2，类型为 same
13.       self.p1 = MaxPool2D(pool_size=(2, 2), strides=2, padding='same')
14.       self.d1 = Dropout(0.2)                            # 舍弃层
15.       self.flatten = Flatten()                          # 数据拉直
16.       self.f1 = Dense(128, activation='relu')           # 全连接层
17.       self.d2 = Dropout(0.2)                            # 舍弃 20% 神经元
18.       self.f2 = Dense(10, activation='softmax')         # 全连接层
19.
20.   def call(self, x):                                    # 模型调用
21.       x = self.c1(x)                                    # 调用卷积层结构
22.       x = self.b1(x)                                    # 调用标准化层
23.       x = self.a1(x)                                    # 调用激活层
24.       x = self.p1(x)                                    # 调用池化层
25.       x = self.d1(x)                                    # 调用舍弃层
26.
27.       x = self.flatten(x)                               # 调用一维函数
28.       x = self.f1(x)                                    # 调用全连接层
29.       x = self.d2(x)                                    # 调用舍弃层
30.       y = self.f2(x)                                    # 调用全连接层
31.       return y
32. model = Baseline()                                      # 定义模型对象
33. # 模型编译，设置模型参数，分别有编译器 adam、损失函数、评价指标等
34. model.compile(optimizer='adam',loss=tf.keras.losses.SparseCategoricalCrossentropy(from_
        logits=False),metrics=['sparse_categorical_accuracy'])
35. # 设置训练好的模型保存路径
36. checkpoint_save_path = "./checkpoint/Baseline.ckpt"
37. # 每次训练时检查是否可续训练
38. if os.path.exists(checkpoint_save_path + '.index'):     # 判断目录下文件
39.    print('-------------load the model-----------------')  # 存在并加载权重
40.    model.load_weights(checkpoint_save_path)             # 断点续训
41. # 保存每次模型训练的最佳参数，括号内参数代表保存路径、保存权重、保存最佳参数
42. cp_callback=tf.keras.callbacks.ModelCheckpoint(filepath=checkpoint_save_path, save_weights_
        only=True, save_best_only=True)
43. # 模型训练，输入训练数据 train，指定批次大小 32，训练次数 15，指定测试集 test 保存模型
44. history = model.fit(x_train, y_train, batch_size=32, epochs=15, validation_data=(x_test, y_test),
        validation_freq=1, callbacks=[cp_callback])
45. model.summary()                                         # 打印模型结构
46. # 权重保存
47. file = open('./weights.txt', 'w')                       # 指定保存文件
48. for v in model.trainable_variables:                     # 遍历训练参数值
49.    file.write(str(v.name) + '\n')                       # 写名称到文件
50.    file.write(str(v.shape) + '\n')                      # 写维度到文件
51.    file.write(str(v.numpy()) + '\n')                    # 写数组到文件
52. file.close()                                            # 关闭文件
```

如图 15-12 所示为最终训练完模型得到的结果，通过实验结果对比可知，在训练过程中准确率随训练结果上升，损失逐渐下降。

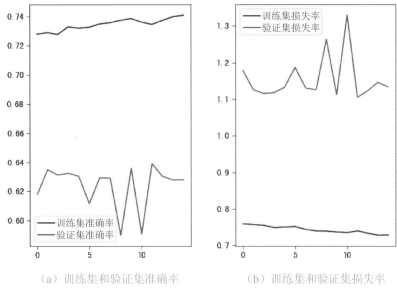

（a）训练集和验证集准确率　　　　　（b）训练集和验证集损失率

图 15-12　训练过程图

整个模型的结构如图 15-13 所示，通过 model.summary() 打印出来。

```
Layer (type)                 Output Shape              Param #
=================================================================
conv2d (Conv2D)              multiple                  456
_____
batch_normalization (BatchNo multiple                  24
_____
activation (Activation)      multiple                  0
_____
max_pooling2d (MaxPooling2D) multiple                  0
_____
dropout (Dropout)            multiple                  0
_____
flatten (Flatten)            multiple                  0
_____
dense (Dense)                multiple                  196736
_____
dropout_1 (Dropout)          multiple                  0
_____
dense_1 (Dense)              multiple                  1290
=================================================================
Total params: 198,506
Trainable params: 198,494
Non-trainable params: 12
```

图 15-13　神经网络各层次结构图

15.3.3　图片模型预测

下面根据训练好的模型对随机从网页下载的图像进行预测，以下代码可实现随机图片的类别预测。

```
1.  model_save_path = './checkpoint/Baseline.ckpt'        #加载模型路径
2.  #模型结构复现
3.  class Baseline(Model):                                #定义模型结构
4.    def __init__(self):                                 #模型初始化
5.      super(Baseline, self).__init__()                  #调用父类函数
6.  #定义卷积层窗口，滤波器数量为6，卷积核大小为5×5，填充采用 same 类型
7.      self.c1 = Conv2D(filters=6, kernel_size=(5, 5), padding='same')
8.      self.b1 = BatchNormalization()                    #批量标准化层
9.      self.a1 = Activation('relu')                      #激活层 relu
10. #池化层的大小为 2×2，步长为 2，类型为 same
11.     self.p1 = MaxPool2D(pool_size=(2, 2), strides=2, padding='same')
12.     self.d1 = Dropout(0.2)                            #舍弃层
13.     self.flatten = Flatten()                          #数据拉直
14.     self.f1 = Dense(128, activation='relu')           #全连接层
15.     self.d2 = Dropout(0.2)                            #舍弃 20% 神经元
16.     self.f2 = Dense(10, activation='softmax')         #全连接层
17.
18.   def call(self, x):                                  #自建模型调用
19.     x = self.c1(x)                                    #调用卷积层结构
20.     x = self.b1(x)                                    #调用标准化层
21.     x = self.a1(x)                                    #调用激活层
22.     x = self.p1(x)                                    #调用池化层
23.     x = self.d1(x)                                    #调用舍弃层
24.
25.     x = self.flatten(x)                               #调用一维函数
26.     x = self.f1(x)                                    #调用全连接层
27.     x = self.d2(x)                                    #调用舍弃层
28.     y = self.f2(x)                                    #调用全连接层
29.     return y
30. #随机图像预处理
31. model = Baseline()
32. model.load_weights(model_save_path)                   #加载权重路径
33. image_path = input("the path of test picture:")       #输入图像路径
34. image = plt.imread(image_path)                        #读取图像信息
35. plt.imshow(image)                                     #显示图像
36. pylab.show()
37. #图像预处理
38. img = Image.open(image_path)                          #选择待预测图像
39. img = np.array(img.convert('RGB'))                    #转换为 RGB 模式
40. img = cv2.resize(img, (32, 32))                       #图像大小处理
41. img = img / 255.0                                     #像素值处理
42. x_predict = img[tf.newaxis,...]                       #图像维度处理
43. #模型预测
44. result = model.predict(x_predict)                     #预测图片类型
45. pred = tf.argmax(result, axis=1)                      #预测类别获取
46. cifar_dict = {0: "airplane", 1: "automobile", 2: "bird",   #定义类别图像
47.         3: "cat", 4: "deer", 5: "dog", 6: "frog",
48.         7: "horse", 8: "ship", 9: "truck"}
49. kinds = cifar_dict.get(int(pred))                     #字典获取种类
50. print(kinds)                                          #输出图片类别
```

在代码运行完成后，输入待预测图像 1.png，可以得到图片类型结果为 ship，并且在右侧可以预览到图像，如图 15-14 所示。

图 15-14　模型预测代码输出结果图

15.4　算法总结

本章关于卷积神经网络的介绍到此基本结束，卷积神经网络的局部连接、权值共享及池化操作等特性有效地降低网络的复杂度，减少训练参数的数目，使模型对平移、扭曲、缩放具有一定程度的不变性，并具有强鲁棒性和容错能力。基于这些优越的特性，它在各种信号和信息处理任务中的性能优于标准的全连接神经网络。

卷积神经网络在目标检测和计算机视觉、自然语言处理、语音识别和语义分析等领域成效卓然，有效促进了人工智能的发展，希望读者能够将算法进行创新并应用到自己的研究领域与方向，取得新的突破。

15.5　本章习题

1. 以下对神经元计算的描述正确的是（　　）。

    A．在输出到激活函数之前，神经元会先计算所有输入特征的均值

    B．神经元先计算线性函数 $z=wx+b$，然后使用激活函数

    C．神经元计算一个函数 g，该函数以 $z=wx+b$ 的线性计算方式缩放所输入的 x

    D．神经元通过计算一个 $z=wx+b$ 的线性函数来计算激活函数

2. 假设您有一个维度 64×64×16 的输入量，单个 1×1 卷积滤波器有（　　）个参数（包括偏置）。

    A．4097　　　　　　　B．2　　　　　　　C．17　　　　　　　D．1

3. 以下（　　）图像代表 ReLU 激活函数。

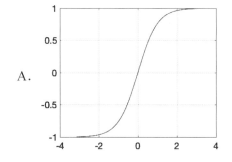
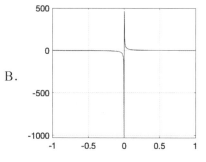

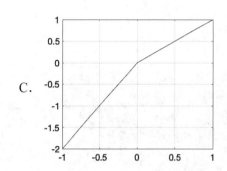
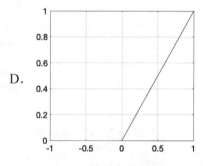

4. 一个优秀的深度学习工程师在处理一个新问题时，他通常可以利用对以前问题的经验，在第一次尝试解决时就训练出一个好的模型，而不需要对模型重复多次训练。（　　）（填写"对"或者"错"）

5. 按照文中代码，自行搭建卷积神经网络并调整学习率和全连接层的激活函数，将模型训练过程中的损失和准确率使用 matplotlib 库进行绘制。

第 16 章　LSTM 神经网络

本章导读

LSTM 是自然语言处理的核心技术之一，通过引入遗忘门、输入门、输出门三大门控结构，有效解决了 RNN 难以解决的人为延长任务时间的问题，并解决了 RNN 容易出现梯度消失的问题。LSTM 经常与 CNN 等算法紧密结合，实现天气预报、股票预测、语音识别、机器翻译等应用。

本章要点

- LSTM 的算法思想及三大门控结构
- LSTM 算法的实现流程
- LSTM 的实例应用
- LSTM 的优缺点

LSTM 神经网络
算法及应用

16.1　算法概述

股票预测中，如果知道一年中前半年的股票上涨或下跌的走向趋势，便可根据这些数据预测出后半年的股票走向趋势。传统的 RNN 算法只能实现根据当前时间步的数据预测下一个时间步的数据，当时间步很长时，最后一个时间步通常获取不到第一个时间步的信息，这就是所谓的梯度消失问题，因此便有人提出了长短时记忆网络（Long Short Term Memory，LSTM）算法。

LSTM 算法是一种循环神经网络，由 Jürgen Schmidhuber 提出。这一算法通过随时间反向传播（Backpropagation Through Time，BPTT）进行训练，解决了梯度消失问题，通过引入遗忘门、输入门、更新门，对前一时间步和当前时间步的数据信息进行有选择性的保存，便于产生符合要求的预测结果。该算法以 RNN 为基础，主要用于处理和预测时间序列中间隔和延迟相对较长的重要事件，目前的应用领域主要包括自然语言处理、股票预测、天气预报、内容推荐、自动驾驶、翻译语言、控制机器人、图像分析、文档摘要、手写识别、预测疾病等。

如果已知某城市过去 10 年间每个月份某一日期的天气情况，包括温度值、潮湿度、风力、风向、降水量等，那么利用 LSTM 神经网络就可以根据这 10 年的天气数据对今后 1 年或 3 年的天气情况进行预测。

假定已知国际航空公司 1949 年 1 月至 1960 年 12 月所有月份的乘客人数，见表 16-1，要求预测未来几年该航空公司的乘客人数。

表 16-1　国际航班乘客人数部分数据集

月份	国际航班乘客人数 / 千人
1949 年 1 月	112
1949 年 2 月	118
1949 年 3 月	132
1949 年 4 月	129
1949 年 5 月	121
1949 年 6 月	135
1949 年 7 月	148
1949 年 8 月	148
1949 年 9 月	136
...	...

　　利用 LSTM 算法思想，可将此过程描述为，已知某城市 12 年内的数据集，其中包含年份和月份，以及当月的乘客人数，要求估测明年的乘客人数。根据上述过程，要做这个预测，首先要获取 12 年的乘客数据集，然后根据该数据波动情况建模，数据走势情况如图 16-1 所示，构建出一个较为理想的模型，然后对未来一年的乘客人数进行预测，预测结果如图 16-2 所示，蓝色曲线为样本的真实值，橙色线为训练集，绿色线条为测试集，可以看到测试集与样本的真实值拟合得比较好。

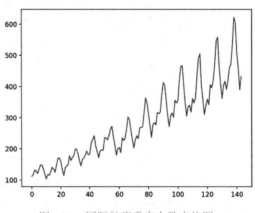

图 16-1　国际航班乘客人数走势图

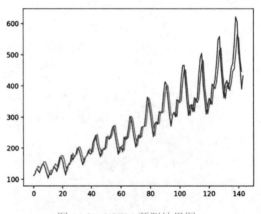

图 16-2　LSTM 预测结果图

LSTM 算法引入 3 个门控结构，分别是遗忘门、输入门和输出门。其中遗忘门决定对于上一时间步的数据是否进行遗忘，输入门决定对当前时间步的输入的接收程度，输出门是对当前细胞状态的输出。算法的整个过程包含 4 个步骤，如图 16-3 所示。

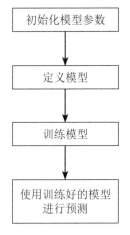

图 16-3　LSTM 算法步骤图

16.2　算法原理

LSTM 的结构如图 16-4 所示，该图展示了当前时间步与前一时间步和后一时间步的关系。从图中可以看出，当前时刻 t 的输入不仅包含当前层的输入 x_t，还包含上一层的隐藏单元。

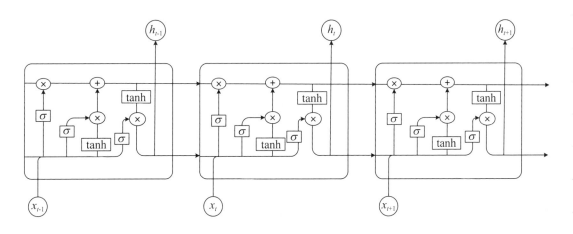

图 16-4　LSTM 结构图

16.2.1　细胞状态

从图 16-5 可以看出，在每个序列索引位置的 t 时刻向前传播的除了有和 RNN 一样的隐藏状态 h_t，还多了一个隐藏状态，如图中绿色框线所示，这一隐藏状态一般称为细胞状态（Cell State），记为 C_t。

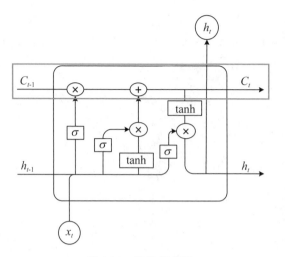

图 16-5　细胞状态图

除了细胞状态，LSTM 中还有很多其他的结构，这些结构一般称为门控结构。门是一个全连接层，该层的输入是一个向量，输出是一个 0 到 1 之间的实数向量。假设 W 是门的权重向量，b 是偏置项，则门可表示为 $g(x)=\sigma(Wx+b)$。

LSTM 在每个序列时刻 t 一般包含 3 个门：遗忘门、输入门、输出门。下面对其进行详细介绍。

16.2.2　遗忘门

遗忘门（Forget Gate）控制对上一步的输入是否进行遗忘。在 LSTM 中即以一定的概率控制对上一层隐藏细胞状态的遗忘程度。遗忘门子结构如图 16-6 所示，图中的输入为上一序列的隐藏状态 h_{t-1} 和本序列的输入数据 x_t，通过一个 Sigmoid 激活函数（σ）得到遗忘门的输出 f_t。由于 Sigmoid 的输出 f_t 在 [0,1] 之间，因此这里的输出 f_t 代表了对上一层隐藏细胞状态的遗忘程度的概率。

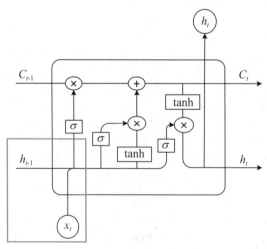

图 16-6　遗忘门子结构

计算公式为

$$f_t = \sigma(W_f h_{t-1} + U_f x_t + b_f) \tag{16-1}$$

其中，W_f、U_f 为权重，b_f 为偏置。

16.2.3　输入门

输入门（Input Gate）负责处理当前序列的输入。它的子结构如图 16-7 所示。从图中可以看出输入门由两部分组成，其中第一部分使用了 Sigmoid 激活函数，输出为 i_t，第二部分使用了 tanh 函数，输出为 a_t，二者的结构再相乘得到最后的细胞状态值。

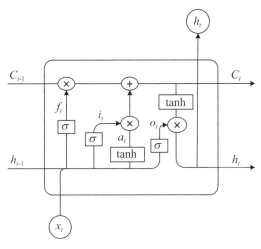

图 16-7　输入门子结构

计算公式为

$$i_t = \sigma(W_i h_{t-1} + U_i x_i + b_i) \tag{16-2}$$

$$a_t = \tanh(W_a h_{t-1} + U_a x_i + b_a) \tag{16-3}$$

其中，W_i、U_i、W_a、U_a 为权重，b_i、b_a 为偏置。

当输入的序列有用的信息较少时，遗忘门 f 的值就会接近 1，输入门 i 的值就会接近 0，这样就会保存过去有用的信息。

当输入的序列有用的信息较多时，遗忘门 f 的值就会接近 0，输入门 i 的值就会接近 1，此时 LSTM 把过去的信息遗忘掉，记录当前序列的重要信息。

16.2.4　更新门

在介绍 LSTM 更新门之前，先看看 LSTM 的细胞状态。式（16-2）和式（16-3）的结果都会作用于细胞状态 C_t，那么细胞状态 C_{t-1} 是如何得到 C_t 的呢？

由图 16-7 可以看出，细胞状态 C_t 由两部分组成。第一部分是 C_{t-1} 和遗忘门的输出 f_t 的乘积，第二部分是输入门的输出 i_t 和 a_t 的乘积。

$$C_t = C_{t-1} \odot f_t + i_t \odot a_t \tag{16-4}$$

其中，$\odot$ 为 Hadamard 积。

16.2.5　输出门

最终，需要根据细胞的状态确定输出值，首先使用 Sigmoid 函数确定细胞状态需要输出的部分。由图 16-7 可以看出，隐藏状态 h_t 的更新由两部分组成。第一部分是 O_t，它由上一序列的隐藏状态 h_{t-1}、序列数据 x_t 和激活函数 Sigmoid 得到，第二部分由隐藏状态 C_t 和 tanh 激活函数组成。即

$$O_t = \sigma(W_o h_{t-1} + U_o x_t + b_o) \tag{16-5}$$

$$h_t = O_t \odot \tanh(C_t) \tag{16-6}$$

式（16-1）～式（16-6）是 LSTM 前向计算的全部公式。

16.2.6 BPTT

LSTM 保留了与 RNN 相同的 BPTT 方式，RNN 以 BPTT 的方式进行前向和反向传播，其中前向传播及反向传播示意图分别如图 16-8 和图 16-9 所示，首先看一下 RNN 的基本模型。

$$S_t = \tanh(U x_t + W S_{t-1}) \tag{16-7}$$

$$y_t = \text{softmax}(V S_t) \tag{16-8}$$

同时交叉熵损失函数定义为

$$E_t(y_t, \hat{y}_t) = \sum_t E_t(y_t, \hat{y}_t) = -\sum_t \log y_t \tag{16-9}$$

其中，y_t 是时间步 t 对应的输出，$\hat{y}_t$ 是预测值，由于训练实例一般为整个序列，因此总的误差为每个时间步上的误差之和。

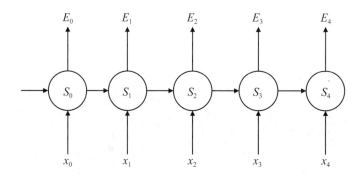

图 16-8 RNN 前向传播示意图

我们的目标是计算误差对于 U、V、W 参数的梯度，然后用随机梯度下降法学习更好的参数，此过程需要将每个训练实例中每个时间步的梯度相加。

$$\frac{\delta E}{\delta W} = \sum_t \frac{\delta E_t}{\delta W} \tag{16-10}$$

然后用链式求导法则计算这些梯度。将误差依次向后进行求导，此即为反向传播算法，为了方便读者理解，后文使用 E_3 来进行举例。

$$\frac{\delta E_3}{\delta V} = \frac{\delta E_3}{\delta y_3} \frac{\delta y_3}{\delta V} = \frac{\delta E_3}{\delta y_3} \frac{\delta y_3}{\delta z_3} \frac{\delta z_3}{\delta V} = (y_3 - \hat{y}_3) \otimes S_3 \tag{16-11}$$

上式中，$z_3 = V S_3$，$\otimes$ 为两个向量的外积，$\dfrac{\delta E_3}{\delta V}$ 仅仅依赖于当前时间步的 y_3 和 S_3，但是 $\dfrac{\delta E_3}{\delta W}$ 和 $\dfrac{\delta E_3}{\delta U}$ 的计算方式并不同，对其按链式求导法则展开为

$$\frac{\delta E_3}{\delta W} = \frac{\delta E_3}{\delta y_3} \frac{\delta y_3}{\delta S_3} \frac{\delta S_3}{\delta W} \tag{16-12}$$

注意到，此时 $S_3 = \tanh(U x_t + W S_2)$ 依赖于 S_2，S_2 依赖于 W 和 S_1，以此类推。

因此对 W 进行求导时不能简单地将 S_2 作为常数，需要再次应用链式求导法则。

$$\frac{\delta E_3}{\delta W} = \sum_{k=0}^{3} \frac{\delta S_3}{\delta y_3} \frac{\delta y_3}{\delta S_3} \frac{\delta S_3}{\delta S_k} \frac{\delta S_k}{\delta W}$$

（16-13）

将每个时间步的梯度进行相加求和。换句话说，因为 W 在每一步中都被使用，一直到最后的输出，因此需要从 t=3 一直反向传播到 t=0。

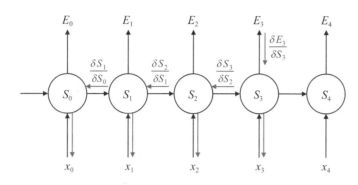

图 16-9　RNN 反向传播示意图

可以观察到，这一步骤与深度前馈神经网络中适用的标准反向传播算法完全相同。关键的区别是需要把每个时间步长的梯度加起来。在传统的神经网络中，不跨层共享参数，因此不需要对任何东西求和。

16.2.7　梯度消失

在神经网络中，当后面隐藏层的学习速率高于前面隐藏层的学习速率，即随着隐藏层数的增加，分类的准确率没有上升反而下降了，这即为梯度消失问题。例如，The man who wear a wig on his head goes inside，这句话大意是一个男人进去，而不是关于假发。但一个普通的 RNN 不太可能捕捉到这样的信息。为了理解其原因，需仔细揣度公式（16-13）计算的梯度。

注意到，$\dfrac{\delta S_3}{\delta S_k}$ 本身就是一个链式法则。例如，$\dfrac{\delta S_3}{\delta S_1} = \dfrac{\delta S_3}{\delta S_2} \dfrac{\delta S_2}{\delta S_1}$ 对一个向量函数的一个向量求导，结果是一个矩阵，其元素都是点态导数，将上面的梯度重新写为

$$\frac{\delta E_3}{\delta W} = \sum_{k=0}^{3} \frac{\delta S_3}{\delta y_3} \frac{\delta y_3}{\delta S_3} \left(\sum_{j=k+1}^{3} \frac{\delta S_j}{\delta S_{j-1}} \right) \frac{\delta S_k}{\delta W} \text{。}$$

由图 16-10 和图 16-11 可看出，tanh 函数和 Sigmoid 函数在两端的导数都是 0，此时神经元是饱和的。有零梯度并且驱动其他的梯度在前面的层接近 0。因此，对于较小的矩阵值和多重矩阵的乘法，梯度值以指数速度缩小，最终在几个时间步后完全消失，最终没有学习到长期依赖关系。如果雅可比矩阵的值很大，我们可以得到爆炸的梯度。梯度消失比梯度爆炸受到更多关注，主要是因为爆炸式渐变是显而易见的，此时梯度将变成 NaN，程序将崩溃。

幸运的是，有一些方法可以解决梯度消失的问题。适当的初始化矩阵可以减小消失梯度的影响。所以能正规化。更可取的解决方案是使用 ReLU 而不是 Sigmoid 激活函数。ReLU 的导数是一个常数，要么为 0，要么为 1，所以它不太可能受到梯度消失的影响。

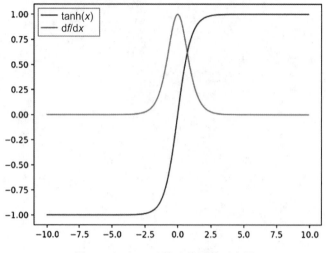

图 16-10　tanh 函数及其导数示意图

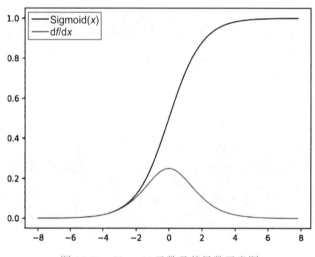

图 16-11　Sigmoid 函数及其导数示意图

16.3　算法案例：股票价格预测

16.3.1　LSTM 算法构建

构建 LSTM 算法主要包含 4 个步骤：初始化模型参数、定义模型、训练模型、使用训练好的模型进行预测。

1. 初始化模型参数

在该步骤中需要对使用到的参数进行定义和初始化，其中包含输入值的数目、隐藏单元的个数、输出值的数目，还包括输入门参数、遗忘门参数、输出门参数、候选记忆细胞参数、输出层参数。

2. 定义模型

初始化模型参数后，该步使用这些参数进行遗忘门、输入门、输出门的计算，同时计算出输出参数。

3. 训练模型

LSTM 的训练算法仍是反向传播算法。第一，前向计算每个神经元的输出值。第二，反向计算每个神经元的误差项，与 RNN 相同的是，LSTM 误差项的反向传播也包括两个方向：一个是沿时间的反向传播，即从当前时刻开始，计算每个时刻的误差项；一个是将误差项向上一层传播。第三，根据误差项，计算每个权重的梯度。

4. 使用训练好的模型进行预测

通常情况下 TensorFlow 或 Keras 框架是进行预测的较好选择。将测试集作为参数，直接调用对应的预测函数即可。

16.3.2　LSTM 算法描述

LSTM 算法首先对每个数据集进行读取操作，得到数据集列表，然后定义并初始化将要用到的模型参数，然后定义 LSTM 模型，最终构建模型并进行数据预测。

LSTM 算法伪代码如下：

```
输入：训练数据集 Z；
输出：当前层的输出值，（隐藏状态值，记忆细胞值）
定义、初始化全局参数
定义初始化模型参数的方法；
定义 LSTM 模型，参数为批量大小，隐藏单元个数；
定义 LSTM 方法
  调用初始化模型参数方法，并赋值给模型参数；
  (隐藏单元状态, 细胞状态) = 初始值
  定义输出 outputs
  for all X in inputs:
    将上一时间步的输出与当前时间步输入分别乘以对应的权重，加上偏置，并用 Sigmoid 函数进行计算，赋值给遗忘门；
    将上一时间步的输出与当前时间步输入分别乘以对应的权重，加上偏置，并用 Sigmoid 函数进行计算，赋值给输入门；
    将上一时间步的输出与当前时间步的输入分别乘以对应的权重，加上偏置，并用 Sigmoid 函数进行计算，赋值给输出门；
    将上一时间步的输出与当前时间步的输入分别乘以对应的权重，加上偏置，并用 Tanh 函数进行计算，得到候选记忆细胞；
    将遗忘门乘以当前细胞值加上输入门乘以候选记忆细胞值赋值给当前细胞值；
    将隐藏单元值置为输出门乘以 tanh( 当前细胞值 )；
    输出置为隐藏单元值与其权重的点积加上偏置
end for
```

LSTM 的优点在于模型预测准确率较高，高于 RNN，但是其缺点也很明显，当 LSTM 的层数很多时，训练模型的参数会超级多，因此会花费很多时间，为了解决这一问题，有学者提出了将 LSTM 的遗忘门与输入门进行合并的方法，即 GRU（Gated Recurrent Unit，门控循环单元），其模型预测准确率与 LSTM 不相上下，但训练时参数相较于 LSTM 大大减少，训练速度显著快于 LSTM。

16.3.3　LSTM 算法实现

实现 LSTM 算法的核心代码主要有两部分，分别是 LSTM 模型的前向计算和随时间反向传播。这里使用 TensorFlow 和 Keras 框架来实现 LSTM 的细节，并实现 LSTM 算法的简单应用。

1. 前向计算

LSTM 的前向计算是通过式（16-1）～式（16-6）实现的，最终得到该时间序列的输出值。下面代码中的 calc_gate() 方法实现了门的运算操作，即用上一时间序列的输入乘以权重，加上当前时间序列的输入乘以权重，再加上当前门对应的偏置。

```
1.   def forward(self,x):
2.       self.times += 1
3.       # 遗忘门
4.       fg = self.calc_gate(x,self.Wfx,self.Wfh,self.bf,self.gate_activator)
5.       self.f_list.append(fg)
6.       # 输入门
7.       ig = self.calc_gate(x,self.Wix,self.Wih,self.bi,self.gate_activator)
8.       self.i_list.append(ig)
9.       # 输出门
10.      og = self.calc_gate(x,self.Wox,self.Woh,self.bo,self.gate_activator)
11.      self.o_list.append(og)
12.      # 即时状态
13.      ct = self.calc_gate(x,self.Wcx,self.Wch,self.bc,self.output_activator)
14.      self.ct_list.append(ct)
15.      # 单元状态
16.      c = fg * self.c_list[self.times - 1] + ig * ct
17.      self.c_list.append(c)
18.      # 输出
19.      h = og * self.output_activator.forward(c)
20.      self.h_list.append(h)
21.      # 计算门
22.  def calc_gate(self,x,Wx,Wh,b,activator):
23.      h = self.h_list[self.times - 1]              # 上次的 LSTM 输出
24.      net = np.dot(Wh,h) + np.dot(Wx,x) + b
25.      gate = activator.forward(net)
26.      return gate
```

2. 随时间反向传播算法

LSTM 的反向传播算法与 RNN 相同，都使用 BPTT 算法。该算法是常用的训练 RNN 的方法，其本质还是 BP 算法，只不过 RNN 处理时间序列数据，因此要基于时间反向传播，所以被称为随时间反向传播。BPTT 的中心思想与 BP 算法相同，即沿着需要优化的参数的负梯度方向不断寻找最优的点直至收敛。因此 BPTT 的核心为求各个参数的梯度。

反向传播算法主要包含以下 3 步。

（1）前向计算每个神经元的输出值，计算的方法就是前向传播计算。

（2）反向计算每个神经元的误差项。与 RNN 一样，LSTM 误差项的反向传播也包含两个方向：一个是沿时间的反向传播，即从当前 t 时刻开始，计算每个时刻的误差项；一个是将误差项传播给上一层。

（3）根据相应的误差项，计算每个权重的梯度。

具体实现代码如下：

```
1.   def bptt(self, x, y):
2.       T = len(y)
3.       # 调用前向传播算法
4.       o, s = self.forward_propagation(x)
5.       # 累加梯度
```

```
6.       dLdU = np.zeros(self.U.shape)
7.       dLdV = np.zeros(self.V.shape)
8.       dLdW = np.zeros(self.W.shape)
9.       delta_o = o
10.      delta_o[np.arange(len(y)), y] -= 1
11.      # 对每个输出变量进行反向传播
12.      for t in np.arange(T)[::-1]:
13.          dLdV += np.outer(delta_o[t], s[t].T)
14.          # 初始化变量 dL/dz
15.          delta_t = self.V.T.dot(delta_o[t]) * (1 - (s[t] ** 2))
16.          # 随时间反向传播的计算
17.          for bptt_step in np.arange(max(0, t-self.bptt_truncate), t+1)[::-1]:
18.              print "Backpropagation step t=%d bptt step=%d " % (t, bptt_step)
19.              # 累加前一层的梯度值
20.              dLdW += np.outer(delta_t, s[bptt_step-1])
21.              dLdU[:,x[bptt_step]] += delta_t
22.              # 更新下一步的 dL/dz
23.              delta_t = self.W.T.dot(delta_t) * (1 - s[bptt_step-1] ** 2)
24.  return [dLdU, dLdV, dLdW]
```

16.3.4　基于 Keras-TensorFlow 框架实现股票价格的预测

1. 实验说明

（1）数据集来源于 finance.yahoo.com。该数据集包含 7 个属性，分别是日期、开盘价、最高价、最低价、收盘价、调整后的收盘价、成交量，部分数据见表 16-2。

（2）网络中使用的是最近的 5 列数据。

（3）数据被标准化为 0 ～ 1 之间。

（4）数据集被划分为训练集和测试集，二者比例为 1:1。

（5）LSTM 网络包含 85 个隐藏层、一个输出层和一个输入层，优化器使用的是 Adam，噪声为 0.1，时间步为 240，迭代次数为 100。

（6）将训练集用来拟合数据，用于预测测试集部分的股票价格，并和真实值进行对比。

表 16-2　部分实验数据

日期	开盘价	最高价	最低价	收盘价	调整后的收盘价	成交量
2001/3/28	28.6875	28.96875	27.6875	27.78125	17.645283	78681600
2001/3/29	27.6875	28.59375	27.28125	27.6875	17.585735	86985000
2001/3/30	27.875	28.09375	26.9375	27.34375	17.367395	91201600
2001/4/2	27.40625	28.46875	27.3125	27.90625	17.724674	75924000
2001/4/3	27.65625	27.65625	26.375	26.6875	16.950584	94187600
…	…	…	…	…	…	…

2. 实验结果

实验结果如图 16-12 所示，在图的后半段中，偏浅灰色曲线代表真实值，偏深灰色曲线代表预测值。可以看出，经过训练后的数据值与真实值大部分数据拟合得比较好，充分证明 LSTM 处理时序性问题的优越性。

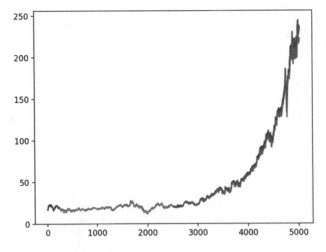

图 16-12　基于 LSTM 的股票价格预测图

16.4　算法总结

通过本章的学习，我们了解了 LSTM 是针对 RNN 容易产生梯度消失和梯度爆炸而提出来的，目前常用于基于时间序列处理的场景，尤其是在自然语言处理中用得较多。目前有现成的框架可以方便地进行调用，如 Keras、TensorFlow 等，使用户不必了解算法底层的处理细节，快速并且高效地构建出神经网络模型。

LSTM 算法改善了 RNN 中存在的长期依赖问题，并且其表现通常比隐马尔科夫模型（HMM）较好，其作为非线性模型，可作为复杂的非线性单元构造更大型的深度神经网络；但其缺点也很明显，虽然 RNN 的梯度问题得到了一定程度的解决，但程度还是不够。对于超长序列的处理依然很棘手，若 LSTM 的时间跨度很大，并且网络很深时，计算量将会很大，耗时这一问题将会很明显。

除了 LSTM，还有 GRU 等其他对 RNN 进行优化的算法。GRU 与 LSTM 的区别是，将遗忘门和输入门通过一个叫"更新门"的结构进行替代，从而简化了 LSTM 网络中的门结构，在保持和 LSTM 模型相当的表达能力的前提下，提高了循环神经网络的训练速度。

LSTM 可以和 CNN 结合使用，实验证明在某些场景下两者的结合可以减少训练时间和提高准确率。

16.5　本章习题

1. 简述 LSTM 的三大门控结构及其功能。
2. 简述 LSTM 的算法流程。
3. 举例说明 LSTM 的具体应用。
4. LSTM 神经网络的优缺点是什么？
5. 有一组一维数据（图 16-13），分别是不同日期的股票价格，试用 LSTM 算法来解决对该数据的预测问题，比如用前 10 个数据来预测下一个数据。请尝试对数据进行处理、模型搭建和训练，并最终得到想要的预测模型。

1	1455.219971
2	1399.420044
3	1402.109985
4	1403.449951
5	1441.469971
6	1457.599976
7	1438.560059
8	1432.25
9	1449.680054
10	1465.150024

图 16-13　股票数据

6. 使用 LSTM 模型预测轨迹经纬度。只取两列纬度和经度作为输入数据，原始时间序列数据见表 16-3。

表 16-3　原始时间序列数据

lat	lon	num	altitude	days	date	time
39.492748	76.047162	0	-777	39541.0470717593	2008-04-03	01:07:47
39.494407	76.048137	0	-777	39541.0477662037	2008-04-03	01:08:47
39.496898	76.049642	0	-777	39541.0484490741	2008-04-03	01:09:47
39.499852	76.051293	0	-777	39541.0491319444	2008-04-03	01:10:47
39.503832	76.053608	0	-777	39541.0498148148	2008-04-03	01:11:47
39.510342	76.057855	0	-777	39541.0504976852	2008-04-03	01:12:47
39.517845	76.064658	0	-777	39541.0511921296	2008-04-03	01:13:47
39.526218	76.072035	0	-777	39541.0518750000	2008-04-03	01:14:47
39.535532	76.080372	0	-777	39541.0525578704	2008-04-03	01:15:47
39.542140	76.084953	0	-777	39541.0532407407	2008-04-03	01:16:47

设定用前 6 个位置信息预测下一个位置，则两个样本的输入输出数据如图 16-14 和图 16-15 所示。试用 LSTM 训练模型完成创建过程。

```
train_X:
[[[39.492748 76.047162]
  [39.494407 76.048137]
  [39.496898 76.049642]
  [39.499852 76.051293]
  [39.503832 76.053608]
  [39.510342 76.057855]]

 [[39.494407 76.048137]
  [39.496898 76.049642]
  [39.499852 76.051293]
  [39.503832 76.053608]
  [39.510342 76.057855]
  [39.517845 76.064658]]]
```

图 16-14　输入模型数据

```
train_Y:
 [[39.517845 76.064658]
  [39.526218 76.072035]]
```

图 16-15　输出数据

第 17 章　生成对抗网络

本章导读

　　在深度学习领域，生成对抗网络掀起了一场技术革命，在学术界和工业界广受欢迎，在图片编辑方面的应用也很广泛。接下来，就让我们走进生成对抗网络这神奇的世界，来认识和了解这个算法。

　　本章首先介绍了算法的概念原理，然后详细地介绍了该算法的具体操作以及实现代码；之后通过将算法应用到拟合二次函数和生成小狗假图片的场景中，详细地讲解了算法的流程和实现过程，包括生成器和判别器两大部分的操作。最后讲述了算法的优缺点以及其在各个方面的应用。

本章要点

- 算法的原理和具体操作
- 算法的改进和目标函数的优化
- 具体实现过程和代码展示
- 算法优缺点
- 算法的应用实例

生成对抗网络
算法及应用

17.1　算法概述

　　生成对抗网络（Generative Adversarial Networks，GAN）属于深度学习模型的领域，同时也是近年来复杂分布上无监督学习最具前景的方法之一。该模型主要通过生成模型和判别模型的互相博弈学习产生相当好的输出。

　　算法的框架模型分为生成模型和判别模型两大类。从本质上来说，该模型是一种极大似然估计，用于产生指定分布数据的模型，作用是捕捉样本数据的分布，将原输入信息的分布情况经过极大似然估计中参数的转化，来将训练偏向转换为指定分布的样本。

　　对于 GAN 而言，其网络结构由生成器和判别器组成。在图像领域，对于生成器而言，输入一个向量，输出一幅图片。向量的某一维度对应图片的某个特征。例如，如果要生成二次元人物图片，可能第一维对应的是二次元人物的发型，第二维对应头发的颜色等。生成器的主要任务是学习真实图片集，从而使得自己生成的图片更接近于真实图片，以骗过判别器。生成器的工作过程如图 17-1 所示。

　　而判别模型实际上是一个二分类模型，会对生成模型生成的图像等数据进行判断，判断其是否是真实的训练数据中的数据。对于判决器而言，输入一张图片，来判别这张图是来自真实样本集还是假样本集，假如输入的是真样本，则输出就接近 1；相反，如果输入的是假样本，则输出接近 0，从而达到很好的判别效果。判别器的工作过程如图 17-2 所示。

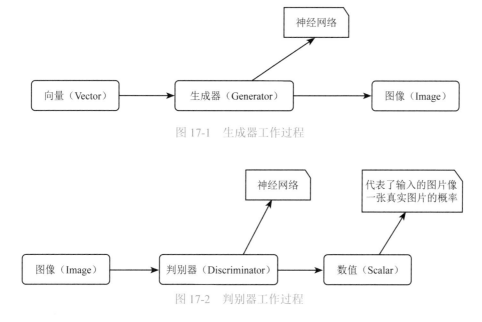

图 17-1　生成器工作过程

图 17-2　判别器工作过程

　　G 是一个生成图片的网络，用于接收一个随机的噪声 z，并通过这个噪声生成一幅手写数字的图片 G(z)，而 D 是个判别网络，努力将训练集图片和生成器生成的假图片区分开来，用来判断图片是不是真实的。输入参数为 x，x 代表一张图片；输出为 D(x)，代表 x 为真实图片的概率，得到的结果分别为 0 或者 1，其中 1 代表真实图片，相反为 0 就不是真实的图片。

17.2　算法原理

17.2.1　原理过程

　　算法的训练过程是首先固定生成器，试图训练判别器，让判别器能够将真实图像分值为 1，生成图像分值为 0，然后固定判别器，试图训练生成器，让生成图像的分值为 1，如此循环迭代。

　　在其训练过程中，生成网络 G 的目的是尽量生成真实的图片去欺骗判别网络 D，而 D 的目的是尽量把 G 生成的图片和真实的图片区分开，使 G 和 D 构成了一个动态的"博弈过程"。最后博弈的结果是在最理想的状态下，G 生成足以"以假乱真"的图片 G(z)，而对于 D 而言，则难以判断 G 生成的图片是不是真实的，如果得到 D(G(z))=0.5，那么我们的目的就达到了。了解该算法的原理后我们再来看看它的流程和具体操作，其计算流程和结构如图 17-3 所示。

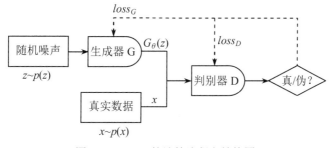

图 17-3　GAN 的计算流程和结构图

算法流程简述如下：

（1）初始化生成器和判别器。

（2）在每次迭代过程中：

1）固定 G，只更新 D 的参数，从准备的数据集中随机选择一些，再从 G 的输出中选择一些。相当于 D 有两种输入，如果输入来自真实的数据集则给高分，如果是 G 产生的数据，则给低分。

2）固定住 D 的参数，更新 G。将一个向量输入 G，得到一个输出，将输出给 D，然后会得到一个分数，这一阶段 D 的参数已经固定住了，G 需要调整自己的参数使这个输出的分数越大越好。

17.2.2　具体操作

初始化 q_d 为 D(Discriminator)，q_g 为 G(Generator)。

在每次迭代中：

（1）从数据集 Pdata(x) 的样本中挑出 m 个样本点 $\{x^1, x^2, \cdots, x^m\}$。

（2）从一个分布（可以是正态分布）中选取 m 个向量 $\{z^1, z^2, \cdots, z^m\}$。

（3）将步骤（2）中的 z 作为输入，获得 m 个生成的数据 $\{\tilde{x}^1, \tilde{x}^2, \cdots, \tilde{x}^m\}$，$\tilde{x}^i = G(z^i)$。

（4）更新 D 的参数 q_d 来最大化 $\tilde{V}$，我们要使 $\tilde{V}$ 越大越好，那么式（17-1）中就要使 $D(\tilde{x}^i)$ 越小越好，也就是去压低 G 的分数。

$$\text{Maximize}\left(\tilde{V} = \frac{1}{m}\sum_{i=1}^{m}\log D(x^i) + \frac{1}{m}\sum_{i=1}^{m}\log(1 - D(\tilde{x}^i)) \right) \qquad (17\text{-}1)$$

（5）从一个分布中选取 m 个向量 $\{z^1, z^2, \cdots, z^m\}$，注意这些向量不需要和步骤（2）中的保持一致。

（6）更新 G 的参数 θ_g 使其最小化：

$$\tilde{V} = \frac{1}{m}\sum_{i=1}^{m}\log(1 - D(G(z^i))) \qquad (17\text{-}2)$$

所以其目标函数（损失函数）$V(D,G)$ 为

$$\min_G \max_D V(D,G) = E_{x \sim p_{\text{data}}(x)}[\log D(x)] + E_{z \sim p_z(z)}[\log(1 - D(G(z)))] \qquad (17\text{-}3)$$

其中，$E(*)$ 表示分布函数的期望值，$p_{\text{data}}(x)$ 代表真实样本的分布，$p_z(z)$ 为生成模型 G 构建的一个从先验分布到数据空间的映射函数。我们通过参数为 θ_g 的 G 映射到高维数据空间从而得到 $p_z(z) = G(z, \theta_g)$。

17.2.3　目标函数的优化

对上面的最大最小化目标函数进行优化时，最直观的处理方法就是将生成网络 G 和判别网络 D 进行交替迭代。在一段时间内，固定 G 网络内的参数，来优化网络 D，另一段时间则固定 D 网络中的参数，来优化 G 网络中的参数，从而形成两个网络。

如图 17-4 所示，假设刚开始的为真实样本分布，生成样本分布和判别模型，其分别对应图中的点状线、实线和虚线，那么有以下结论。

（1）当固定生成模型，而去优化判别模型时，会发现判别模型会对点状线和虚线有很好的区分效果。

（2）固定判别模型，改进生成模型时，会发现生成模型生成的数据分布，也就是实线，会不断往真实数据分布（点状线）靠拢，如图 17-4（c）所示，使得判别模型很难分离判断。

经过过程（1）和（2）的大量迭代后，最后的效果为生成样本数据分布和真实数据分布基本吻合，判别模型处于均衡，从而做不了判断。

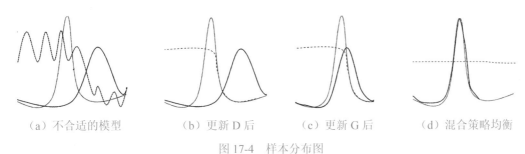

（a）不合适的模型　　　（b）更新 D 后　　　（c）更新 G 后　　　（d）混合策略均衡

图 17-4　样本分布图

17.2.4　GAN 算法的改进

1. CGAN

与其他生成式模型相比，GAN 的竞争方式不再要求一个假设的数据分布，而是使用一种分布直接进行采样，从而真正达到理论上可以完全逼近真实数据，这也是 GAN 最大的优势。然而这种不需要预先建模的方法也有缺点，其太过自由了，对于较大的图片，较多的像素的情形，基于简单 GAN 的方式就不太可控了。所以为了解决这个问题，可以给 GAN 增加一些约束，于是便有了条件 GAN（Conditional Generative Adversarial Nets，CGAN）。CGAN 在生成模型（D）和判别模型（G）的建模中均引入条件变量 y，使用额外信息 y 为模型增加条件，可以指导数据生成过程。这些条件变量 y 可以基于多种信息，例如类别标签，用于图像修复的部分数据，或者来自不同模态的数据。如果条件变量 y 是类别标签，可以看作 CGAN 是把纯无监督的 GAN 变成有监督的模型的一种改进。

CGAN 是对原始 GAN 的一个扩展，生成器和判别器都增加额外信息 y 为条件，y 可以是任意信息，例如类别信息，或者其他模态的数据。CGAN 的目标函数为

$$\min_{G} \max_{D} V(D,G) = E_{x \sim p_{data}(x)}[\log D(x \mid y)] + E_{z \sim p_z(z)}[\log(1 - D(G(z \mid y)))] \quad (17\text{-}4)$$

2. DCGAN

DCGAN 是继 GAN 之后比较好的改进，其改进主要是在网络结构上，到目前为止，DCGAN 的网络结构还是被广泛地使用，DCGAN 极大地提升了 GAN 训练的稳定性以及生成结果的质量，同时为 GAN 的训练提供了一个很好的网络拓扑结构，表明生成的特征具有向量的计算特性。相较原始的 GAN，DCGAN 更具有优势，具体如下：

（1）DCGAN 几乎完全使用了卷积层代替全连接层，判别器几乎是和生成器对称的，使用带步长的卷积代替了上采样，由于卷积在提取图像特征上具有很好的作用，因此可以增加训练的稳定性。

（2）生成器 G 和判别器 D 中几乎每一层都使用批标准化（BatchNorm）层，将特征层的输出归一化到一起，加速了训练，提升了训练的稳定性（生成器的最后一层和判别器的第一层不加 BatchNorm 层）。

（3）在判别器中使用 LeakyReLU 激活函数，可以防止梯度稀疏，虽然生成器中仍然采用 ReLU，但是输出层采用了 tanh。

（4）使用了 Adam 优化器训练，并且学习率最好达到 0.0002。

3. WGAN

与 DCGAN 不同，WGAN 主要从损失函数的角度对 GAN 做了改进，损失函数改进之后的 WGAN 即使在全连接层上也能得到很好的表现结果。

WGAN 理论上给出了 GAN 训练不稳定的原因，即交叉熵（JS 散度）不适合衡量具有不相交部分的分布之间的距离，转而使用 Wassertein 距离去衡量生成数据分布和真实数据分布之间的距离，理论上解决了训练不稳定的问题。

WGAN 解决了模式崩溃（Mode Collapse）的问题，生成结果更多样、更丰富。

WGAN 对 GAN 的训练提供了一个指标，此指标数值越小，表示 GAN 训练得越差，反之越好。

17.2.5　算法设计与实现

1. 算法实现过程

根据上一节的描述，我们对 GAN 算法的理论有了大致的了解。在实现过程中，就是定义一个生成器和一个判别器，让生成器尽可能地生成真实的图片，而判别器尽可能地将生成器生成的图片和真实图片分离，达到识别的目的。下面，我们用 Python 代码来实现它们的博弈过程。算法的步骤大致如下：

（1）首先载入数据并进行划分，划分成两类数据，然后进行归一化处理并封装。

（2）建立模型，其分别为生成器模型和判别器模型。

（3）定义损失函数和优化器。

（4）进行迭代训练，训练生成器和判别器并生成图片，最后得其结果。

2. 核心代码展示

通过上述对 GAN 算法的介绍，相信很多读者已经对该算法的具体实现步骤以及代码的实现过程有了大致的了解，下面通过具体代码进一步说明该算法。

```
1.  # 首先载入数据，分成训练组和测试组
2.  (x_train_all, y_train_all), (x_test, y_test) = keras.datasets.mnist.load_data()
3.  # 将训练组的数据划分成两类
4.  x_train, x_valid = x_train_all[5000:], x_train_all[:5000]
5.  y_train, y_valid = y_train_all[5000:], y_train_all[:5000]
6.  scaler = MinMaxScaler()                              # 进行归一化处理
7.  x_train_scaled = scaler.fit_transform(x_train.astype(np.float32).reshape(-1, 1)).reshape(-1, 28, 28, 1)
8.  x_test_scaled = scaler.transform(x_test.astype(np.float32).reshape(-1, 1)).reshape(-1, 28, 28, 1)
9.  x_valid_scaled = scaler.transform(x_valid.astype(np.float32).reshape(-1, 1)).reshape(-1, 28, 28, 1)
10. # 封装数据集
11. train_datasets = tf.data.Dataset.from_tensor_slices(x_train_scaled)
12. train_datasets = train_datasets.shuffle(x_train_scaled.shape[0]).batch(128)
13. # 生成器模型，输入 256 维，经过 3 层隐藏层，输出 28 维的向量
14. def generator_model():
15. model = keras.Sequential()
16. model.add(keras.layers.Input(shape=(100,)))
17. # 将 100 维的噪声提升到 256，方便转换为图像矩阵
18. model.add(keras.layers.Dense(256, use_bias=False))
19. # 使用 BN() 函数对第一层的输入进行标准化
20. model.add(keras.layers.BatchNormalization())
```

```
21.  model.add(keras.layers.LeakyReLU())                              # 添加激活层
22.  model.add(keras.layers.Dense(512, use_bias=False))
23.  model.add(keras.layers.BatchNormalization())
24.  model.add(keras.layers.LeakyReLU())
25.  model.add(keras.layers.Dense(28 * 28 * 1, use_bias=False,activation='tanh'))
26.  model.add(keras.layers.BatchNormalization())
27.  model.add(keras.layers.Reshape((28, 28, 1)))                     # 转换为图像矩阵
28.  return model
29.  # 判别器模型，输入 512 维，经过 3 层隐藏层，输出 1 维的向量
30.  def discriminator_model():
31.  model = keras.Sequential()
32.  model.add(keras.layers.Flatten(input_shape=(28, 28)))
33.  model.add(keras.layers.Dense(512, use_bias=False))
34.  model.add(keras.layers.BatchNormalization())
35.  model.add(keras.layers.LeakyReLU())
36.  model.add(keras.layers.Dense(256, use_bias=False))
37.  model.add(keras.layers.BatchNormalization())
38.  model.add(keras.layers.LeakyReLU())                              # 添加激活层
39.  model.add(keras.layers.Dense(1))
40.  return model
41.  # 定义损失函数
42.  cross_entropy = tf.losses.BinaryCrossentropy(from_logits=True)
43.  def discriminator_loss(real_output, fake_output):                # 判别器损失
44.  # 判别器对真实样本的判别结果计算误差（将结果与 1 比较）
45.  real_loss = cross_entropy(tf.ones_like(real_output), real_output)
46.  # 判别器对生成样本的判别结果计算误差（将结果与 0 比较）
47.  fake_loss = cross_entropy(tf.zeros_like(fake_output), fake_output)
48.  total_loss = real_loss + fake_loss                               # 判别器的误差
49.  return total_loss
50.  def generator_loss(fake_output):                                 # 生成器损失
51.  # 将判别器对生成样本的判别结果与 1 比较
52.  return cross_entropy(tf.ones_like(fake_output), fake_output) generator_optimizer = tf.keras.optimizers.
     Adam(1e-4)                                                       # 定义优化器
53.  discriminator_optimizer = tf.keras.optimizers.Adam(1e-4)
54.  EPOCHS = 100                                                     # 训练的次数为 100 次
55.  noise_dim = 100                                                  # 生成器输入的随机噪声的维度
56.  num_examples_to_generate = 16
57.  BATCH_SIZE = 256                                                 # 训练的 batch_size
58.  seed = tf.random.normal([num_examples_to_generate, noise_dim])   # 随机种子
59.  generator = generator_model()                                    # 判别器中的生成手写数字的结果
60.  discriminator = discriminator_model()  # 判别器中的真实手写数字的结果
61.  def train_step(images):                                          # 进行迭代训练
62.  noise = tf.random.normal([BATCH_SIZE, noise_dim])                # 获取噪声
63.  with tf.GradientTape() as gen_tape, tf.GradientTape() as disc_tape:
64.  generated_images = generator(noise, training=True)               # 生成的图片
65.    real_output = discriminator(images, training=True)             # 真实图片的判别结果
66.    # 生成图片的判别结果
67.  fake_output = discriminator(generated_images, training=True)
68.    gen_loss = generator_loss(fake_output)                         # 生成器的误差
69.    disc_loss = discriminator_loss(real_output, fake_output)  # 判别器的误差
70.  # 生成器和判别器的梯度
```

```
71. gradients_of_generator = gen_tape.gradient(gen_loss, generator.trainable_variables)
72. gradients_of_discriminator = disc_tape.gradient(disc_loss,discriminator.trainable_variables)
73. # 分别对生成器和判别器进行优化
74. generator_optimizer.apply_gradients(zip(gradients_of_generator,generator.trainable_variables))
75. discriminator_optimizer.apply_gradients(zip(gradients_of_discriminator,discriminator.trainable_
    variables))
```

上述代码运行结果如图 17-5 和图 17-6 所示，可以看出 GAN 训练 10 次后很模糊，但是随着训练次数的增加，图片会慢慢变得清晰。这就是 GAN 的训练过程，通过学习真实图片的分布后生成的图像结果。

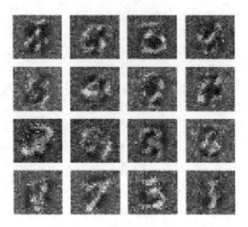

图 17-5　GAN 运行 10 次的结果

图 17-6　GAN 运行 100 次的结果

17.2.6　算法的应用

GAN 作为一种生成模型，能够不依赖任何先验假设，可以学习到高维复杂的数据分布，有着广泛的应用，并且在诸多领域取得了显著的研究成果，可以应用于无监督学习、半监督学习以及多任务学习等中。

1.　在图像方面的应用

（1）图像超分辨率。GAN 可以通过学习，在一定程度上得到高分辨率清晰图像的分布，从而生成一幅质量较好的高分辨清晰图像。如图 17-7 所示，右图为原图，左图是经过 GAN 加工后生成的图片，从图片中可以看出经过 GAN 生成的图片，明显清晰了不少。

图 17-7 提高图像分辨率

GAN 既然能增加图像的分辨率，那么同时也能减小图像的分辨率，使图像越来越模糊。如图 17-8 所示，经过 GAN 加工后，图像越来越模糊，图像的分辨率越来越小。

图 17-8 从右至左减小图像分辨率

（2）图像编辑。给 GAN 输入一张原始图像，可以生成各个版本的图像，从而进行图片的编辑。如图 17-9 所示，给出一张原始版本人的图片，可以生成金发版、卷发版、微笑版图片，同时还能生成其双胞胎兄弟的长相。

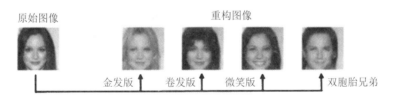

图 17-9 不同版本的图片

（3）图像转换。GAN 应用于图像转换领域，将图像转换成另一种形式的图像，其生成器的输入是一个随机向量，输出的是图像，这里生成器的输入是图像，输出的是转换后的图像。如 cycle-GAN，可以实现风景画和油画互换（图 17-10）、马和斑马互换（图 17-11）等。

图 17-10 风景图和油画图互换

图 17-11　斑马和马互换

2. 在半监督学习中的应用

对于多分类问题，若只有少量标注过的样本和大量未标注过的样本，可以利用 GAN 思想合理使用这些未标注数据，即通过学习这些未标注样本，得到样本数据的分布，从而为监督学习提供训练样本，辅助其训练过程。

3. 在文本中的应用

GAN 在图像领域应用颇多，但是在文本领域却作用不大，主要是自然语言处理中的数据都是离散数据，GAN 不适合学习离散的数据分布，但是并不意味着没法学，谷歌大脑团队发明了一个结合强化学习的 MaskGAN，可用于完形填空，具体任务是补全句子中的缺失部分。

4. 在通信加密中的应用

利用 GAN 加密技术来保护数据，其加密技术涉及 3 个方面，我们可以用 Alice、Bob 和 Eve 来展示。通常，Alice 和 Bob 是安全通信的两端，Eve 则监听它们的通信，试图逆向找到原数据信息。

通过 GAN 技术，Alice 和 Bob 被共同训练，在学习规避 Eve 监听的同时，成功实现信息的传递。在进行大量训练后，Bob 能够从 Eve 的行为中学习并保护通信，在避免被攻击的同时实现准确的消息重构，其通信加密过程如图 17-12 所示。

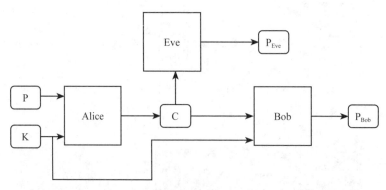

图 17-12　GAN 加密技术的工作过程

除此之外，GAN 的学习方式和能力还可用在药学分子和材料学领域，用来生成药学分子结构和合成新材料配方。

17.3　算法案例：拟合二次函数与图片生成

17.3.1　用 GAN 实现拟合二次函数

分别有 G 网络和 D 网络两种网络，利用 GAN 来拟合二次函数，其核心代码如下：

```
1.  # G 网络，根据噪点 z 从而生成新数据分布
2.  with tf.variable_scope('Generator'):
3.      z = tf.placeholder(tf.float32, [None, LENGTH])
4.      G_l1 = tf.layers.dense(inputs=z, units=128, activation=tf.nn.relu) # 全连接层
5.      G_out = tf.layers.dense(G_l1, ART_COMPONENTS)
6.  # D 网络，根据真实数据 x 和生成数据 z 来判别其分类
7.  with tf.variable_scope('Discriminator'):
8.      # 真实数据的概率分布
9.      x = tf.placeholder(tf.float32, [None, ART_COMPONENTS], name='real_in')
10.     D_l0 = tf.layers.dense(inputs=x, units=128, activation=tf.nn.relu, name='l')
11.     prob_real = tf.layers.dense(D_l0, 1, tf.nn.sigmoid, name='out')
12.     # G 网络的概率分布
13.     D_l1 = tf.layers.dense(inputs=G_out, units=128, activation=tf.nn.relu, name='l', reuse=True)
14.     prob_generate = tf.layers.dense(D_l1, 1, tf.nn.sigmoid, name='out', reuse=True)
15. # 定义 G 和 D 的损失函数
16. D_loss = -tf.reduce_mean(tf.log(prob_real) + tf.log(1-prob_generate))
17. G_loss = tf.reduce_mean(tf.log(1-prob_generate))
18. # 定义 G 和 D 的优化器
19. train_D=tf.train.AdamOptimizer(Learning_D).minimize(D_loss,var_list=tf.get_collection
    (tf.GraphKeys.TRAINABLE_VARIABLES, scope='Discriminator')) # 判别器
20. train_G=tf.train.AdamOptimizer(Learning_G).minimize(G_loss,var_list=tf.get_collection
    (tf.GraphKeys.TRAINABLE_VARIABLES,scope='Generator'))    # 生成器
```

运行结果如图 17-13 和图 17-14 所示，可以看到，G 网络生成的分布（绿色）已经慢慢地接近真实分布（蓝色），并且 D 网络的判别能力也接近 50%，G 网络的最优值已到达很好的收敛效果。

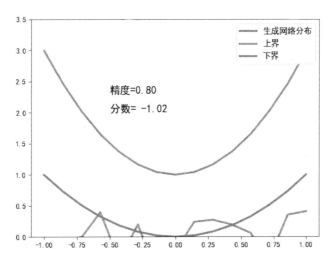

图 17-13　训练开始时的数据生成分布

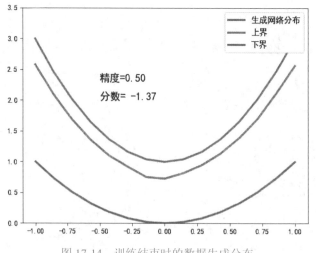

图 17-14　训练结束时的数据生成分布

17.3.2　利用 GAN 创造假的图片

以造小狗的假图片为例，其实现过程如图 17-15 所示。

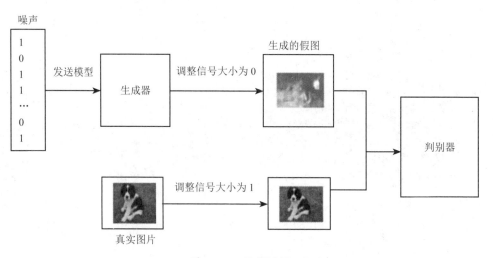

图 17-15　造假过程

　　首先需要一个生成小狗图片的生成器，还要有一个判断小狗图片真假的判别器。利用生成器生成一张假图，同时获取一张真图，再用判别器进行判别。

　　把真图与假图进行拼接，然后打上标签，真图标签是 1，假图标签是 0，送入训练的网络进行训练。首先将数据传入生成器中，然后生成器生成图片之后，就会把图片传入判别器中，标签此刻传入的是 1，为真实的图片，但实际上是假图，此刻判别器就会判断为假图，然后模型就会不断调整生成器参数，直到判别器认为这是真图。此刻判别器与生成器达到了一个平衡。也就是说生成器产生的假图，判别器已经分辨不出来了。所以继续迭代，提高判别器精度，如此往复循环，直到生成连人都辨别不了的图片。具体代码如下：

```
1.  for index in range(int(X_train.shape[0]/BATCH_SIZE)):
2.  noise = np.random.uniform(-1, 1, size=(BATCH_SIZE, 1000))         # 产生的随机噪声
3.  image_batch = X_train[index*BATCH_SIZE:(index+1)*BATCH_SIZE]      # 真图片
4.  generated_images = g.predict(noise, verbose=0)                    # 假图片
5.  # 将真图片与假图片拼接在一起
```

```
6.    X = np.concatenate((image_batch, generated_images))
7.      y = [1] * BATCH_SIZE + [0] * BATCH_SIZE          # 将真图贴上标签为 1，假图标签为 0
8.      d_loss = d.train_on_batch(X, y)                  # 训练判别器，不断提高其识别精度
9.    noise = np.random.uniform(-1, 1, (BATCH_SIZE, 1000))  # 再次产生随机噪声
10.     d.trainable = False                              # 设置判别器的参数不可调整
11.   g_loss = generator_containing_discriminator.train_on_batch(noise, [1] * BATCH_SIZE)
12.     d.trainable = True                               # 此时设置判别器可以被训练，参数可以被修改
13. # 打印损失值
14. print("batch %d d_loss : %s, g_loss : %f" % (index, d_loss, g_loss))
```

17.4 算法总结

（1）GAN 的发展迅速，自然有它独特的优势，其表现在以下几个方面。

1）GAN 只使用反向传播即可完成训练，不使用隐马尔科夫链来训练，回避了近似计算棘手的概率难题。

2）GAN 可以和大部分现有的生成网络算法结合使用，提高性能。相比其他所有模型，GAN 可以产生更加清晰和真实的样本。

3）GAN 采用的是无监督学习方式训练，可以被广泛应用于无监督学习和半监督学习领域。

4）其框架能训练任何一种生成器网络，而大部分其他的框架需要该生成器网络有一些特定的函数形式。

（2）GAN 在发展迅速的同时，也存在一些缺点，目前存在的主要问题如下：

1）解决不收敛问题。在理论上，都认为 GAN 应该在纳什均衡上有很好的表现，然而梯度下降只有在凸函数的情况下才能保证实现纳什均衡。

2）难以训练。因为 GAN 模型被定义为极小极大问题，没有损失函数，所以在训练过程中很难区分是否正在取得进展。GAN 的学习过程可能发生崩溃问题，生成器开始退化，总是生成同样的样本点，无法继续学习。当生成模型崩溃时，判别模型也会对相似的样本点指向相似的方向，使得训练无法继续。

3）模型过于自由不可控。

4）同步问题。该网络结构的两个模型是分开更新的，所以带来了两个模型之间的同步问题，如果一个模型训练过快，则会影响另一个模型的训练。

在实际应用中，GAN 虽然存在或多或少的缺点，模型难以训练的问题困扰着研究人员，但是大量的改进方法被提出，可以较好地解决存在的问题。

通过本章的学习，我们已经了解到了 GAN 的基本思路和具体实现过程，GAN 作为一种深度学习模型，是近年来复杂分布上无监督学习最具前景的方法之一，通过学习和了解它，对人工智能领域又多了一份认识，也更加有利于接下来其他人工智能算法的学习。

17.5 本章习题

1．GAN 存在的不足不包括（   ）。

    A．模型自由不可控   B．同步问题

    C．数据量大   D．难以训练

2. 对于 GAN 算法的改进，下列（　　）主要是在网络结构上对其进行改进的。

  A．WGAN   B．DCGAN   C．CGAN   D．WGAN-GP

3. GAN 在图像方面的应用主要有 _____ 、 _____ 、 _____ 。

4. GAN 算法的框架模型分为 _____ 、 _____ 。

5. 请简要阐述 GAN 算法的原理和实现过程。

6. 以算法区分深度学习应用，算法类别可分成哪三大类？

7. 请简述如何训练 GAN 使它能够更好地工作。

8. 比较 GAN 算法的各种改进，试分析其各自存在的优势。

9. 试一试编程实现 GAN 算法。

10. 使用 GAN 算法生成一个二次元头像，并且提高图片的分辨率，写出其核心代码。

参 考 文 献

[1] 褚楚. 人工智能 + 教育：应用、挑战与策略研究 [J]. 成才之路，2021（23）：50-51.

[2] 罗雅丽. 车牌识别中人工智能技术的应用 [J]. 电脑编程技巧与维护，2021（7）：125-127.

[3] 唐晓华，景文治. 人工智能赋能下现代柔性生产与制造业智能化升级研究 [J]. 软科学，2021（8）：30-38.

[4] 刘珊，黄升民. 人工智能：营销传播"数算力"时代的到来 [J]. 现代传播（中国传媒大学学报），2019，41（1）：7-15.

[5] 朱频频，张旭东. 人工智能在智能客服领域的应用 [J]. 信息技术与标准化，2017（11）：23-26.

[6] 高奇琦，吕俊延. 智能医疗：人工智能时代对公共卫生的机遇与挑战 [J]. 电子政务，2017（11）：11-19.

[7] 顾笑迎. 人工智能 + 基因科学 = 破解上帝的密码?[J]. 当代学生，2019（7）：26-28.

[8] 陶阳明. 经典人工智能算法综述 [J]. 软件导刊，2020，19（3）：276-280.

[9] 孙少晶，陈昌凤，李世刚，等. "算法推荐与人工智能"的发展与挑战 [J]. 新闻大学，2019（6）：1-8，120.

[10] 赵楠，谭惠文. 人工智能技术的发展及应用分析 [J]. 中国电子科学研究院学报，2021，16（7）：737-740.

[11] 李晓理，张博，王康，等. 人工智能的发展及应用 [J]. 北京工业大学学报，2020，46（6）：583-590.

[12] 田启川，王满丽. 深度学习算法研究进展 [J]. 计算机工程与应用，2019，55（22）：25-33.

[13] 杨强鹏. 深度学习算法研究 [D]. 南京：南京大学，2015.

[14] 马佳琪，滕国文. 基于 Matplotlib 的大数据可视化应用研究 [J]. 电脑知识与技术，2019，15（17）：18-19.

[15] 胡汝鹏，许新华，虞烨青，等. 基于 Matplotlib 的学生宿舍电网负荷可视化分析 [J]. 电脑与信息技术，2020，28（5）：59-61.

[16] 王国平. Python 数据可视化之 Matplotlib 与 Pyecharts[M]. 北京：清华大学出版社，2020.

[17] 霍布森·莱恩，科尔·霍华德，汉纳斯·马克斯·哈普克，等. 自然语言处理实战 [J]. 中文信息学报，2020，34（10）：113.

[18] 杨洋，吕光宏，赵会，等. 深度学习在软件定义网络研究中的应用综述 [J]. 软件学报，2020，31（7）：2184-2204.

[19] 张政馗，庞为光，谢文静，等. 面向实时应用的深度学习研究综述 [J]. 软件学报，2020，31（9）：2654-2677.

[20] 郭敏钢,宫鹤. 基于 TensorFlow 对卷积神经网络的优化研究 [J]. 计算机工程与应用, 2020, 56 (1): 158-164.

[21] 舒娜, 刘波, 林伟伟, 等. 分布式机器学习平台与算法综述 [J]. 计算机科学, 2019, 46 (3): 9-18.

[22] 付文博,孙涛,梁藉,等. 深度学习原理及应用综述 [J]. 计算机科学, 2018, 45 (S1): 11-15, 40.

[23] 朱虎明, 李佩, 焦李成, 等. 深度神经网络并行化研究综述 [J]. 计算机学报, 2018, 41 (8): 1861-1881.

[24] 石磊. 开源人工智能系统 TensorFlow 的教育应用 [J]. 现代教育技术, 2018, 28 (1): 93-99.

[25] 王一超, 韦建文. 基于高性能计算平台的 TensorFlow 应用探索与实践 [J]. 实验室研究与探索, 2017, 36 (12): 125-128.

[26] 周志华. 机器学习 [M]. 北京: 清华大学出版社, 2016.

[27] 伍翕. 利用多元线性回归模型预测建筑沉降 [J]. 测绘技术装备, 2021, 23 (2): 19-21, 26.

[28] 赵东波. 线性回归模型中多重共线性问题的研究 [D]. 锦州: 渤海大学, 2017.

[29] 董巧玲. 不同误差影响模型下总体最小二乘法在多元线性回归中的应用研究 [D]. 太原: 太原理工大学, 2016.

[30] 任丹. 基于多元线性回归模型的电影票房预测系统设计与实现 [D]. 广州:中山大学, 2015.

[31] 孙刚. 基于线性回归的中文文本可读性预测方法研究 [D]. 南京: 南京大学, 2015.

[32] 汪奇生. 线性回归模型的总体最小二乘平差算法及其应用研究 [D]. 昆明: 昆明理工大学, 2014.

[33] 胡斯玮. 基于多元线性回归模型和 GPM 数据的济宁市降水量空间分布研究 [J]. 地下水, 2021, 43 (4): 189-191.

[34] 郜悦, 葛斌. 基于线性回归模型的单词加权 LDA 主题识别方法研究 [J]. 金陵科技学院学报, 2021, 37 (2): 39-45.

[35] 马思远, 许冲, 田颖颖, 等. 基于逻辑回归模型的九寨沟地震滑坡危险性评估 [J]. 地震地质, 2019, 41 (1): 162-177.

[36] 毛毅, 陈稳霖, 郭宝龙, 等. 基于密度估计的逻辑回归模型 [J]. 自动化学报, 2014, 40 (1): 62-72.

[37] 宗阳, 孙洪涛, 张亨国, 等. MOOCs 学习行为与学习效果的逻辑回归分析 [J]. 中国远程教育, 2016 (5): 14-22, 79.

[38] 刘立波, 程晓龙, 戴建国, 等. 基十逻辑回归算法的复杂背景棉田冠层图像自适应阈值分割 [J]. 农业工程学报, 2017, 33 (12): 201-208.

[39] 刘力银. 基于逻辑回归的推荐技术研究及应用 [D]. 成都: 电子科技大学, 2013.

[40] 董学辉. 逻辑回归算法及其 GPU 并行实现研究 [D]. 哈尔滨: 哈尔滨工业大学, 2016.

[41] 郭华平，董亚东，邬长安，等. 面向类不平衡的逻辑回归方法 [J]. 模式识别与人工智能，2015，28（8）：686-693.

[42] 董亚东. 面向不平衡分类的逻辑回归算法 [D]. 郑州：郑州大学，2015.

[43] 冯昊，李树青. 基于多种支持向量机的多层级联式分类器研究及其在信用评分中的应用 [J]. 数据分析与知识发现，2021（10）.

[44] 赵楠，谭惠文. 人工智能技术的发展及应用分析 [J]. 中国电子科学研究院学报，2021，16（7）：737-740.

[45] 姜雯，吴陈. 基于自适应粒子群的 SVM 参数优化研究 [J]. 计算机与数字工程，2021，49（7）：1302-1304，1309.

[46] 付乐天，李鹏，高莲. 考虑样本异常值的改进最小二乘支持向量机算法 [J]. 仪器仪表学报，2021，42（6）：179-190.

[47] 戴小路，汪廷华，胡振威. 模糊多核支持向量机研究进展 [J]. 计算机应用研究，2021（10）：1-8.

[48] 余志鹏. 基于支持向量机的个人贷款信用风险评估方法研究 [D]. 邯郸：河北工程大学，2020.

[49] 吴青，付彦琳. 支持向量机特征选择方法综述 [J]. 西安邮电大学学报，2020，25（5）：16-21.

[50] 杨刚，贺冬葛，戴丽珍. 基于 CNN 和粒子群优化 SVM 的手写数字识别研究 [J]. 华东交通大学学报，2020，37（4）：41-47.

[51] 王霞，董永权，于巧，等. 结构化支持向量机研究综述 [J]. 计算机工程与应用，2020，56（17）：24-32.

[52] 徐祥. 大数据背景下支持向量机的随机坐标算法和鲁棒支持向量机研究 [D]. 上海：上海交通大学，2020.

[53] 邱云志，汪廷华，余武清. 模糊支持向量机研究综述 [J]. 赣南师范大学学报，2020，41（3）：26-32.

[54] 张琬琼. 基于支持向量机学习的金融数据预测研究 [D]. 大连：大连理工大学，2020.

[55] 李航. 统计学习方法 [M]. 北京：清华大学出版社，2012.

[56] 闭小梅，闭瑞华. KNN 算法综述 [J]. 科技创新导报，2009（14）：31.

[57] 原继东，王志海，孙艳歌，等. 面向复杂时间序列的 k 近邻分类器 [J]. 软件学报，2017，28（11）：3002-3017.

[58] 苏毅娟，邓振云，程德波，等. 大数据下的快速 KNN 分类算法 [J]. 计算机应用研究，2016，33（4）：1003-1006，1023.

[59] 张棪，曹健. 面向大数据分析的决策树算法 [J]. 计算机科学，2016，43（S1）：374-379，383.

[60] 章晓. 决策树 ID3 分类算法研究 [D]. 杭州：浙江工业大学，2014.

[61] 李伟. 决策树算法应用及并行化研究 [D]. 成都：电子科技大学，2014.

[62] 何姿娇，欧阳浩，刘智琦，等. 基于决策树的个人信用风险评估模型 [J]. 信息技术与信息化，2021（7）：122-124.

[63] 张儒. 基于 ET-SMOTEENN-DNN 模型的网络小贷个人信用风险评估 [D]. 重庆：重庆工商大学，2021.

[64] 孙琛. 基于属性约简的决策森林算法研究 [D]. 北京：华北电力大学，2019.

[65] 肖云鹏，卢星宇，许明，等. 机器学习经典算法实践 [M]. 北京：清华大学出版社，2018.

[66] HARRINGTON P. 机器学习实战 [M]. 李锐，李鹏，曲亚东，等译. 北京：人民邮电出版社，2013.

[67] 阿曼. 朴素贝叶斯分类算法的研究与应用 [D]. 大连：大连理工大学，2014.

[68] 刘文娟. 基于贝叶斯理论的分类算法研究 [J]. 计算机光盘软件与应用，2014，17（16）：109-110.

[69] 熊志斌，刘冬. 朴素贝叶斯在文本分类中的应用 [J]. 软件导刊，2013，12（2）：49-51.

[70] 沈宏伟，邵堃，张阳洋，等. 基于朴素贝叶斯的信任决策模型 [J]. 小型微型计算机系统，2018，39（2）：275-279.

[71] 梁柯，李健，陈颖雪，刘志钢，等. 基于朴素贝叶斯的文本情感分类及实现 [J]. 智能计算机与应用，2019，9（5）：150-153，157.

[72] 杜婷. 基于属性选择的朴素贝叶斯分类研究与应用 [D]. 合肥：中国科学技术大学，2016.

[73] 郭勋诚. 朴素贝叶斯分类算法应用研究 [J]. 通讯世界，2019，26（1）：241-242.

[74] 徐继伟，杨云. 集成学习方法：研究综述 [J]. 云南大学学报（自然科学版），2018，40（6）：11.

[75] 袁晨光. 基于投票集成学习算法的多因子量化选股方案研究 [D]. 上海：上海师范大学，2021.

[76] 季梦遥，袁磊. 不平衡数据的随机平衡采样 bagging 算法分类研究 [J]. 贵州大学学报，2017，34（6）：5.

[77] YANG Y, LIU X, YE Q, et al.Ensemble Learning Based Person Re-Identification with Multiple Feature Representations[J].Complexity,2018(To Appear).

[78] KITTLER J, HATEF M, DUIN R, et al. On Combining Classifiers. IEEE Transactions on Pattern Analysis and Machine Intelligence, 1998, 20(3): 226-239.

[79] KUNCHEVA L I, WHITAKER C J. Measures of Diversity in Classifier Ensembles and Their Relationship with the Ensemble Accuracy. Machine Learning, 2003, 51(2): 181-207.

[80] YANG J, ZHANG D, YANG J Y, et al. Two-dimensional PCA: A New Approach to Appearance-based Face Representation and Recognition. IEEE Transactions on Pattern Analysis and Machine Intelligence, 2004, 26(1): 131-137.

[81] 杜子芳. 多元统计分析 [M]. 北京：清华大学出版社，2016.

[82] 韩小孩，张耀辉，孙福军，等. 基于主成分分析的指标权重确定方法 [J]. 四川兵工学报，2012，33（10）：124-126.

[83] 林海明，杜子芳. 主成分分析综合评价应该主义的问题 [J]. 统计研究，2013，30（8）：25-31.

[84] 王建仁，马鑫，段刚龙. 改进的 K-means 聚类 k 值选择算法 [J]. 计算机工程与应用，2019（8）：27-33.

[85] 唐东凯，王红梅，胡明，等．优化初始聚类中心的改进 K-means 算法 [J]．小型微型计算机系统，2018，39（8）：1819-1823．

[86] 卞永明，高飞，李梦如，等．结合 Kmeans++ 聚类和颜色几何特征的火焰检测方法 [J]．中国工程机械学报，2020，18（1）：1-6．

[87] 陈小雪，尉永清，任敏，等．基于萤火虫优化的加权 K-means 算法 [J]．计算机应用研究，2018，35（2）：5．

[88] 秦悦，丁世飞．半监督聚类综述 [J]．计算机科学，2019，46（9）：15-21．

[89] 张宏东．EM 算法及其应用 [D]．济南：山东大学，2014．

[90] 岳佳，王士同．高斯混合模型聚类中 EM 算法及初始化的研究 [J]．微计算机信息，2006（33）：244-246，302．

[91] 王爱平，张功营，刘方．EM 算法研究与应用 [J]．计算机技术与发展，2009，19（9）：108-110．

[92] 孙大飞，陈志国，刘文举．基于 EM 算法的极大似然参数估计探讨 [J]．河南大学学报（自然科学版），2002（4）：35-41．

[93] 曾华朴，尤志宁，黄兴旺，等．线性回归和 BP 神经网络在噪声监测中的应用 [J]．计算机系统应用，2021，30（8）：317-323．

[94] 李小华．基于 PCA 的 BP 神经网络异常数据识别在信息安全中的应用 [J]．微型电脑应用，2021，37（7）：192-194．

[95] 刘凤伟，时慧晶，刘春枚．基于 BP 神经网络的角度误差补偿方法研究 [J]．舰船电子工程，2021，41（7）：179-182．

[96] 刘英娜，李琳琳，刘立士．遗传算法优化 BP 神经网络实现自相似流量预测 [J]．电子世界，2021（13）：32-33．

[97] 姚明海，李劲松，王娜．基于 BP 神经网络的高校学生成绩预测 [J]．吉林大学学报（信息科学版），2021，39（4）：451-455．

[98] 庞亮．基于粗糙集和 BP 神经网络的试验数据质量评估 [J]．电子设计工程，2021，29（13）：56-60．

[99] 李静，徐路路．基于机器学习算法的研究热点趋势预测模型对比与分析——BP 神经网络、支持向量机与 LSTM 模型 [J]．现代情报，2019，39（4）：23-33．

[100] 章琳，袁非牛，张文睿，等．全卷积神经网络研究综述 [J]．计算机工程与应用，2020，56（1）：25-37．

[101] 林景栋，吴欣怡，柴毅，等．卷积神经网络结构优化综述 [J]．自动化学报，2020，46（1）：24-37．

[102] 周飞燕，金林鹏，董军．卷积神经网络研究综述 [J]．计算机学报，2017，40（6）：1229-1251．

[103] GIRSHICK R. Fast R-CNN[C]//Proceedings of the 2015 IEEE International Conference on Computer Vision.Santiago, Chile, 2015: 1440-1448.

[104] LIU W, ANGUELOV D, ERHAN D, et al. SSD: Single Shot Multibox Detector[C] //Proceedings of the 14th European Conference on Computer Vision.Amsterdam, Netherlands, 2016: 21-37.

[105] XU J M, WANG P, TIAN G H, et al.Short Text Clustering via Convolutional Neural Networks[C] //Proceedings of the NAACL-HLT 2015.Denver, USA, 2015: 62-69.

[106] 高君宇，杨小汕，张天柱，等．基于深度学习的鲁棒性视觉跟踪方法 [J]．计算机学报，2016，39（7）：1419-1432．

[107] 李红，刘芳，杨淑媛，等．基于深度支撑值学习网络的遥感图像融合 [J]．计算机学报，2016，39（8）：1583-1596．

[108] 胡晓娟．中医脉诊信号感知与计算机辅助识别研究 [D]．上海：华东师范大学，2013．

[109] GUO Y M, LIU Y, OERLEMANS A, et al.Deep Learning for Visual Understanding: A Review[J]. Neurocomputing, 2016, 187(Special Issue): 27-48.

[110] DONG Z, PEI M T, HE Y, et al.Vehicle Type Classification Using Unsupervised Convolutional Neural Network[C] // Proceedings of the 22nd International Conference on Pattern Recognition.Stockholm, Sweden, 2014: 172-177.

[111] DONG Z, WU Y W, PEI M T, et al.Vehicle Type Classification Using a Semisupervised Convolutional Neural Network[J]. IEEE Transactions on Intelligent Transportation Systems, 2015, 16(4): 2247-2256.

[112] JIN L P, DONG J. Ensemble Deep Learning for Biomedical Time Series Classification[J]. Computational Intelligence and Neuroscience, 2016(3): 1-13.

[113] JIA Y Q, SHELHAMER E, DONAHUE J, et al.Caffe: Convolutional Architecture for Fast Feature Embedding[C] //Proceedings of the ACM International Conference on Multimedia. Orlando, USA, 2014: 675-678.

[114] AL-RFOU R, ALAIN G, AMAHAIRI A, et al. Theano: A Python Framework for Fast Computation of Mathematical Expressions.arXiv: 1605.02688v1, 2016.

[115] BAHRAMPOUR S, RAMAKRISHNAN N, SCHOTT L, et al.Comparative Study of Deep Learning Software Frameworks.arXiv: 1511.06435v3, 2016.

[116] SZEGEDY C, LIU W, JIA Y Q, et al.Going Deeper with Convolutions[C] //Proceedings of the IEEE Conference on Computer Vision and Pattern Recognition(CVPR). Boston, USA, 2015: 1-9.

[117] SIMONYAN K, ZISSERMAN A.Very Deep Convolutional Networks for Large-scale Image Recognition.arXiv: 1409.1556v6, 2014.

[118] HE K M, ZHANG X Y, REN S Q, et al. Spatial Pyramid Pooling in Deep Convolutional Networks for Visual Recognition[J]. IEEE Transactions on Pattern Analysis and Machine Intelligence, 2015, 37(9): 1904-1915.

[119] LUO Z, MISHRA A, ACHKAR A, et al. Non-local Deep Features for Salient Object Detection[C] //Proceedings of International Conference on Computer Vision and Pattern Recognition, 2017.

[120] 张守东，杨明，胡太．基于多特征融合的显著性目标检测算法 [J]．计算机科学与探索，2019，13（5）：834-845．

[121] LI G, XIE Y, LIN L, et al.Instance-level Salient Object Segmentation[C] //Proceedings of